软件项目管理

（第2版）

夏　辉　徐　朋◎主　编

王晓丹　屈　巍
杨伟吉　刘　澍◎副主编

清華大學出版社
北　京

图书在版编目（CIP）数据

软件项目管理 / 夏辉，徐朋主编 . —2 版 . —北京：清华大学出版社，2020.7（2022.12重印）
ISBN 978-7-302-55683-1

Ⅰ . ①软… Ⅱ . ①夏… ②徐… Ⅲ . ①软件开发－项目管理 Ⅳ . ① TP311.52

中国版本图书馆 CIP 数据核字 (2020) 第 098429 号

责任编辑：吴　雷
封面设计：李伯骥
版式设计：方加青
责任校对：宋玉莲
责任印制：宋　林

出版发行：清华大学出版社
网　址：http://www.tup.com.cn，http://www.wqbook.com
地　址：北京清华大学学研大厦 A 座　　邮　编：100084
社 总 机：010-83470000　　邮　购：010-62786544
投稿与读者服务：010-62776969，c-service@tup.tsinghua.edu.cn
质 量 反 馈：010-62772015，zhiliang@tup.tsinghua.edu.cn
印 装 者：小森印刷霸州有限公司
经　销：全国新华书店
开　本：185mm×260mm　　印　张：17.75　　字　数：399 千字
版　次：2015 年 2 月第 1 版　2020 年 7 月第 2 版　　印　次：2022 年12月第 5 次印刷
定　价：49.00 元

产品编号：085729-01

前　言（第2版）

软件项目管理是软件工程和项目管理的交叉学科，是项目管理的原理和方法在软件工程领域的应用。《软件项目管理（第 2 版）》以项目管理知识体系（PMBOK）为核心，围绕着软件项目开发的全过程，从软件项目需求管理、软件项目成本管理、软件项目进度管理、软件项目风险管理、软件项目配置管理、软件项目资源管理、软件项目质量管理等方面对软件项目中的管理问题进行探讨，并且介绍了在软件项目实践中集中使用相关理论和技术的方法。

本书最后一章配套有实验内容，学生可根据具体实验，熟悉与掌握软件项目管理的一些基本工具，如 Microsoft Project 2016 等，让学生学会利用项目管理工具进行项目计划、预算以及甘特图、流程图的制作。本书在每章的最后都设有“课堂案例讨论”内容，教师可以根据具体学习进度与教学内容，让学生提前准备案例讨论的内容，以便在课堂上让学生以小组为单位进行项目案例模拟演练或者解决方案的演示，从而真正提升学生解决实际项目问题的能力。

本书配有教案、PPT、教学大纲、配套项目管理软件工具等教辅材料，具有系统性、知识性、实用性等特点，既可作为高等学校计算机及相关专业本科生的教材，也适合专业技术人员作为参考。

本书由夏辉和徐朋担任主编，夏辉、徐朋、王晓丹、屈巍、杨伟吉和刘澍负责全书的编写工作，杨雪华也参与了部分实验内容编写工作，徐朋负责策划，周传生老师负责审稿，并最终完成书稿的修订、完善、统稿和定稿工作。

本书从选题到立意，从酝酿到完稿，自始至终得到了学校、院系领导和同行教师的关心与指导。王学颖教授、李航教授为本书的策划和编写工作提供了有益帮助和支持，并对本书初稿在教学过程中存在的问题提出了宝贵的建议。本书也吸纳和借鉴了中外参考文献中的相关知识和资料，在此一并致谢。由于作者教学任务繁重且水平有限，加之时间紧迫，书中存在错误和不妥之处在所难免，诚挚地欢迎读者批评指正。

夏辉

2020 年 5 月

前　言

软件项目管理是一门规范地指导软件项目过程的艺术和学问，它涵盖整个软件开发各阶段的方方面面，包括目标定义、任务计划、人员分配、工作评估、日程安排、工作监管、需求归纳、软件设计和编码实现以及产品测试。所有这些任务将由各个组的成员分别负责来完成。项目经理必须有足够丰富的专业知识来跟踪自身所负责的项目并确保其顺利完成。本书概括了这些领域的知识，可以帮助读者带领团队完成相关任务。

本书主要介绍软件项目管理概述、项目启动和准备、项目的计划、项目的进度管理、项目的预算和成本管理、项目的质量管理、项目的风险管理、项目的人力资源管理和项目的收尾，各章节内容和顺序基本是按照软件项目开发从启动到结束的流程编写的。本书完全按照 PMBOK（项目管理知识体系）内容结构安排章节，让读者能够了解从签订项目合同到完成端到端项目交付的过程，以及项目经理和项目参与者在交付过程中的任务。本书每一章开篇都有一个跟本章内容相关的实际项目案例，通过案例引出本章的内容，也可以让没有项目经验的人士更好地理解项目管理在实际项目场景中的应用。

针对软件项目管理侧重于人员和软件开发流程的管理，本书重点培养学生解决项目中实际问题的能力，在每章最后都设有“课堂案例讨论”模块，以便教学工作的开展与课堂气氛的活跃。同时，本书最后一章也配套有实验内容，学生可根据实验内容熟悉软件项目管理的基本工具，掌握如何利用项目管理工具进行项目计划、预算等工作。

本书配有教案、PPT、教学大纲、教学日历和配套项目管理软件工具等教辅材料，具有系统性、知识性、实用性等特点，既可作为高等学校计算机及相关专业本科生的教材，也适合专业技术人员参考。

本书由夏辉和周传生担任主编，夏辉、王晓丹、屈巍、白萍负责全书的编写工作，杨雪华也参与了部分实验内容编写工作。周传生负责总体策划，并最终完成书稿的修订、完善、统稿和定稿工作。

本书从选题到立意，从酝酿到完稿，自始至终得到了学校、院系领导和同行教师的关心与指导。刘杰教授、李航教授为本书的策划和编写工作提供了有益帮助和支持，并对本书初稿在教学过程中存在的问题提出了宝贵的建议。本书也吸纳和借鉴了中外参考文献中的相关知识和资料，在此一并致谢。由于作者教学任务繁重且水平有限，加之时间紧迫，书中存在错误和不妥之处在所难免，诚挚地欢迎读者批评指正。

作者联系邮箱：xiahui@126.com.

夏辉

2014 年 12 月

目　录

第 1 章 软件项目管理概述

案例故事 **港珠澳大桥项目**

港珠澳大桥是一座连接香港、珠海和澳门的巨大桥梁，对促进香港、澳门和珠江三角洲西岸地区经济进一步发展具有重要的意义。港珠澳大桥主体建造工程于 2009 年 12 月 15 日开工建设，一期于 2015 年至 2016 年完成，大桥投资超 700 亿元，约需 6 年建成。6 648 米的“沉管隧道”、460 米“双塔钢箱梁斜拉桥”，用钢量相当于 11 个鸟巢。港珠澳大桥全长为 49.968 公里，主体工程“海中桥隧”长达 35.578 千米。大桥落成后，将会是世界上最长的六线行车“沉管隧道”及世界上跨海距离最长的桥隧组合公路。

港珠澳大桥工程包括三项内容：一是海中桥隧工程；二是香港、珠海和澳门三地口岸；三是香港、珠海、澳门三地连接线。根据达成的共识，海中桥隧主体工程（粤港分界线至珠海和澳门口岸段）由粤港澳三地共同建设；海中桥隧工程香港段（起自香港石散石湾，止于粤港分界线）、三地口岸和连接线由三地各自建设。

当今社会“项目”“软件”“软件项目”已经普遍存在于我们生活的方方面面。当今社会一切都是“项目”，一切也都将成为“项目”，这种发展趋势正逐渐改变着组织的管理方式。软件项目管理是对软件工程项目实施的项目管理，软件项目管理从软件自身特性出发，将项目管理的最佳实践融入整个软件开发过程，以获得软件项目的最大收益。本章主要介绍了项目管理的起源、软件项目管理的概念及特征、项目生命周期、项目管理知识体系以及软件项目管理的目标与过程等内容。

1.1 软件项目管理的概念及特征

人们在日常生活中经常提到“项目”或者“项目管理”，如班级的野餐活动、学校组织的大型团体活动等。人类一直以来进行的组织工作和团队活动、房屋建筑工程，包括三峡工程，都可以称为项目管理行为。项目化管理的方法和手段开始大量应用于 IT（information technology）项目中，带动了软件项目管理理论与方法的迅速发展。

1.1.1 项目管理的起源

1. 项目的含义及其特性

日常生活中有很多的活动，有的活动我们可以称之为项目，有的却不能。一般来说，工作活动包括日常运作和项目，它们具有一些共同点，比如，它们都需要由人来完成、都受到有限资源的约束、都需要计划、执行和控制。项目与日常运作的不同在于：项目是一次性的，日常运作是重复进行的；项目是以目标为导向的，日常运作是通过效率和有效体现的；项目是通过项目经理及其团队工作完成的，日常运作是职能式的线性管理；项目存在大量变更管理，日常运作基本保持持续的连贯性。“上班”“批量生产”“每天的卫生保洁”等属于日常运作，“一次有效的聚会”“一项建筑工程”“一个新产品的开发”以及一些著名的项目（“曼哈顿计划”“北极星导弹计划”）等属于项目。项目是为完成某一独特的产品或服务所做的一次性、有限的努力。项目包含一系列独特的且互相关联的活动，这些活动有一个明确的目标，必须在特定的时间、预算、资源等条件下，依据规模完成特定的任务。项目具有如下特性：

（1）目标性。项目工作的目的在于得到特定的结果，其结果可能是一种期望的产品或服务。例如，一个软件项目的最终目标可以是一个学生成绩管理系统。

（2）相关性。一个项目中有很多彼此相关的活动。例如，某些活动在其他活动完成之前不能启动，而某些活动则需要并行实施。

（3）周期性。项目要在一个限定的时间内完成，是一种临时性的任务，有明确的开始点和结束点。

（4）独特性。每个项目都有其特点，每个项目都是唯一的。

（5）约束性。每个项目的资源、成本和时间都是有限的。

（6）不确定性。在项目的具体实施中，难以预见的技术、规模等方面的因素会给项目的实施带来一些风险，使项目出现不确定性。优秀的项目经理和科学的管理是项目成功的关键。

2. 项目管理背景

最早的工程项目来源于建筑工程（如中国的长城、埃及的金字塔等），尽管当时没有明确的项目管理概念。成功的建筑工程，总有一套严密的组织管理体系，包括详细的工期安排、任务分配、人力管理、进度控制、质量检验等。从学科的观点来看，当时的工程项目虽然存在项目管理的痕迹和内容，但还不是现代意义上的项目管理学。

项目管理是第二次世界大战的产物，在“曼哈顿计划”中已经建立了完整的项目概念，包括项目负责人、项目组织形式、独立的项目经费、项目计划、项目进度和项目风险的控制方法等，并且很好地完成了既定任务。项目管理学是20世纪50年代后期发展起来的一种计划管理方法。1957年美国杜邦公司把关键路径方法（critical path method，CPM）应用于设备维修中，使维修停工时间由125小时锐减为78小时。1958年美国在北极星导弹潜艇项目中应用计划评估和审查技术（program evaluation and review technique，PERT），使设计完成时间缩短了两年。此后，人们开始借助大型计算机来进行网络计划的分析，从而建立更合理、可靠的进度计划。1965年欧洲成立了国际项目管理协会（International Project Management Association，IPMA），1969年美国成立了项目管理学会（Project Management Institute，PMI），至此，现代项目管理逐渐形成了自己的理论和方法体系。

从20世纪70年代开始，项目管理作为管理学的一个重要分支，为项目的实施提供了一种有效的组织形式，并且得到了广泛的重视和应用。21世纪，随着项目管理职业化进程的发展，项目管理显得更为重要。

项目管理简单来说就是对项目进行的管理，即有计划、有序、有控制地做事，这实际上是项目管理最原始的概念。例如，在我们做一件重要的事情之前一定会谨慎地考虑过程中的每一个环节，把各种可能会出现的情况考虑全面，并找出相应的解决办法后，才再步步执行。

根据PMI的定义，项目管理就是在项目活动中运用一系列的知识、技能、工具和技术，以满足或超过相关利益者对项目的要求。根据项目管理知识体系（Project Management Body of Knowledge，PMBOK）的定义，项目管理是为了满足项目需求，在项目活动中采用的知识、方法、技术和工具的集合。

项目管理是以项目为对象的系统管理方法，通过一个特定的组织，对项目进行高效地计划、组织、指导和控制，持续进行资源配置和优化，不断与项目各方沟通和协调，努力使项目执行的全过程处于最佳状态，以获得更好的结果。项目管理是伴随着项目的进行而进行的，是全过程的、动态的管理，是在多个目标之间不断进行平衡、协调与优化的体现。项目管理的过程类似导弹发射的控制过程，需要一开始就设定好目标，然后在飞行中锁定目标，并根据目标不断调整导弹的方向，最终击中目标。

3. 项目管理相关概念

顾客：委托工作并将从最终结果中获益的个人或团体。

用户：使用项目的最终交付物的个人或团体，顾客和用户有时是同一（类）人。

提供者：负责提供项目所需物品或专业知识的一个或多个小组，有时也被称为供应者或专家，负责项目的输入。

程序：按照协调原则选择、计划和管理的项目组合。

项目委员会：由顾客、用户方代表、供应方代表组成。项目经理定期向项目委员会报告项目的进程和面临的突出问题。项目委员会负责向项目经理提供项目进程中突出问题的解决方案。

交付物：项目的产出物，是项目要求的一部分。它可以是最终产品的一部分或一个或更多后继的交付物所依赖的某一中间产物，交付物有时也被称为“产品”。

项目经理：被授予权力和责任管理项目的个人，负责项目的日常性管理，按照同项目委员会达成的约束条件交付必需产品。

项目质量保证：项目委员会确保其自身能正确管理项目的职责。

检查点报告：在检查点会议上收集的关于项目进展情况的报告。该报告由项目小组向项目经理提交，其内容包括在项目起始文档中定义的报告数据。

例外报告：这是一个由项目经理向项目委员会提交的报告。报告描述例外，对后续工作进行分析，提出可供选择的解决方案并确定一个推荐方案。

1.1.2 软件项目管理的概念和特征

1. 软件项目及其特征

软件是计算机系统中与硬件相互依存的部分，包括程序、数据及其相关文档的完整集合。程序是按事先设计的功能和性能要求执行的指令序列；数据是使程序能正常操纵信息的数据结构；文档是与程序开发、维护和使用有关的图文材料。

软件项目是一种特殊的项目，它创造的唯一产品或者服务是逻辑体，没有具体的形状和尺寸，只有逻辑的规模和运行的效果。软件项目不同于其他项目，是一个新领域且涉及的因素较多，管理也较复杂。

软件项目除了具备项目的基本特征之外，还具有如下特点：

（1）软件是一种逻辑实体，不是具体的物理实体，具有抽象性。

（2）软件的生产与硬件不同，开发过程中没有明显的制造过程，也不存在重复生产过程。

（3）软件没有硬件的机械磨损和老化问题。然而，软件也存在退化问题，在软件的生存期中，软件环境的变化将导致软件失效发生率的上升。

（4）软件的开发受到计算机系统的限制，对计算机系统有不同程度的依赖。

（5）软件开发至今没有摆脱手工的开发模式。软件产品基本上是“定制的”，做不到利用现有软件组件组装成所需要的软件的程度。

（6）软件本身是复杂的。它的复杂性源于应用领域实际问题的复杂性和应用软件技术的复杂性。

（7）软件开发的成本相当昂贵。软件开发需要投入大量的、复杂的、高强度的脑力劳动，因此成本比较高。

（8）许多软件工作涉及社会的因素，要受到机构、体系和管理方式等问题的限制。

目前，软件项目的开发远没有其他领域的项目规范，许多理论还不能适用于所有的软件项目，经验在软件项目开发的过程中仍然起到很大的作用。另外，变更在软件项目中也是常见的现象。例如，需求的变更、设计的变更、技术的变更和社会环境的变更等。项目的独特性和临时性决定了项目是“渐进明细”的，项目的定义会随着项目团队成员对项目、产品等理解认识的逐步加深而得到渐进的描述。

2. 软件项目管理

（1）软件项目管理的特征。软件项目管理是为了使软件项目能够按照预定的成本、进度、质量顺利完成，而对成本、人员、进度、质量、风险等进行分析和管理的活动。软件项目管理的主要工作内容包括：编制项目计划和跟踪监控项目。在项目的前期，项目经理将完成项目初始化和计划阶段的工作，这个阶段的重点是明确项目的范围和需求，并根据计划项目的活动，进行项目的估算和资源分配、进度表的排定等。项目计划完成后，由整个项目团队按照计划的安排来完成各项工作。在工作进展过程中，项目经理要通过多个途径来了解项目的实际进展情况，并检查与项目计划之间是否存在偏差。出现偏差要及时调整项目计划。在实际项目进展过程中，计划工作与跟踪工作交替进行。

项目管理是项目能否高效、顺利进行的一项基础性的工作。由于软件项目的独特性，使软件项目管理与其他项目管理相比，具有很大的独特性：

①软件项目是设计型项目。软件项目所涉及的工作和任务不容易采用 Tayloristic 或者其他类型的预测方法，其开发进度和质量很难估计和度量，生产效率也难以预测和保证。设计型项目要求长时间的创造和发明，需要许多技术非常熟练且有能力的技术人员，开发者必须在项目涉及的领域中具备深厚和广博的知识，并且有能力在团队沟通和协作中有良好的表现。设计型项目同样也需要用不同的方法来进行管理。

②项目周期长、复杂度高，变数多。软件项目的交付周期一般较长，在长时间跨度内可能发生各种变化。软件系统的复杂性也导致开发过程中各种风险的难以预见和控制。例如，从外部环境来看，商业环境、政策法规变化等都会对项目范围、需求造成重大影响。从内部环境来看，组织结构、人事变动等对项目的影响更加直接。有时，伴随着领导的变更，及其对项目重视程度的变化，也会影响项目的成败。

③主要的成本是人力资本。软件开发活动主要是智力活动，软件产品是智力产品，在软件项目中，软件开发的最主要成本是人力成本，包括人员的薪酬、福利、培训等费用。

（2）软件项目管理与软件工程的关系。即软件工程分为三个部分，即软件项目开发过程、软件项目管理过程以及软件过程改进。

随着软件的不断发展，软件规模的不断壮大，软件开发也会逐步向软件工厂化发展。软件项目开发过程是软件人员生产软件的过程（如需求分析、设计、编码、测试等），相当于软件工厂中生产车间的生产过程；软件项目管理过程是项目管理者规划软件开发、控制软件开发的过程，相当于软件工厂流水线上的管理过程，项目管理的工作更多的是如何保证软件的成功；软件过程改进相当于对软件开发过程和软件管理过程的“工艺流程”进行管理和改进。软件项目开发设计、编码过程固然重要，但是项目管理可以让一个项目获得高额的利润，也可以让一个项目损失惨重。软件项目管理的根本目的是为了让软件项目，尤其是大型项目的整个软件生命期都能在管理者的控制之下，以预定成本按期、保质的完成软件并交付用户使用。让软件工程成为真正的工程，需要软件项目的开发、管理、过程等方面规范化、工程化、工艺化、机械化。

1.2 项目生命周期

1.2.1 项目生命周期相关概念

在做任何一件复杂的事情时，我们通常都会预先计划，然后边做边检查并调整计划。任何一个项目都是唯一的、创新的活动，有很大程度的不确定性，因此项目的执行组织通常将项目分成若干个项目阶段，以便提供更好的管理控制，并与项目组织的持续运作之间建立恰当联系。所有的项目阶段就构成项目生命周期，项目生命周期是通常按顺序排列而有时又互相交叉的各项目阶段的集合。

项目生命周期中与时间相关的概念主要有检查点、里程碑、基线，具体定义如下：

①检查点：指的是在规定的时间间隔内对项目进行检查，比较实际现状与计划之间的差异，并根据差异进行调整。可将检查点看作一个固定的采样时间，时间间隔需要根据项目周期具体设置。

②里程碑：指的是完成阶段性工作的标志。

③基线：指的是一个配置项在项目生命期的不同时间点上，通过正式评审而进入正式受控的一种状态。

根据 PMBOK，项目生命周期分为 5 个阶段，各阶段及其主要工作如下。

（1）启动。项目获得授权正式被立项，并成立项目组，宣告项目开始。启动是一种认可过程，用来正式认可一个新项目或新阶段的存在。

（2）计划。明确项目范围，定义和评估项目目标，选择实现项目目标的最佳策略，制订项目计划。

（3）执行。调动资源，完成项目管理计划中确定的工作。

（4）控制。监控和评估项目偏差，必要时采取纠正行动，以保证项目计划的执行，实现项目目标。

（5）结束。完成项目验收，使其按程序结束。

执行和控制一般是同时进行的，可以合并为一个阶段。项目结束后，必须进行总结分析、获取经验和最佳实践，为下一个项目打下基础。有时，项目结束后还存在一个维护、支持服务的阶段。

在项目生命周期的不同阶段，工作量和工作内容是不同的。初期工作主要是确定项目目标、范围、主要任务、小组成员和职责。项目计划阶段是完成人员、时间、成本和风险的计划。控制阶段的主要工作是根据计划内容定期考察，写出状态报告，对质量进行控制和管理项目的变更。结束收尾阶段则是培训用户、提交产品和经验总结。

1.2.2 软件项目生命周期

软件项目生命周期（software development life cycle，SDLC）是软件从产生直到报废的生命周期，生命周期包含问题定义、可行性分析、总体描述、系统设计、编码、调试和测试、验收与运行、维护升级到废弃等阶段。每个阶段都有定义、工作、审查、形成文档以供交流或备查，以提高软件的质量。按照软件工程规划规定，SDLC 一般分为 6 个阶段，各阶段及其主要工作如下。

（1）计划阶段。此阶段软件开发方与需求方共同讨论，定义系统，确定用户的要求或总体研究目标，提出可行的方案，包括资源、成本、效益和进度等的实施计划，进行可行性分析并制订计划。

（2）需求分析阶段。此阶段确定软件的功能、性能、可靠性、接口标准等要求，根据功能要求进行数据流程分析，提出系统逻辑模型，并据此进一步完善项目实施计划。

（3）软件设计阶段。此阶段主要根据需求分析的结果对整个软件系统进行设计，包括系统概要设计和详细设计。在系统概要设计中，要建立系统的整体结构、进行模块划分，根据要求确定接口。在详细设计中，要建立算法、数据结构和流程图。

（4）编码阶段。此阶段是将软件设计的结果转换成计算机可运行的程序代码。在编码过程中必须要制定统一、符合标准的编写规范，以保证程序的可读性和易维护性，提高程序运行效率。

（5）测试阶段。软件设计完成后要经过严密的测试，以发现软件中存在的问题，并加以纠正。整个测试过程分为单元测试、组装测试以及系统测试三个阶段。在测试过程中需要建立详细的测试计划并严格按照计划进行，以减少测试的随意性。

（6）运行维护阶段。此阶段通常包括三类工作，为了修改错误而做的改正性维护、为了适应环境变化而做的适应性维护以及为了适应用户新的需求而做的完善性维护。维护工作是软件生命期中重要的一环，通过良好的运行维护工作，可以延长软件的生命周期，甚至为软件带来新的生命。

传统的软件开发就是按照这样的生命周期进行的，但在这种生命周期模型中缺乏软件项目管理的内容，当今软件开发更强调软件生命周期与软件项目管理的结合。

1.3 项目管理知识体系

1.3.1 项目管理知识体系概述

近年来，许多企业的决策者们日益认识到项目管理方法的重要性，合适的项目管理方法可以帮助他们在复杂的竞争环境中取得成功。为了减少项目管理的意外性，许多企业开始要求员工系统地学习项目管理技术，努力成为合格的项目管理人才。

PMP（project management professional）是项目管理专业人员资格的缩写，是美国项目管理学会PMI开发并负责组织实施的一种专业资格认证。该项认证已经获得世界上100多个国家的承认，是目前全球认可程度很高的项目管理专业认证，也是项目管理资格最重要的标志之一。项目管理知识体系（PMBOK）是PMI组织开发的一套关于项目管理的知识体系，为所有的项目管理提供了一个知识框架。

1.3.2 PMBOK知识体系结构

PMBOK包括项目管理的9个知识领域，其中核心的4个领域是项目范围、项目进度、项目成本和项目质量。核心领域就是包含项目目标的领域，可以把项目范围领域看成房子的屋顶，进度、成本、质量就是撑起房顶的屋脊，剩下的风险、人力资源、沟通和采购领域则是建设房屋过程中必要的沙子、水泥等辅料，所有的元素合在一起就是项目的整合领域，9个领域构成了一座完整的房子，如图1-1所示。

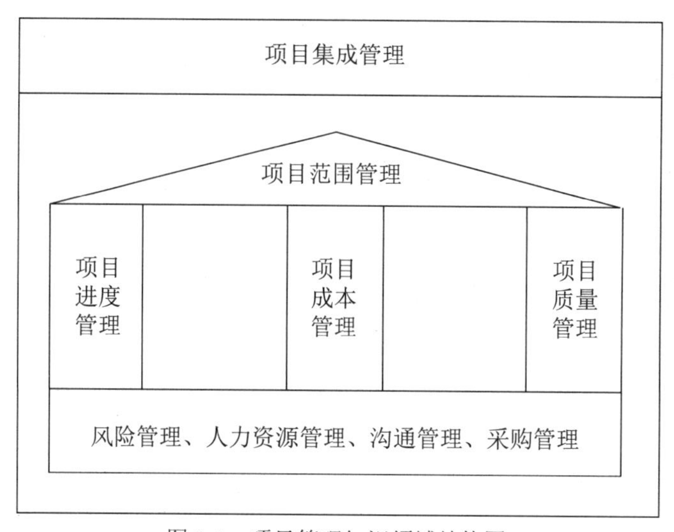

图1-1 项目管理知识领域结构图

1. 项目管理9个知识领域

项目管理9个知识领域分布在项目进展过程中的各个阶段，它们的关系具体描述如下。

（1）项目集成管理。项目集成管理从一个宏观的尺度将项目作为一个整体来考察，包括项目章程编制、初始项目范围编制、项目计划编制、指导与管理项目执行、项目监控、集成变更控制、项目结束等过程。

（2）项目范围管理。项目范围管理是对项目的任务、工作量和工作内容的管理，即确定项目中哪些任务要做，哪些任务不需要做，每个任务做到什么程度。项目范围管理包括范围规划、范围定义、任务分解结构定义、范围合适、范围控制等过程。

（3）项目时间管理。项目时间管理是确保项目按时完成而开展的一系列活动。时间管理和人力资源管理、成本管理互相作用、互相影响。时间管理包括任务定义、任务排序、任务资源估计、任务历时估计、进度计划编制、进度计划控制等过程。

（4）项目成本管理。项目成本管理是在项目具体实施过程中，为了确保完成项目所花费的实际成本不超过预算成本而展开的管理活动，包括成本估算、成本预算、成本控制等过程。成本估算是估计完成项目需要的资源成本。成本预算是将总的估算成本分摊到各项任务中，以便建立项目跟踪的成本基线。成本控制是控制成本预算的变更。

（5）项目质量管理。项目质量管理是为了确保项目达到所规定的质量要求所实施的一系列管理过程，包括质量规划、质量保证、质量控制等过程。质量是项目关注的焦点，成本控制、进度管理和范围管理都应该在保证质量的前提下进行。

（6）项目人力资源管理。为了提高项目的工作效率、保证项目顺利实施，需要建立一个稳定的团队，充分调动项目组成员的积极性，协调人员之间的关系。人力资源管理包括人力资源规划、人力资源获取、团队建设、团队管理等过程。人力资源包括所有项目中涉及的干系人，如赞助商、供应商、客户、项目团队成员、支持人员等。人力资源规划是定义项目的角色、职责、汇报关系等。人力资源获取是招募项目需要的人员并将其分配到相应的工作中。团队建设是开发个人和团队的技能和增强项目性能的过程。团队管理是跟踪团队成员性能、激励团队成员热情、及时反馈和解决问题，从而增强项目的性能的过程。

（7）项目沟通管理。项目沟通管理包括为了确保项目信息及时准确地生成、收集、发布、存储和部署的过程，具体包括：沟通规划、信息分发、绩效报告、项目干系人管理。沟通管理包括外部沟通管理（与顾客沟通）和内部沟通管理，沟通管理和人力资源管理之间有着密切的关系。沟通规划是确定项目人员的沟通需求和需要的信息，即确定谁需要什么信息，什么时候需要，如何获取这些信息。信息分发起到及时提供项目人员想要信息的作用。项目绩效报告包括收集和发布项目的性能信息，如项目的状态、项目的进展报告、项目的预测等。项目干系人管理主要是通过沟通管理满足项目相关人员的需求和期望，同时解决问题。

（8）项目风险管理。项目风险管理是对项目可能遇到的各种不确定因素的管理，指对项目风险从识别到分析乃至采取应对措施等一系列过程，包括风险管理规划、风险识别、定性风险分析、定量风险分析、风险应对计划和风险监控。

（9）项目采购管理。项目采购管理指的是从项目组织之外获得所需资源或服务所采取的一系列措施。为了满足项目的需求，项目组织需要从外部获取某些产品或服务，即为采购。采购一般是通过合同进行的，具体包括采购计划编制、合同计划编制、供方反馈获取、供方选择、合同管理、合同收尾。采购管理和成本管理有着密切的关系。

2. 项目管理知识体系的标准化过程组

按照项目管理生命周期，项目管理实施体系又分为5个标准化过程组，也称为项目管理生命周期的5个阶段，每个标准化过程组由一个或多个过程组成。项目管理的5个过程组之间的关系描述如下。

（1）启动过程组。启动过程组主要是确定一个项目或一个阶段可以开始，定义或授权项目或者项目的某个阶段。在此过程中最重要的是确定项目章程和项目初步范围说明书。

①项目章程是在客户与项目经理达成共识后建立的，主要包括项目开发人、粗的成本估算和进度里程碑等信息。

②项目初步范围说明书包含了范围说明书涉及的所有内容，还包含了初步的工作分解结构（WBS）、假设约束、风险、开发人员、范围、交付物、粗进度里程碑、粗成本费用估算、验收准则和项目边界等诸多内容。

（2）计划过程组。计划过程组是为完成项目所要达到的商业要求而进行的实际可行的工作计划的设计、维护，确保实现项目的既定目标。计划基准是后面跟踪和控制的基础。

（3）执行过程组。执行过程组根据前面制定的基准计划，协调人力和其他资源，去执行项目管理计划或相关计划。执行过程存在两个方面的输入，一个是根据原来的基准来执行；另一个是根据监控中发现的变更来执行，因为主要变更必须在得到整体变更控制批准后才能够执行。

（4）控制过程组。通过监控和检测过程确保项目达到目标，必要时可以采取一些修正措施。控制可以使实际进展符合计划，也可以修改计划使之更切合现状。修改计划的前提是项目符合期望的目标。控制的重点包括：范围变更、质量标准、状态报告及风险应对。

（5）收尾过程组。收尾过程组负责提交给客户、发布相关的结束报告，并且更新组织过程资产并释放资源。

各个过程组通过其结果进行连接，一个过程组的结果或输出是另一个过程组的输入。其中，计划过程组、执行过程组和控制过程组是核心管理过程组。

项目管理9个知识领域按照时间逻辑进一步被划分在5个标准化过程组之内，如表1-1所示。

表1-1　PMBOK的9个知识领域、5个标准过程组和44个模块之间的关系

知识领域	启动过程组（2）	计划过程组（20）	执行过程组（8）	控制过程组（11）	收尾过程组（3）
项目综合管理	制定项目章程；制定项目初步范围	制订项目管理计划	指导与管理项目执行	监控项目工作；实施整体变更控制	结束项目
项目范围管理		计划范围；定义范围；创建工作分解结构		核实范围；控制范围	
项目时间管理		定义活动；排列活动顺序；估算活动资源；估算活动持续时间；制订进度计划		控制进度	
项目成本管理		估算成本；制定预算		控制成本	
项目质量管理		规划质量	实施质量保证	实施质量控制	
项目人力资源管理		制定人力资源规划	人力资源获取；团队建设	团队管理	

续表

知识领域	启动过程组（2）	计划过程组（20）	执行过程组（8）	控制过程组（11）	收尾过程组（3）
项目沟通管理		规划沟通	发布信息；管理干系人期望	报告绩效	项目干系人管理
项目风险管理		规划风险管理；识别风险；实施定性风险分析；实施定量风险分析；规划风险应对		监控风险	
项目采购管理		规划采购；规划合同	供方反馈获取；供方选择	合同管理	合同收尾

1.4　软件项目管理的目标

软件项目的主要任务包括需求获取、系统设计、原型制作、代码编写、代码评审、测试等。根据软件项目的主要任务定义项目所需的角色及工作职责如表1-2所示。

表1-2　软件项目所需的角色及工作职责表

角　色	职　能
项目经理	项目的整体计划、组织和控制
需求人员	负责获取、阐述、维护产品需求及书写文档
设计人员	负责评价、选择、阐述、维护产品设计以及书写文档
编码人员	根据设计完成代码编写任务并修正代码中的错误
测试人员	负责设计和编写测试用例，以及完成最后的测试执行
质量保证人员	负责对产品的验收、检查和测试的结果进行计划、引导并作出报告
环境维护人员	负责开发和测试环境的开发和维护
其他人员	另外的角色，如文档规范人员、硬件工程师等

软件项目管理有特定的对象、范围和活动，着重关注成本、进度、风险和质量的管理，还需要协调开发团队和客户的关系，协调内部各个团队之间的关系，监控项目进展情况，随时报告问题并督促问题的解决。虽然软件的系统架构、过程模型、开发模式和开发技术等对软件项目管理也有影响，或者说软件项目管理对这些内容有一定的依赖性，但它们并不是软件项目管理的关注点。

1.5　软件项目管理过程

软件项目管理是为了使软件项目能够按照预定的成本、进度、质量顺利完成，而对人员、产品、过程和项目进行分析和管理的活动。在“应用即业务”的今天，软件生产力的改造是决定企业能否获得长久保持竞争优势的一个决定性因素。因此，关注并启动软件生产力的提升是一项战略性决策和系统工程，它将决定企业能否获得并长久保持竞争优势，而项目管理则是提升生产力的一项重要任务。

1. 软件项目的启动

软件项目的启动就是确定项目的目标范围，主要包括开发和被开发双方的合同、软件要完成的主要功能以及这些功能的量化范围、项目开发的阶段周期等，尤其是启动信息技术（IT）的项目，要求软件项目设计人员必须了解企业组织内部在目前和未来的主要业务发展方向，以及这些主要业务使用的技术及环境。启动信息技术（IT）项目的理由很多，但能够使项目成功的最合理理由一定是为企业现有业务提供更好的运行平台，而不是展示先进的IT技术。在项目启动的过程中，我们还要注意将项目的范围明确定义才能进行很好的项目规划。项目目标必须是可实现、可度量的。如果这一步管理得不好或做得不到位，会直接导致项目的失败。

2. 项目规划

项目规划与项目计划意义差不多，它是一项复杂的、自始至终不断迭代的过程，而且为项目的运作提供可靠的实施基础。在整个项目中，项目规划是指项目的估算、风险的分析、进度的规划、人员的选择与配置、产品质量的规划等。然而，在项目管理的过程中，计划的编制是整个项目规划中最为复杂的阶段。项目计划工作涉及9个项目管理知识领域，我们要知道哪些是重要的，哪些是必要的且应熟悉它们之间的关系。由于在计划编制过程中，可以看到后面各阶段的输出文件，所以它对项目进程的发展、软件项目的预算、项目成本的控制、将来的评估提供了参考。

3. 项目的实施及控制

一旦建立起基准计划就必须按照计划执行，包括按计划执行项目和控制项目，以便项目在预算内按进度完成并且确保顾客满意。在这个阶段，项目管理过程包括测量实际的进程，并与计划进程进行比较，同时发现计划的不当之处。如果实际进程与计划进程的比较显示出现项目落后于计划、超出预算或是没有达到技术要求时，就必须立即采取纠正措施，以使项目能恢复正常轨道或更正计划的不合理之处。项目的监控，也是保证项目能回到正常轨道的一个重要步骤。为什么我们用的那么多的软件需要不定时地安装补丁，原因也就是这个。在跟踪监控中我们发现问题，然后去修补它，使得软件的性能、功能更好。总体来说，项目的实施及监控的最终目的就是保证项目能够在预先设定的计划轨道上行驶，使得项目不偏离预定的发展进程，尽快完成软件项目。

4. 软件项目的结束

项目的特征之一就是它的一次性，有起点也有终点，进入项目结束期的主要工作是适当地做出项目终止的决策、确认项目实施的各项成果、进行项目的交接和清算等，同时对项目进行最后评审，并对项目进行总结。这也代表着项目将进入后续的维护期。项目最后执行的结果有成功与失败两种状态。然而，一旦我们决定终止一个项目，就要有计划、有序的分阶段停止该项目。当然，这个过程可以简单地执行也可以详细认真地执行。项目总结是项目结束中的最后一个环节也是一个不能忽视的环节。很多软件项目没有能进行很好的总结，从而导致软件项目的许多漏洞。项目结束之前的工作我们也需要认真完成。

软件项目管理不同于其他项目的管理，它有很多的特殊性。软件是一个特殊的领域，远远没有建筑工程领域那么规范化，软件领域目前有很大的发展空间，经验在项目管理中发挥着很重要的作用，其理论和标准还在不断完善中。合同启动了一个软件项目，同时贯穿项目的始终；根据合同进行软件的需求分析，获得需求规格；根据需求规格进行任务分解，任务分解的目的是可以很好地规划和管理项目；根据任务分解的结果，给出项目需要的资源，以便编制项目计划以及项目的预算等。这样便可以形成项目的三个核心的基准计划：项目范围基准、成本基准、时间基准计划等。

以上是软件项目管理的过程，项目管理既是一门科学，也是一门艺术，不同的项目、不同的项目经理，会有不同的管理方法和技巧。

本章总结

本章阐述了项目管理的起源、软件项目管理的概念、特征，并且介绍了项目生命周期相关知识，在此基础上还阐述了项目管理知识体系，以及软件项目管理的目标及过程等基础知识。项目管理是一个渐进的过程，它具有灵活性和实践性很强的特征，项目管理没有唯一的标准。

课后练习

一、简答题

1. 阐述软件项目各阶段之间的作用和意义。
2. 你认为项目与日常运作的不同点有哪些？
3. 软件项目管理和其他项目管理相比有相当的特殊性，你认为主要有哪些特殊性？
4. 软件开发过程管理和项目管理各自的侧重点是什么？

二、在线测试题

扫码书背面的防盗版二维码，获取答题权限。

第2章 项目的启动和准备

案例故事　项目的启动和准备——项目成功的关键要素

赵某所在公司签了一个100多万元的单子，双方老板希望项目尽快启动，因此并没有举行正式的签字仪式。合同签完后，公司领导很快指定赵某及其他8名员工组成项目组，由赵某任项目经理。领导把赵某引见给客户领导，客户领导在业务部给他们安排了一间办公室。项目进展开始很顺利，赵某有什么事都与客户领导及时沟通。可客户领导很忙，经常不在公司。赵某想找其他部门的负责人，可他们不是推托说做不了主，就是说此事与自己无关，有的甚至说根本就不知道这事儿。问题得不到及时解决不说，很多手续也没人签字。

项目组内部问题也不少，有的程序员多次越过赵某直接向领导请示问题；几个程序员编的软件界面不统一；项目支出的每笔费用，财务部都要求赵某找领导签字。赵某频繁打电话给领导，其他人认为赵某总拿领导来压人。由此，赵某与项目组其他人员和财务部的人员产生了不少摩擦，领导也开始怀疑赵某的能力。

正所谓"好的开始是成功的一半"，项目运作是为了形成一个良好的沟通体系，让所有与项目相关的人都理解项目的重要性，同时形成一个由双方领导、项目负责人和项目组成员构成的三级沟通体系，确保项目管理的畅通。

造势：创造良好的施工环境

现在很多项目都涉及用户业务应用的软件开发，在实施中要跟用户的各个层面打交道，但现实往往是用户单位的员工根本不了解IT公司在给自己的企业做什么，因此，签合同时有必要举行一个正式的仪式，向双方员工传递项目的信息，激发公司全体员工对项目的热情。在这个仪式上，IT公司老板、项目负责人、开发人员、施工人员和用户方的领导、项目协调人、相关部门人员聚在一起，让大家知道双方的合作正式开始。仪式上，双方领导要讲话，特别是用户方的领导要强调项目的意义。通过这个仪式，双方要组成指导小组或项目管理委员会，由双方总经理牵头，项目负责人为执行人，日常联系由双方指定人员。在签合同时，利用双方人员到齐的机会，IT公司要把软件功能用通用、专业的语言和用户方的领导、技术人员、业务负责人进行最后确认，因为此时有分歧改正的成本不大。同时，还可使双方人员彼此认识，清楚各个层次的接口，大家混个脸熟，以后打交道就会更通畅。

项目签字仪式可以在用户单位举行（可以节约用户方时间），也可以在酒店举行。要注意：签字仪式要精心组织，场地要大一些，为双方沟通营造一个好的环境。会前，每个模块负责人要明确自己的客户接口，要找机会和对方单独聊，拉近彼此间的关系。另外，会场上双方老板的融洽气氛会对项目的实施具有一种震慑作用。

尚方宝剑：明确责权利

项目签字仪式是造外势，在公司也要造内势，让各个部门都知道这个项目能为公司创造哪些经济效益，明确项目组人员和项目负责人，确定项目负责人的权限。公司财务、采购、人事、技术、销售等部门都要参加，这样才能创造一个良好的内部服务体系，让项目组把主要精力放在为用户服务上。

公司内部要召开项目组成立会，会上最重要的就是颁布一个"项目宪章"，包括项目的内容、项目负责人权限、项目团队成员、项目时间周期、项目需要的设备、资金等，在"项目宪章"规定的范围内，项目经理比总经理大，与此相关的事情，由项目经理负责。这样，人事部在项目实施期间，就可以按照"项目宪章"规定，由项目经理来调动项目人员，而设备采购（往往不是一次性采购，而是根据项目进度购买，这样可以省钱）也就不需要一次次找总经理，只要是"项目宪章"规定范围内的，由项目经理签字就可以了，尤其是在软件开发上，项目组成员一定要清楚用户的需求，不能擅自答应用户增加功能，因为这会带来很大的风险。

"项目宪章"必须由总经理和项目经理签字，并在会上宣读。为了增强团队凝聚力，可以在会上举行项目组宣誓或誓师宣言，形成"成则举杯相庆，败则拼死相救"的团队精神。内部造势不仅可以让各个部门了解项目，创造条件服务项目组，而且可以给项目组成员以压力和动力，意识到项目的意义和团队精神的重要性。"项目宪章"对项目经理来说就是一把尚方宝剑，而这正是赵某没有拿到的一件利器。

在"项目宪章"的基础上，公司应该形成具体的项目任务书，细分到各部门、个人，发到总经理、专家小组、开发部、财务部、市场部销售部、行政人力资源部等。营造了内外两个良好的环境，项目启动就是水到渠成的事，项目组成员就可以集中精力投入到实施中去，项目的成功也有了更大的保证。最后，要提醒项目经理特别注意：在项目合同确定的最后一刻，还要对合同进行最后的审定，合同审定一定要聘请一位专业律师，对合同的一些关键细节进行"咬文嚼字"的审定。

好的准备才会有好的开始，而好的开始是成功的一半，软件项目的准备和启动尤为关键。现代社会软件行业的迅速发展，引起了人们越来越多的关注。因此，软件项目立项工作的开展需要遵循项目管理科学的知识和理念，不能仅仅由领导拍板决定。

2.1 项目的立项

从管理角度看，立项管理属于决策范畴。正确决策并不是一个简单的问题，比如公司市场部得知某新产品研发项目，如何做进一步工作，是否该签下单子？这个问题既要考虑到前期需要投入多少，能否盈利，什么时候能盈利，又要考虑公司各方面的执行力。忽略任何一个方面，都可能导致单子被别人拿走，或者虽签下单子，最终却是亏本生意。

通过管理和规范企业的立项过程，可达到以下目的：

①降低项目成本投入风险，避免随意进行项目研发；

②加强项目成本、目标和进度考核，提高项目成功比例；

③杜绝不实际的研发项目展开，避免资源浪费。

在市场营销领域，根据销售立项规则不同，通过销售立项的审批管理，可达到以下目的：

①争取可以盈利并且有能力做好的项目，拒绝亏本并且做不了的项目；

②尽可能充分地了解用户需求和客户的信誉度，减少合同签订后的变更；

③确定比较合理且有竞争力的报价。

为了做出正确的立项决策，企业一般会需要一个比较全面的项目陈述，提交正式文档。为此，要认真分析并填写《立项报告》《立项可行性分析报告》等，在报告中要尽可能全面考虑各项因素，权衡利弊得失。例如：对产品项目的研发成功率有多大？现有的技术和条件够吗？人力调度如何协调？

企业中的项目来源可能是合同项目或者内部项目。对于合同类研发项目和新产品研发项目均需要进行立项管理，而对于产品升级类项目则可根据升级的程度来确定是否需要进行立项，建议如果项目周期比较短或是投入比较少的项目可以不进行立项，直接下达任务书。一般来说，公司会要求项目立项过程中提交正式文档，并通过正式评审。

软件项目立项一般需要经过以下4个阶段：

（1）项目发起环节。在发起一个项目时，项目发起人或单位为寻求他人的支持，会以书面材料的形式递交给项目的支持者和领导，使其明白项目的必要性和可行性。这种书面材料称为项目发起文件或项目建议书。

（2）项目论证环节。项目论证是指对拟实施项目在技术上的先进性、可行性，经济上的承受力、合理性、赢利性，实施上的可能性、风险性，使用上的可操作性、功效性等进行全面科学的综合分析，为项目决策提供客观依据的一种技术、经济和理论研究的活动。通过对拟实施项目的可行性进行研究与分析，完成项目的论证过程。

（3）项目审核环节。项目经过论证且确认可行之后，还需要报告给主管领导或主管单位，以获得项目的进一步核准，同时获得他们的支持。

（4）项目立项环节。项目通过可行性分析和主管部门的批准后，将其列入项目计划的过程叫作项目立项。在项目立项完成后，就可着手准备项目实施阶段的各项工作了（如果软件采用外包方式，不是自主开发，则可以开始进行软件项目的招投标工作了）。

2.1.1 项目分析

软件项目管理的含义是从软件项目开始至完成，通过项目策划与项目控制以使项目的费用目标、进度目标和质量目标得以实现。在软件项目管理过程中，人们现在往往更注重开发过程中的项目管理。其实，项目前期调研及软件需求获取对于整个工程的进度、质量的预测及控制都起着决定性的作用，是全过程项目管理的重中之重。

1. 前期市场调研

前期调研工作是一项全方面、多方位综合性非常强的工作，往往涉及多个专业方面的知识，下面从项目调研、需求分析和可行性分析三方面进行阐述。

1）项目调研

（1）调研准备。

①了解用户行业。阅读用户所在行业的资料，尽量多选取整体性介绍的文章，在短时间内对该行业有一个全面的认识，以便能够较好地和用户进行交流。

②资料准备。做好调研前使用资料的准备，如系统功能需求调查表、企业业务流程调查表、企业各业务部门组织结构及业务范围调查表、信息需求调查表、业务文件 / 报表调查表等。

③制订调研计划。如表 2-1 所示为某项目制订的调研计划。

表 2-1 调研计划

<table>
<tr><th>部 门</th><th colspan="2">时 间</th><th>调研内容</th><th>被调研对象</th><th>调研形式</th></tr>
<tr><td rowspan="2">开发部</td><td rowspan="2">日期</td><td>上午</td><td rowspan="4">（1）客户需求
（2）企业文化
（3）经营模式和发展战略
（4）业务流程
（5）数据流程
（6）收集各类表单</td><td>部门负责人</td><td>访谈</td></tr>
<tr><td>下午</td><td>员工代表</td><td>观察、使用、问询</td></tr>
<tr><td rowspan="2">客户部</td><td rowspan="2">日期</td><td>上午</td><td>部门负责人</td><td>访谈</td></tr>
<tr><td>下午</td><td>员工代表</td><td>观察、使用、问询</td></tr>
</table>

（2）调研过程的总体流程，如图 2-1 所示。

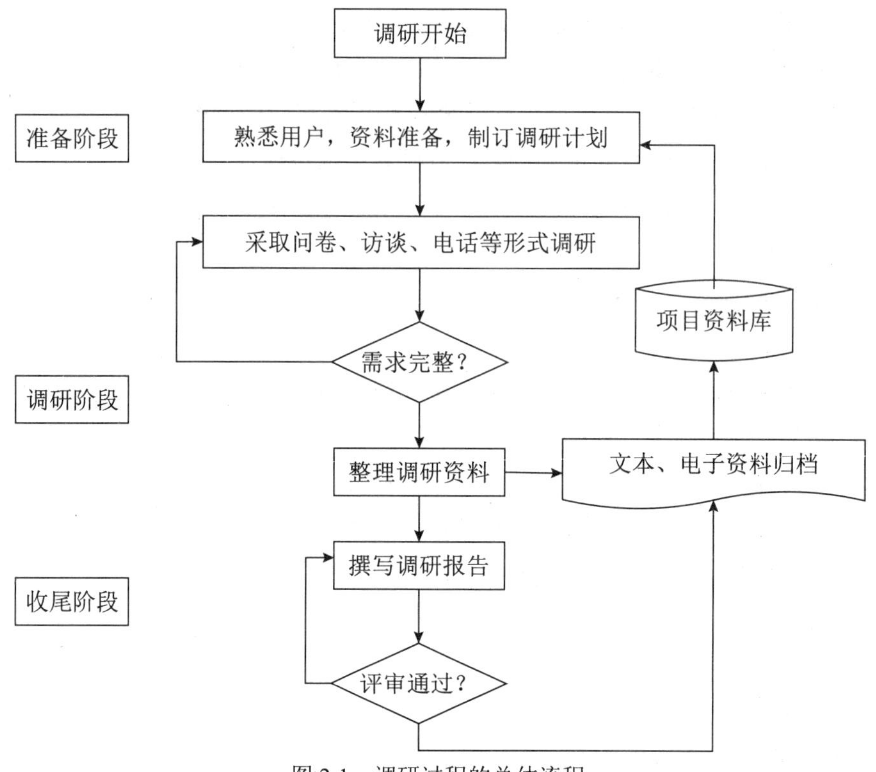

图 2-1　调研过程的总体流程

（3）调研对象和被调研对象具体内容如下：

①调研对象应该具备以下的基本素质：

- 具备基本的语言表达能力、写作水平和一定的知识水平；
- 具有较强的问题概括能力、理解能力和分析能力；
- 对调研这种行为的内容和目的非常了解；
- 对被调研对象有简单的了解；
- 具有较强的组织纪律性和较强的协作精神；
- 具有明确的组织分工、统一的指挥、合理的监督机制。

②被调研对象中的人员是业务内容的表述者和提供者，所以被调研人员的素质决定了调研对象原始资料的获取，以下是对其素质的要求：

- 具备基本的语言表达能力、对事物的概括能力；
- 熟悉本职工作的详细内容并对本职工作具有丰富的经验；
- 具有基本的合作精神；
- 了解调研的作用和目的。

（4）调研报告书写要求具体内容如下：

①封面示例，如图 2-2 所示。

密级：**机密**

文档编号：　　　　　　　　　　　　　　　　　　　　　　第　　版

中视传媒 AIMS

调研报告

× × 软件公司

总页数		正文		附录		日期：2019 年　月　日
编制：			审核：			批准：

图 2-2　调研报告封皮

②目录，如图 2-3 所示。

目　录

图 2-3　调研报告目录

（5）调研注意事项，具体包括以下内容。

①保持一种和客户平等合作的心态，确定需求调研是为了给客户解决问题，探讨问题，

而不是接受问题，更不是来指导工作的。

②平静面对需求变更的心态，在需求调研过程中，常常会出现双方对需求理解不一致，造成需求调研前后矛盾的情况，此时应当心平气和地引导客户，达到需求理解基本一致。

③在需求调研中，尽量不使用专业术语，采用浅显易懂的口头语言来解释IT行业中高深莫测的术语，以便用户能够很好地理解，提高自己的沟通交流能力。

④提高自己的速记能力，文字表述能力以及归纳总结能力，能迅速地记录需求调研核心的问题，总结归纳形成原始的需求调研资料。

⑤正确理解客户意图。

⑥善于提问。

2）需求分析

（1）IT软件项目需求特征如下：

① 概念性：技术和市场发展都很快，在项目初始阶段需求往往是概念性的；

② 不清晰、不具体、片段性；

③ 不断演化：随着项目进行，随着双方认识的加深，需求也是不断演化的。

（2）需求工程活动包括：需求收集和需求分析两类。

①需求收集活动内容如下：

（a）需求规定：

—软件功能说明

—对功能的一般性规定

—对性能的一般性规定

—对安全性的要求

—其他专门要求

（b）运行环境规定：

—设备及分布

—支撑软件

—程序运行方式

（c）尚需解决的问题，如表2-2所示。

表2-2　需求调查表

客户名称		被调查对象（个人或部门）			
调查人		调查方式		信息采集时间	
客户需求详单					
编号	需求项目	目标	期望完工时间	费用要求	
1					
2					
3					
……					

②需求分析活动期间要把需求收集阶段客户提出的需求说明整理成《软件项目需求规格说明书》。需求分析与功能分析关系如图 2-4 所示。

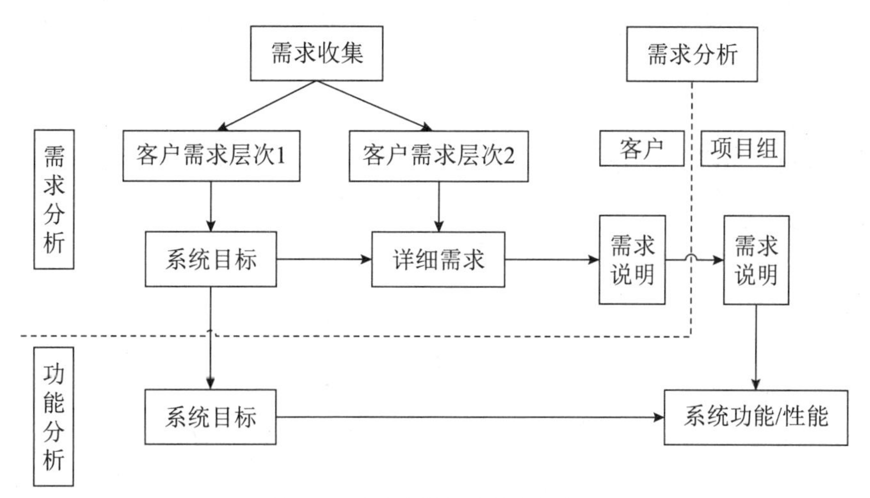

图 2-4　需求分析与功能分析关系

需求说明（software requirements specification，SRS）：通常是指以用户语言描述的产品要求。

规格说明（product requirements specification，PRS）：用产品领域的语言描述的产品要求。

[例 1]　SRS　能够在 Internet 上访问系统

　　　　PRS　系统采取 B/S 架构

[例 2]　SRS　业务员能够及时将待审核信息发给经理

　　　　PRS　业务员和经理间具备及时通信功能

（3）需求管理的实践。在整个项目管理过程中要注意以下几点：

①成立专门的需求工作小组，统一管理和分配需求，并且把需求工程活动扩展到项目的整个生命周期中。

②严格管理变更。

③警惕需求镀金。所谓“需求镀金”指的就是在项目应有的功能之上提出一些并不是必须要有的功能，加大了开发难度，增大了项目复杂度，提高了系统的维护难度。新功能添加的代价绝不仅仅是几行代码，还包括：新功能的验证活动、系统变更引起的缺陷风险等。

④在前期应细化需求，避免不完整和没有明确的需求进入后续阶段。因为没有明确的部分最终会在后面的某一阶段被假设需求取代，而这正是混乱产生的根源。

⑤借助业务领域专家或客户代表，帮助项目组建立产品或系统被应用的场景，如用例描述。

⑥文档化需求，约定统一的需求描述形式。尽可能选取比文字性描述更佳的方式来表示需求。

⑦提出对产品的可测试性的功能性要求。产品的测试不能在产品完成之后再进行考虑，否则产品可能因为不可测或是测试代价过高而不被有效地测试。

⑧在规格说明完成后，引入需求确认活动。验证通过技术语言描述的产品定义是满足和覆盖客户需求的。

（4）需求分析报告，具体内容如下：

①封面示例，如图2-5所示。

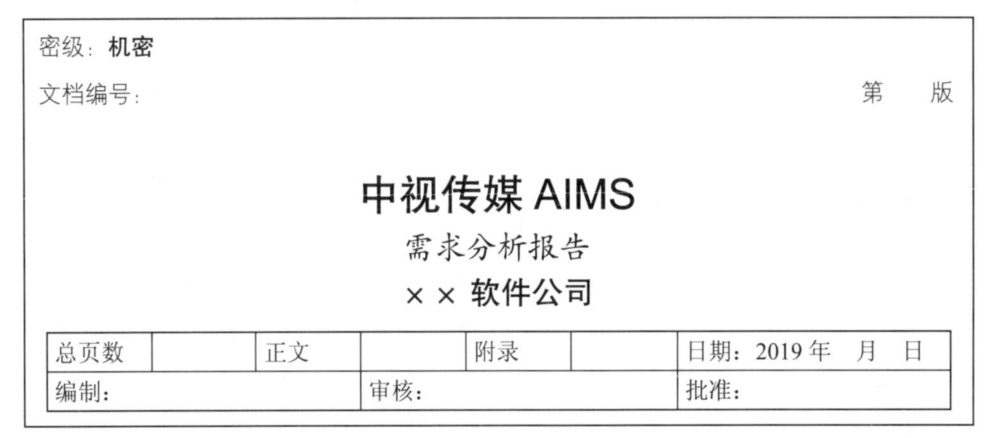

密级：**机密**

文档编号：　　　　　　　　　　　　　　　　　　　　第　　版

中视传媒AIMS

需求分析报告

××软件公司

总页数		正文		附录		日期：2019年　月　日
编制：			审核：			批准：

图2-5　需求分析报告封皮

②目录，如图2-6所示。

目　录

1. 引言
1.1　目的
1.2　背景
1.3　参考资料
2. 任务概述
2.1　目标
2.2　系统特点
3. 开发期限
4. 需求规定
4.1　软件功能说明
4.2　对功能的一般性规定
4.3　对性能的一般性规定
4.4　对安全性的需求
4.5　其他专门的要求
5. 运行环境规定
5.1　设备及分布
5.2　支撑软件
5.3　程序运行方式
6. 开发成本估算
7. 尚需解决的问题

图2-6　需求分析报告目录

3）可行性分析

可行性分析研究是项目立项的关键环节，解决“可做还是不可做”的问题。可行性分析研究的内容包括对现有系统的分析、对建议的新系统描述、可选择的系统方案、投资和效益分析、社会因素方面的可行性、时间进度的合理性安排等。可行性分析研究的最终目的是要得出结论：该项目是否值得开展，是否需要开展，如果开展，能够获得哪些效益，带来哪些好处。

（1）对现有系统的分析。现有系统是指单位或个人当前正在使用或曾经使用过的软件系统，这个系统可能是已有的计算机管理信息系统，也可能是人机交互的半自动化软件系统，甚至是手工操作的人工管理系统。分析现有系统的目的是进一步阐明建议中开发新系统或修改现有系统的必要性，其内容涉及现有系统的功能、性能、业务处理流程和数据流程、工作负荷、费用开支、人员、设备、局限性等。

（2）建议的新系统。说明所建议的新系统的目标和要求将如何被满足。通过对现有系统存在问题的分析，并根据需要，合理地给出所建议系统的体系结构、功能结构、过程模型、接口界面等能够满足现有业务及未来业务发展的需要，且不丢失现有工作数据的理想系统，逐项说明所建议的新系统相对于现存系统具有的改进和优越性。说明所建议系统预期将会带来的影响和效果。说明所建议系统尚存在的局限性以及这些问题未能消除的原因。

（3）可选择的系统方案。说明曾考虑过的每一种可选择的系统方案（包括需开发的和可以从国内外直接购买的系统），制定技术路线，建议软件项目的具体实施方案。软件项目的三种解决方案包括：一是自主开发；二是完全外包；三是购买商用软件产品系统＋自主开发相结合。就我国目前的软件应用而言，第三种解决方案比较常见，主要原因是商品化软件尚未形成完全客户化定制的理想模式。随着我国软件产业的发展，社会分工的逐渐细化，第二种解决方案将会成为我国软件项目开展的主流。

（4）投资及效益分析。对于所选择的方案，进行项目资金的预算，分析性能价格比，包括基本建设投资、其他一次性支出、非一次性支出。如果已有现存系统，则包括该系统继续运行期间所需的费用。对于所选择的方案要阐明能够带来的收益，要说明能够获得的一次性收益、非一次性收益、不可定量的收益、整个系统生命期的收益 / 投资比值、求出收益的累计数开始超过支出的累计数的时间、敏感性分析等。

（5）社会因素方面的可行性。用来说明来自社会因素方面的可行性分析，包括：

①法律方面的可行性，法律方面的可行性问题很多，如合同责任、专利权、版权等方面的因素。

②使用方面的可行性，可以从用户单位的行政管理、工作制度等方面来看是否能够使用该软件系统。

③从用户单位工作人员的素质来看，是否具备使用该软件系统的能力。

（6）时间进度合理性安排。软件项目开发时间包括从项目启动到系统试运行直至验收交付的全过程。如果时间计划安排不当，将直接影响项目的潜在盈利和应用效果。项目进度的合理性安排与多方面因素有关，如财务经费能否满足各个阶段的使用，人力、设备等资源的合理化配置等，因此项目进度计划是软件项目管理过程中非常重要的一环。

2. 需求信息获取

1）软件需求获取的任务

软件需求（software requirement）是为了解决用户的问题或实现用户的目标，用户所需的软件必须满足的能力和条件。软件需求的获取与确认过程如图 2-7 所示。

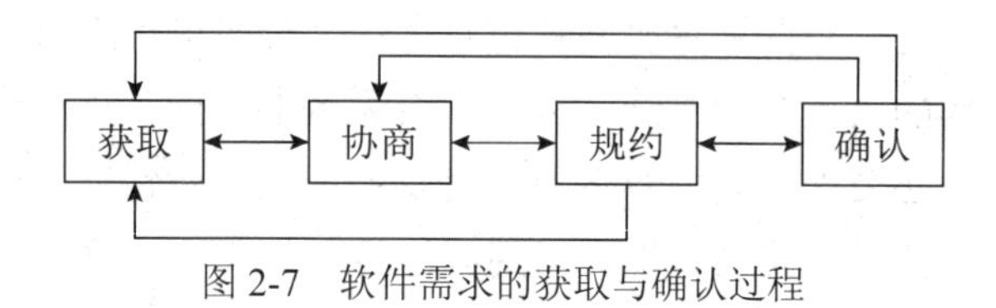

图 2-7　软件需求的获取与确认过程

2）主要的需求种类

获取软件需求要涉及多种人员，每种人员对需求的描述是不同的。

①业务需求：描述了使用软件系统要达到什么目标。

②系统需求：为了满足用户解决问题需要的条件或能力，系统或系统成分必须满足或具有的条件或能力。

③功能需求：规定了软件必须实现的功能性需求。

④非功能需求：在满足功能需求的基础上，软件系统还必须具有一定的特性和遵循一定的约束，非功能需求描述相应的特性和约束。

3）需求信息获取的方法

（1）快速原型化方法。原型法（prototyping），通过开发软件的初期版本让用户进行反馈来确定软件的可行性，研究开发技术或开发过程支持的其他问题。快速原型化（rapid prototyping）是一种原型法，它的重点是在开发过程的早期就开发出原型，使反馈和分析提前以支持开发过程。

①演示原型。通过演示原型向用户展示一些界面，让用户判断基于该原型的系统是否能够满足他们的要求。

②技术验证原型。该原型在技术层上实现软件的部分功能以验证技术上的可行性。

（2）基于用况的方法。基于用况的方法通过建立用况模型来获取与确定需求。在建立用况模型时要确定系统边界，找出在系统边界以外与系统交互的事物，然后从这些事物与系统进行交互的角度，通过用况来描述这些事物怎样使用系统，以及系统向它们提供什么功能。

①系统边界。系统边界是系统的所有内部成分与系统以外各种事物的分界线。系统只通过边界上的有限个接口与外部的系统使用者（人员、设备或外系统）进行交互。系统边界示意如图 2-8 所示。

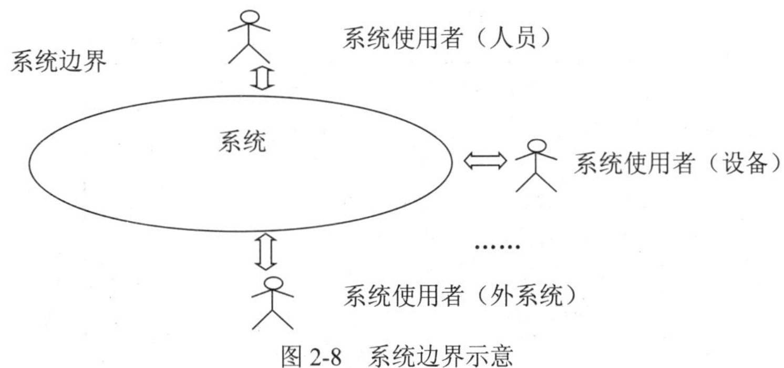

图 2-8　系统边界示意

现实世界中的事物与系统的关系包括如下几种情况：

- 某些事物位于系统边界内，作为系统成分。
- 某些事物位于系统边界外，作为参与者。
- 某些事物可能既有一个对象作为其抽象描述，而本身（作为现实世界中的事物）又是在系统边界以外与系统进行交互的参与者。
- 某些事物即使属于问题域，也与系统责任没有什么关系。

认识清楚上述事物之间的关系，也就划分出了系统边界。

②参与者。参与者（actor）定义了一组在功能上密切相关的角色，当一个事物与系统交互时，该事物可以扮演这样的角色。参与者是在系统之外的与系统进行交互的任何事物。这些事物可为人员、外部系统或设备。

- 人员。直接使用系统的人员是参与者，这里强调的是直接使用，而不是间接使用。
- 外部系统。所有与本系统交互的外部系统都是参与者。对当前正在开发的系统而言，外部系统可以是其他子系统、下级系统或上级系统，即任何与它进行协作的系统，但对这样系统的开发并不是开发本系统人员的责任。
- 设备。识别所有与系统交互的设备：这样的设备与系统相连并向系统提供外界信息，也可能系统要向这样的设备提供信息，设备在系统的控制下运行。

③用况。用况（use case）是描述系统的一项功能的一组动作序列，这样的动作序列表示参与者与系统间的交互，系统执行该动作序列要为参与者产生结果。

使用用况来可视化、详述、构造和文档化所希望的系统行为，尽管用况中描述的行为是系统级的，但在用况内所描述的交互中的动作应该是详细的，只要对用况的理解不产生歧义即可。若描述得过于综合，则不易认识清楚系统的功能。

用况描述中的一个动作应该描述参与者或系统要完成的交互中的一个步骤。在用况中只描述参与者和系统彼此为对方直接做了些什么，不描述怎么做，也不描述间接做了些什么。系统所产生的结果，是指系统对参与者的动作要做出响应。用况描述的是参与者所使用的一项系统功能，该项功能应该相对完整，即应该保证用况是某一项功能完整规格的说明，而不能只是其中的一个片段。在用况描述中，由参与者首先发起交互的可能性较大，但有些交互也可能是由系统首先发起的。

[例 2-1]

```
收款员收款
输入开始本次收款的命令；
          做好收款准备，应收款总
          数置为 0，输出提示信息；
for  顾客选购的每种商品  do
  输入商品编号；
  if  此种商品多于一件  then
                输入商品数量
  end if；
          检索商品名称及单价；
          货架商品数减去售出数；
          if  货架商品数低于下限 then
            通知供货员请求上货
          end if；
          计算本种商品总价并打印编号、
          名称、数量、单价、总价；
          总价累加到应收款总数；
end for；
          打印应收款总数；
输入顾客交来的款数；
          计算应找回的款数，
          打印以上两个数目，
          应收款数计入账册。
```

本例用况描述图，如图 2-9 所示。

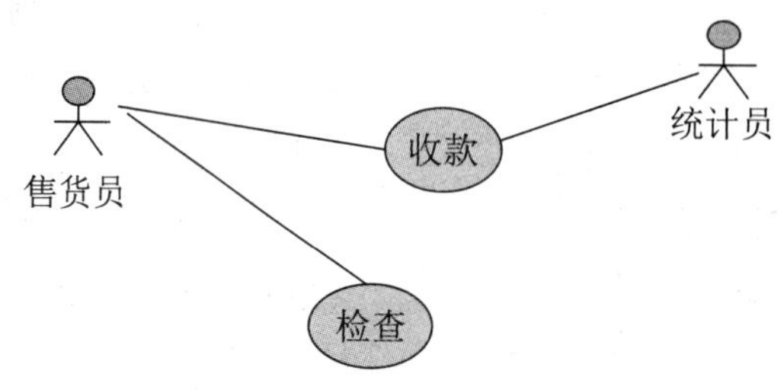

图 2-9　例 2-1 用况描述图

用况与参与者之间的关系：

- 一个参与者可以同多个用况交互，一个用况也可以同多个参与者交互。
- 把参与者与用况间的这种交互关系称为关联。若没做具体的规定，交互是双向的，即参与者能够对系统进行请求，系统也能够要求参与者采取某些动作。
- 把参与者和用况之间的关联表示成参与者和用况之间的一条实线。若要明确地指出参与者和用况之间的交互是单向的，就在关联线上接收信息的那端加一个箭头，用以指示方向。

（a）包含。通过一个敞开的虚线箭头表示用况之间的包含关系，该箭头从基用况指向被包含的用况，这个箭头用关键字 <<include>> 标记。基用况及其被包含用况的表示方法如图 2-10 所示。

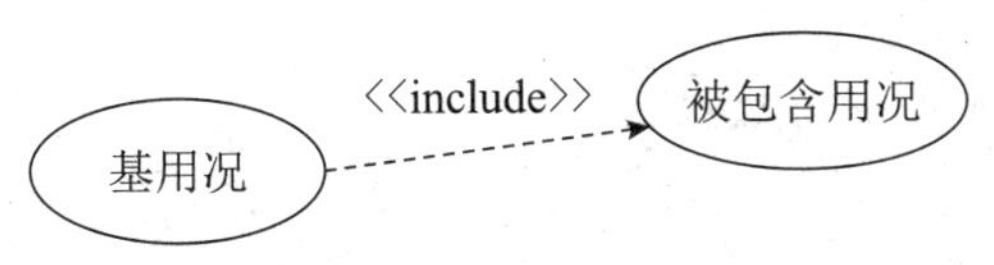

图 2-10　基用况及其被包含用况的表示方法

用况之间的包含关系，如图 2-11 所示。

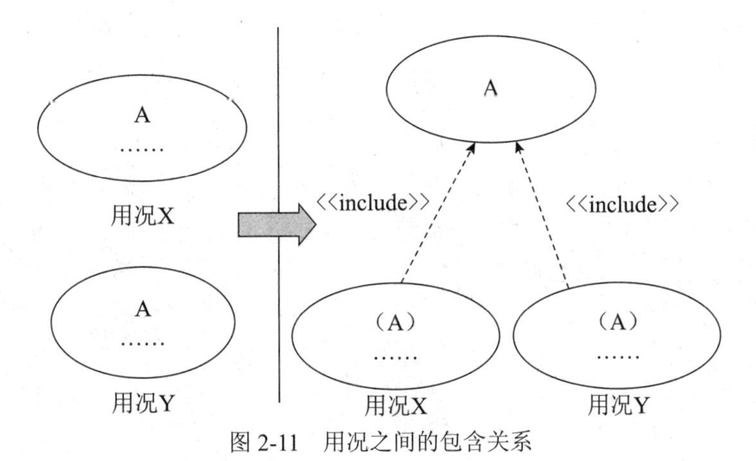

图 2-11　用况之间的包含关系

（b）扩展。基用况是可单独存在的，但是在一定的条件下，它的行为可以被另一个用况的行为扩展。在扩展用况中可定义一组行为增量，在其中定义的行为离开基用况单独是没意义的。一个扩展用况可以扩展多个用况，一个用况也可以被多个用况扩展，甚至一个扩展用况自身也可以被其他扩展用况来扩展。基用况及其扩展用况的表示方法如图 2-12 所示。

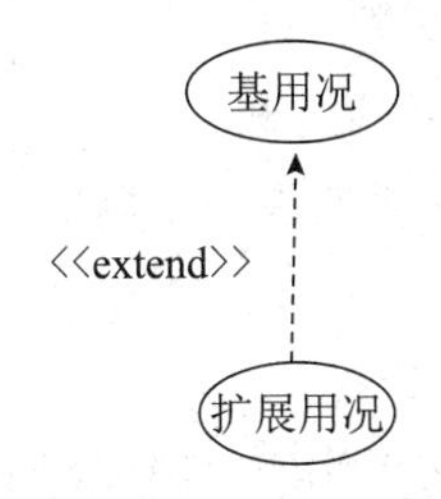

图 2-12　基用况及其扩展用况

通过敞开的虚线箭头表示用况之间的扩展关系，该箭头从提供扩展的用况指向基用况。这个箭头用关键字 <<extend>> 标记，可以在这个关键字附近表示这个关系的条件。

从基用况到扩展用况的扩展关系表明：按基用况中指定的扩展条件，把扩展用况的行为插入由基用况中的扩展点定义的位置，扩展用况的扩展关系如图 2-13 所示。

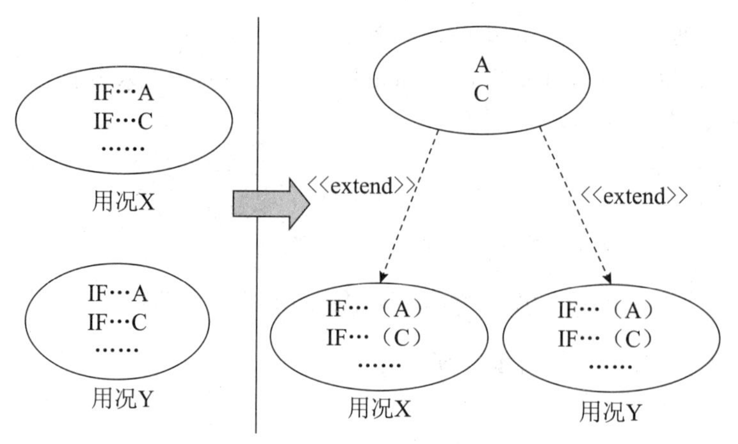

图 2-13　扩展用况的扩展关系

（c）泛化。用况之间的泛化关系就像类之间的泛化关系：子用况继承父用况的行为和含义；子用况还可以增加或覆盖父用况的行为；子用况可以出现在父用况出现的任何位置（父和子均有具体的实例）。用一个指向父用况的带有封闭的空心箭头的实线来表示用况之间的泛化关系，如图 2-14 所示。

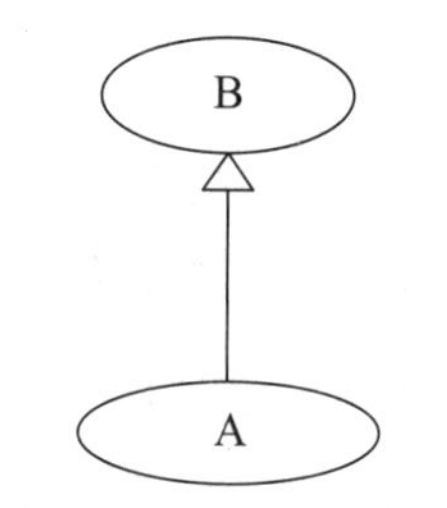

图 2-14　泛化关系示例

④捕获用况具体内容如下：

（a）利用参与者捕获用况，对所有参与者（把自己作为参与者），提问下列问题：

- 每个参与者的主要任务是什么？
- 他们参加了在本质上何种不同的过程？

能完成特定功能的每一项活动很显然是一个用况，这些参与者参与的活动，通常会导致其他用况。

（b）从系统功能角度捕获用况：

- 以穷举的方式检查用户对系统的功能需求是否能在各个用况中体现出来。
- 以穷举的方式考虑每一个参与者与系统的交互情况，看看每个参与者要求系统提供什么功能，以及参与者的每一项输入信息将要求系统做出什么反映，进行什么处理。
- 考虑对例外情况的处理。针对用况描述的基本流，要详尽地考虑各种其他情况。
- 一个用况描述一项功能，这项功能不能过大。例如，把一个企业信息管理系统粗略地分为生产管理、供销管理、财务管理和人事管理等几大方面的功能，就显得粒度太大了，应该再进行细化。

- 一个用况应该是一个完整的任务，通常应该在一个相对短的时间段内完成。如果一个用况的各部分被分配在不同的时间段，尤其被不同的参与者执行，最好还是将各部分作为单独的用况来对待。

⑤描述用况。用况文档模板如表 2-3 所示。

表 2-3　用况文档模板

用况名 描述：对该用况的一句或两句的描述。 参与者：该用况的参与者。 包含：该用况所包含的用况，以及包含它的用况。 扩展：该用况可以扩展的用况，以及扩展它的用况。 泛化：该用况的子用况和父用况。 前置条件：启动该用况所必须具备的条件。 细节：该用况的细节。（基本流与可选流） 后置条件：在该用况结束时确保成立的条件。 例外：在该用况的执行的过程中可能引起的例外 *。 限制：在应用中可能出现的任何限制 *。 注释：对该用况是重要的任何附加信息。

⑥用况图。用况图是一幅由一组参与者、一组用况以及这些元素之间的关系组成的图，如图 2-15 所示。

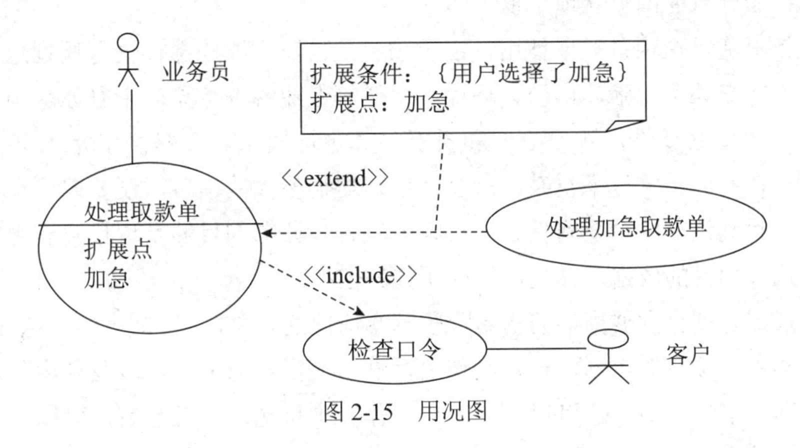

图 2-15　用况图

3. 需求管理

（1）需求标识和分类。若功能需求的数目较大且以后往往要发生变化，需要为每个功能性需求指定一个唯一的标识，为以后的引用需求、变更需求、跟踪需求和复用需求提供便利。最简单的方式是为每个需求赋予一个唯一的序列号。可以为序列号规定一个结构，如用序列号的前两项描述需求的类型，也可以按功能需求的抽象层次来进行数字编号。若需求量较大，则应该进行分类组织，以便编写文档和使用。采用数字编号的方式为需求指定标识时，也可能涉及对需求分类的问题。

常见的分类方式有：现场记录下来的用户工作场景；从场景抽象出来的用况；业务规则；功能性需求；软件质量的属性，如安全、可靠和易用等；外部接口需求，如用户界面、硬件接口与其他软件的接口等；对设计与实现等约束；业务数据项的定义，如数据项的数据格式、数据类型、缺省值等。

（2）变更管理。需求变化是不可避免的，在软件利益相关者对软件需求达成共识后，需要定义需求基线。需求基线经过正式评审与同意，可作为下一步开发的基础软件需求。后续的需求变更必须遵循正式的变更控制过程。按照上述要求，进行需求管理要定义控制需求变更的过程，以管理所有提议的变更。

（3）需求跟踪。即使进行简单的需求变更也会影响软件的其他地方。进行需求追踪的一种常见做法是建立需求跟踪矩阵。通常用矩阵的列给出需求项，用矩阵的行给出与该需求项相关的其他需求项、实现元素或测试用例等。可根据需要定义需求矩阵中的需求关系，如依赖关系、从属关系、精化关系和实现关系等。

2.1.2 项目建议书

项目建议书又称立项报告，是由项目投资方向其主管部门上报的档，从宏观上论述项目设立的必要性和可能性，建议书内容包括项目的战略、市场和销售、规模、选址、物料供应、工艺、组织和定员、投资、效益、风险等，把项目投资的设想变为概略的投资建议。目前广泛应用于项目的国家立项审批工作中。

项目建议书通常在项目早期使用，由于项目条件还不够成熟，仅有规划意见书，对项目的具体建设方案还不明晰，市政、环保、交通等专业咨询意见尚未办理。项目建议书主要论证项目建设的必要性，建设方案和投资估算也比较粗，投资误差为 ±30% 左右。对于大中型项目，有的工艺技术复杂，涉及面广，协调量大的项目，还要编制预可行性研究报告，作为项目建议书的主要附件之一。编制项目建议书的目的是项目发展周期的初始阶段，是国家选择项目的依据，也是可行性研究的依据。

项目建议书是项目发展周期的初始阶段基本情况的汇总，可以减少项目选择的盲目性，是国家选择和审批项目的依据，也是制作可行性研究报告的依据。涉及利用外资的项目，只有在项目建议书批准后，才可以开展对外工作。项目建议书批准后，可以着手成立相关项目法人。民营企业（私人投资）项目一般不再需要编写项目建议书，只有在土地一级开发等少数领域，由于行政审批机关习惯沿袭老的审批模式，有时还要求项目方编写项目建议书。外资项目目前主要采用核准方式，项目方应委托有资格的机构编写项目建议书。

1. 项目建议书和可行性研究报告的区别

项目建议书和可行性研究是项目前期两个不同的阶段，其内容、深度、作用都是不一样的。项目建议书往往是在项目早期，由于项目条件还不够成熟，仅有规划意见书，对项目的具体建设方案还不明晰，市政、环保、交通等专业咨询意见尚未办理。项目建议书主要论证项目建设的必要性，建设方案和投资估算也比较粗，投资误差为 ±30% 左右。

一般地说，项目建议书的批复是可行性研究的依据之一。此外，在可行性研究阶段，项目至少有方案设计，市政、交通和环境等专业咨询意见也必不可少了。对于房地产项目，一般还要有详规或修建性详规的批复。此阶段投资估算要求较细，原则上误差在 ±10%；相应地，融资方案也要详细，每年的建设投资要落到实处，有银行贷款的项目，要有银行出具的资信证明。很多项目在报立项时，条件已比较成熟，土地、规划、环评、专业咨询意见等基本具备，特别是项目资金来源完全是项目法人自筹，没有财政资金并且不享受什么特殊政策，这类项目常常是项目建议书（代可行性研究报告），两个阶段合为一阶段。

以上基本是在传统的项目审批制环境下，项目建议书和可行性研究的大致要求和区别。随着我国投资体制的改革深入，特别是随着《国务院关于投资体制改革的决定》的出台和落实，除政府投资项目延续上述审批要求外，非政府投资类项目一律取消审批制，改为核准制和备案制。像房地产等非政府投资的经营类项目基本上都属于备案制之列，房地产开发商只需依法办理环境保护、土地使用、资源利用、安全生产、城市规划等许可手续和减免税确认手续，项目建议书和可行性研究报告可以合并，甚至不是必经流程。房地产开发商按照属地原则向地方政府投资主管部门（一般是当地发改委）进行项目备案即可。

2. 项目建议书的审批权限

目前，项目建议书要按现行的管理体制、隶属关系，分级审批。原则上，按隶属关系，经主管部门提出意见，再由主管部门上报，或与综合部门联合上报，或分别上报。

（1）大中型基本建设项目、限额以上更新改造项目。委托有资格的工程咨询、设计单位初评后，经省、自治区、直辖市、计划单列市发改委及行业归口主管部门初审后，报国家发改委审批，其中特大型项目（总投资 4 亿元以上的交通、能源、原材料项目，2 亿元以上的其他项目），由国家发改委审核后报国务院审批。总投资在限额以上的外商投资项目，项目建议书分别由省发改委、行业主管部门初审后，报国家发改委会同外经贸部等有关部门审批；超过 1 亿美元的重大项目，上报国务院审批。

（2）小型基本建设项目，限额以下更新改造项目由地方或国务院有关部门审批。

①小型项目中总投资 1000 万元以上的内资项目、总投资 500 万美元以上的生产性外资项目、300 万美元以上的非生产性利用外资项目，项目建议书由地方或国务院有关部门审批。

②总投资 1000 万元以下的内资项目、总投资 500 万美元以下的非生产性利用外资项目，本着简化程序的原则，若项目建设内容比较简单，也可直接编报可行性研究报告。

以下是一份项目建议书撰写模板。

项目建议书撰写模版

第一章　总　论

一、软件设计项目概况

1. 软件设计项目名称　2. 软件设计项目性质　3. 软件设计项目承办单位　4. 软件设计项目建设地点　5. 建设规模及内容

二、软件设计项目总投资、资金筹措及效益情况

1. 软件设计项目投资及资金筹措　2. 软件设计项目经济效益

三、软件设计项目优势条件

1. 资源优势　2. 产业基础

第二章　软件设计项目背景及建设必要性

一、软件设计项目提出的背景

二、投资的必要性

三、项目建设的目的意义

第三章　软件设计项目建设条件

一、选择原则

二、厂址选择

三、建设条件

1. 气候条件　2. 水文　3. 自然资源

第四章　软件设计市场分析与销售方案

一、软件设计项目市场现状

二、软件设计项目销售方案

第五章　软件设计项目建设方案

一、产品方案

二、工艺系统

三、设备方案

四、工程方案

第六章　环境影响与节能评价

一、环境影响分析

1. 软件设计项目所在地环境现状　2. 软件设计项目污染及治理措施　3. 环境保护综合评价

二、节能节水

1. 节能措施　2. 节水措施

第七章　软件设计项目组织与管理

一、软件设计项目实施管理

二、劳动定员

三、人员培训计划

四、劳动安全卫生

1. 劳动安全　2. 职业卫生

五、消防

第八章　投资估算与资金筹措

一、估算结果

1. 建设投资估算　2. 建设期利息估算　3. 流动资金估算

二、资金筹措

第九章 财务评价

一、成本分析

二、销售收入
三、利润
四、项目财务评价
1. 动态盈利能力分析　2. 静态盈利能力分析
五、盈亏平衡分析
第十章　风险分析
一、风险影响因素
（一）可能面临的风险因素
1. 市场风险　2. 预测方法风险　3. 组织管理风险　4. 核心人员流动风险　5. 财务风险
（二）主要风险因素识别
二、风险影响程度及规避措施

2.1.3 合同签订

软件项目合同主要是技术合同。技术合同是法人之间、法人与公民之间、公民之间以技术开发、技术转让、技术咨询和技术服务为内容，明确双方权利和义务关系所达成的协议和具有法律效力的文件。技术合同具有以下特征：

（1）甲乙双方自愿达成的协议；

（2）签订者具有相应的法律能力；

（3）有充分的签约理由；

（4）具有合法的目的。

不同类型的项目一般会采用不同类型的合同，下面简单介绍几种常见的合同。

成本补偿合同： 成本补偿的适度、足额，是确保企业经营或再生产的根本要求。成本概念是成本补偿概念的理论基础，成本补偿概念随着成本概念内涵和外延的变化而相应改变。

固定总价 / 单价合同： 指合同的价格计算是以图纸及规定、规范为基础，工程任务和内容明确，用户要求和条件清楚，合同总价 / 单价一次包死，固定不变，即不再因为环境的变化和工程量的增减而变化的一类合同。在这类合同中，项目承包商承担了全部的工作量和价格的风险。

功能计费点合同： 按功能点的个数支付报酬，这种合同要求在项目开始的时候就应该做好项目规模的预计。

>>> 2.2 项目的准备工作

俗话说：“人无远虑，必有近忧。”有必要做好一些前期的准备工作，事前工作没做好，在项目的实施过程中可能会事事碰壁。

2.2.1 项目章程

项目章程是正式批准项目的文件。任何一个项目，都是由一个或多个原因而被批准的，这些原因包括市场需求、营运需要、客户要求、技术进步、法律要求和社会需要等。项目要明确以下几点：

（1）项目名称；

（2）项目的重要性；

（3）项目目标；

（4）项目经理；

（5）主要项目干系人；

（6）项目总体进度安排；

（7）项目总体预算；

（8）各个职能部门应提供的配合；

（9）项目审批要求；

（10）本章程的批准。

2.2.2 项目成员的任命

软件项目管理包含许多角色（例如：项目经理、项目成员、客户和监理等），各角色都将承担其应尽的职责和义务，其中项目经理、项目成员是最重要的角色。

1. 项目经理

项目经理可以是一个人，也可以是一个团队，是保证按照进度、预算、工作范围、质量考核标准，为实现项目目标而全面承担责任的重要成员。项目经理的成功选择是项目成功的一半。项目经理需要履行多种职能和任务，比如如下五个方面的基本职能。

（1）制订项目计划。与项目团队一起进行初步研究，识别商业问题、要求、项目范围和收益；确定关键的项目成果和里程碑；制订项目计划，做出工作分解结构，并与项目团队和客户进行充分沟通和交流，确定项目实施的技术路线等。

（2）管理项目。管理与控制项目计划的执行；评估项目相对于计划的执行情况；对照要求进行测试项目里程碑目标的执行等。

（3）领导项目团队。如让项目团队参与计划；跟踪项目进展状态；对员工设定绩效考核和发展目标；制定奖惩制度等。

（4）建立客户伙伴关系。如让客户参与，并与客户一道确定项目目标和关键成果，定期向客户汇报，了解客户重要需求的变更等。

（5）以企业总体需求为导向。根据企业的经营理念和价值观管理项目；理解业务需求以及时间成本压力，以客户满意度为最佳追求标准等。

2. 系统分析人员

系统分析人员是将用户需求转换为软件系统实现模型的重要角色，是系统需求分析阶段的核心角色，其工作包括根据用户需求确定系统的功能性需求和非功能需求，负责界定系统，确定参与者和用户模型。

3. 构架设计师 / 系统设计人员

此类人员也参与需求分析工作，以便描述用户模型的构架视图，是设计系统总体结构的总设计师。

4. 程序员

程序员是根据系统分析和系统构架对系统实现编码的重要成员，以实现系统功能。

5. 测试员

测试员承担系统的测试任务，包括单元测试、集成测试、系统测试等。

6. 实施人员

实施人员是指将软件项目的产品（主要是软件）加以实际应用的人员。

7. 系统管理员

系统管理员在软件系统实际应用中负责管理维护系统，负责系统软硬件的设置、用户权限分配、资源管理、数据备份和日常事务处理等工作。

2.2.3　项目范围定义

软件项目范围包括两方面的内容：一是产品范围，即产品或服务所包含的特征或功能；二是项目范围，即交付具有规定特征和功能的产品所必须完成的工作。

软件项目范围说明中至少要说明项目论证、项目产品、项目可交付成果和项目目标。项目论证是用户方的既定目标，要为估算未来的得失提供依据。项目产品是产品说明的简要概况。

项目可交付成果要列出一个交付产品清单。例如，一个软件开发项目的主要可交付成果可能包括程序代码、操作及维护手册、人机交互学习程序等。项目目标要考虑项目的成功性，至少要包括成本、进度表和质量检测等。

>>> 2.3　项目可行性计划

可行性分析目的在于使用最小的代价，在尽可能短的时间内得出软件项目是否能够开发、是否值得开发的结论。在讨论一个项目是否可行时，需要从技术可行性、经济可行性、风险控制可行性等几个方面着手。

2.3.1 技术可行性

技术可行性是指决策的技术和决策方案的技术不能突破项目组所拥有的或有关人员所掌握的技术资源条件的边界。在给定的约束条件下，论证能否实现系统所需的功能和性能；是否具备系统开发所需各类人员的数量和质量、软硬件资源和工作环境等；现有的科学技术水平和开发能力是否支持开发的全过程并达到系统功能和性能的目标。最常用、最有效的方法是专家评定，即找相关行业的技术专家进行评审。进行技术可行性分析时，要注意以下一些问题。

1. 全面考虑系统开发过程所涉及的所有技术问题

软件开发涉及多方面的技术，包括开发方法、软硬件平台、网络结构、系统布局和结构、输入输出技术、系统相关技术等。应该全面和客观地分析软件开发所涉及的技术，以及这些技术的成熟度和现实性。

2. 尽可能采用成熟技术

成熟技术是被多人采用并被反复证明行之有效的技术，因此采用成熟技术一般具有较高的成功率。另外，成熟技术经过长时间、大范围使用、补充和优化，其精细程度、优化程度、可操作性、经济性等方面要比新技术好。鉴于以上原因，软件项目开发过程中，在可以满足系统开发需要、能够适应系统发展、保证开发成本的条件下，应尽量采用成熟技术。

3. 慎重引入先进技术

在软件项目开发过程中，有时为了解决系统的特定问题，为了使所开发系统具有更好的适应性，需要采用某些先进或前沿技术。在选用先进技术时，需要全面分析所选技术的成熟程度。有许多报道的先进技术或科研成果实际上仍处在实验室阶段，其实用性和适应性并没有经过大量实践验证，在选择这种技术时必须慎重。

4. 着眼于具体的开发环境和开发人员

许多技术总体来说可能是成熟和可行的，但是在开发队伍中如果没有人掌握这种技术，而且在项目组中又没有引进掌握这种技术的人员，那么这种技术对本系统的开发仍然是不可行的。例如，分布对象技术是分布式系统的一种通用技术，但是如果在开发队伍中没有人掌握这种技术，那么从技术可行性来讲就是不可行的。

5. 技术可行性评价

技术可行性评价是通过原有系统和欲开发系统的系统流程图和数据流图，对系统进行比较，分析新系统具有的优越性，以及对设备、现有软件、用户、系统运行、开发环境、运行环境和经费支出的影响，然后评价新系统的技术可行性。具体内容主要包括以下几个方面：

（1）在限制条件下，功能目标是否能达到；

（2）利用现有技术，性能目标是否能够达到；

（3）对开发人员数量和质量的要求，并说明能否满足；

（4）在规定期限内，开发是否能够完成。

2.3.2 经济可行性

经济可行性是指可以使用的资源的可能性（资源包括人力资源、自然资源和资金条件）。估算开发成本与费用，预测系统功能可取得的未来效益，明确项目是否值得开发。经济可行性包括两个方面的内容：一是某一备选方案占有和使用经济资源的可能性，进而实现政策目标的可能性；二是实施某一政策方案需要花费的成本和取得的收益。评估经济可行性有两个基本方法：成本—效益分析法（或称成本—损益分析）和成本—效能分析法（或称成本—有效性分析）。下面对系统开发的成本—效益分析方法进行简单的介绍。

1. 系统的经济效益 = 使用新系统增加收入 + 使用新系统可以节省的运行费用

案例：某公司采用 EDI（电子数据交换）系统来进行成本和效益分析

分析：

EDI 的成本主要分为以下几个部分。

（1）硬件成本：主要包括计算机、Modem 和租用线路的费用。

（2）软件成本：包括转换软件、翻译软件和通信软件的费用。

（3）通信成本：当使用 EDI VAN 时，包括邮箱租金、文件传输费用、EDI 交换中心文件处理保管费用。

（4）其他成本：如人员培训、系统维护等。

采用 EDI 可带来如下经济效益：降低纸张使用成本；提高工作效率；节约库存费用；减少错误资料的处理工作；节省人力费用等。

2. 有形效益

（1）投入—产出分析（货币的时间价值）

（2）投资回收期

（3）纯收入

（4）投资回收率

3. 无形效益（从性质、心理上衡量，很难直接进行量的比较）

货币的时间价值：指同样数量的货币随时间的不同具有不同的价值。

投资是现在进行的，效益是将来获得的，不能简单地比较成本和效益，应该考虑货币的时间价值。

假设年利率为 i，如果现在存入 P 元，则 n 年后可以得到的金额为：

$$F=P(1+i)^n$$

这也就是 P 元钱在 n 年后的价值。

反之，如果 n 年后能收入 F 元，那么资金的现值是：

$$P=F/(1+i)^n$$

例如，已知一个基于计算机的系统的软件升级的开发成本估算值为 5 000 元，预计新系统投入运行后每年可以带来 2 500 元的收入，假定新软件的生存周期（不包括开发时间）为 5 年，当年的年利率为 12%，试对该系统的开发进行成本—效益分析，将来的收益折合成的现值，如表 2-4 所示。

表 2-4 系统开发的成本—效益分析

n（年）	第 n 年的收入	$(1+i)^n$	折 现 值	累计折现值
1	2 500	1.12	2 232.14	2 232.14
2	2 500	1.254 4	1 992.98	4 225.12
3	2 500	1.404 928	1 997.45	6 004.57
4	2 500	1.573 519 36	1 588.80	7 593.37
5	2 500	1.762 341 683	1 481.57	9 011.94

投资回收期：系统投入运行后累计的经济效益的折现值正好等于投资所需的时间。投资回收期越短，就能越快地获得利润，工程越值得投资。

本例中的投资回收期为

$$2+(5\,000-4\,225.12)/1\,779.45 = 2 + 0.44 = 2.44\text{（年）}$$

纯收入：在整个生存周期系统的累计收入折现值（PT）与总成本折现值（ST）之差，用 T 表示。如果纯收入小于或等于 0，则这项工程单从经济观点来看是不值得投资的。

本例中的纯收入为

$$T= \text{PT}-\text{ST}=9\,011.94-5\,000=4\,011.94\text{（元）}$$

投资回收率，是指把资金投入项目中与把资金存入银行比较，投入到项目中可获得的年利率。设 S 为现在的投资额，Fi 是第 i 年到年底一年的收益（i=1，2，…，n），n 是系统的寿命，j 是投资回收率，则 j 满足方程：

$$S= F_1(1+j)^{-1} + F_2(1+j)^{-2} + \cdots + F_n(1+j)^{-n}$$

本题的投资回收率为 41.04%，而如果直接把资金存入银行的投资回收率就是年利率 12%。

如果仅考虑经济效益，只有项目的投资回收率大于年利率时，才考虑开发问题，有时还需要考虑社会效益。

2.3.3 风险控制可行性

每个项目都存在风险。预测、评估项目风险常见的方法是定量分析法，如决策树。图 2-16 就是用决策树的方法来预测、评估某软件项目上线 1 年之后的运行结果。

做项目的预期收益：0.8×50-0.2×20=36 万元，不做项目的预期收益：-5 万元。因此，做项目是比较有利的选择。

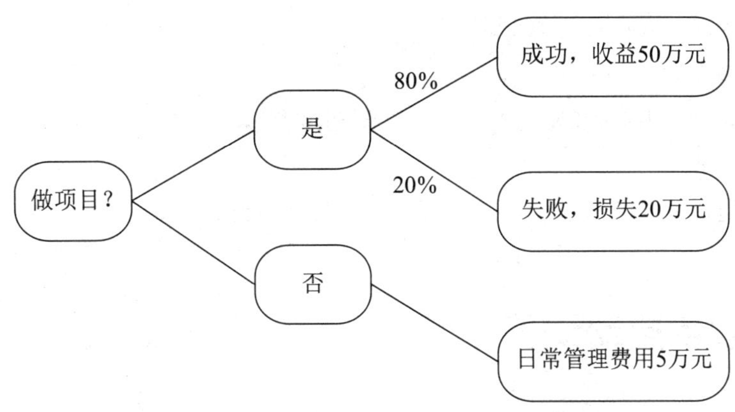

图 2-16　用决策树预测某软件项目上线后的结果

2.3.4　其他因素的可行性

除了以上的可行性分析外，还有一些其他的可行性，如社会可行性。社会可行性所涉及的范围比较广，包括合同、责任、侵权、用户组织的管理模式及规范等，以及待开发项目是否存在侵权、妨碍等社会责任问题；系统运行方式在用户组织内是否行得通；现有的管理制度、人员素质、操作方式是否可行。

2.3.5　可行性分析报告的书写

1. 引言

说明编写文档的目的，项目名称、背景、本文档用到的专门术语和参考资料。

2. 可行性研究前提

说明目标系统的功能、性能和基本要求、各种限制、可行性研究的方法和决定可行性的主要因素。

3. 对现有系统的分析

处理流程、数据流程、工作负荷、费用支出，所需各类专业技术人员和数量、所需设备、现行系统存在的问题。

4. 技术可行性分析

系统的简要说明：处理流程、数据流程，与现行系统比较的优势，对用户、运行环境、经费的影响，对技术可行性进行评价。

5. 系统经济可行性分析

列出成本—效益分析结果，包括投资回收期等。

6. 社会因素可行性分析

说明法律因素，对合同责任、侵权、版本等问题的分析，说明用户使用可行性，是否适应用户行政管理、人员素质的要求。

7. 其他可供选择的方案

逐一说明其他可供选择的方案，并说明未被推荐的理由。

8. 结论或意见

说明项目是否可以继续进行，还需要什么条件或目标调整。

2.4 项目启动动员

软件项目成功实施至关重要的一个步骤是执行良好的软件项目启动。开局良好的软件项目获得成功的概率更大。

软件项目启动的目标是确保：①将项目启动、项目交付、客户验收的所有权委托给软件项目经理；②组织内部的服务部门向软件项目经理提供支持和承诺；③项目开局良好；④总结成功经验对项目所产生的正面影响。

项目启动动员会可达到统一思想、建立信心、消除未来实施供财链项目障碍的目的。对于项目经理来说，这是一次公司向其正式授权的机会，同时也明确了项目经理的责任与权力。项目启动动员会由项目经理准备和召开，一般应该在项目立项后一周之内举行，需要达到以下目的：

①宣布项目正式进入全面开发的日常运作阶段；

②统一项目利益相关者的目标和认识；

③介绍团队和项目联系人；

④增强团队士气和凝聚力。

项目启动动员会不仅仅是宣布项目的准备工作已经基本完毕并进入全面开发阶段，还可统一利益相关者的目标和认识、激发团队的士气和增强信心。很多项目经理把项目启动动员会看成是团队建设中的重要一环。项目启动动员会也是一次公关活动，可以提高项目知名度，甚至可以吸引优秀的工程师加入。为了召开一次成功的启动动员会，需要在会议计划和会议举办两个方面进行细致的准备。

1. 会议计划

确定会议的长度和内容。会议时间的长短没有固定的限制，可以短至半个小时，也可以长达两个小时，但要和内容息息相关。对于软件项目而言，客户的需求和解决方案在此时已经基本清楚了，所以会议上已经没有影响项目成功的关键议题。

确定会议形式。由于很多时候会议参加者（尤其是客户）往往不在同一地点，会议采用的是电话和视频会议形式，因此视频设备的事先检查很重要。

准备会议文档。一般采用微软公司 PowerPoint 演示文稿的形式。主要内容应该包括：欢迎礼节部分、项目和项目计划部分、团队和支持部门介绍以及联系方式和联络人等方面内容。

2. 会议举办

一个成功的动员会议程如下：

（1）项目经理介绍企业项目的前期准备情况，介绍项目组成员及其职责。

（2）项目经理介绍项目组成员及职责，并做项目目标、实施方法、主计划/里程碑计划、项目成功交付保障、制度保障约束等方面的主题演讲，向参会人员传达项目成功的信心。

（3）表达项目的重要性和对项目的重视，给相关人员以责任和压力；分析企业战略目标，说明项目的目标和重要性；向项目经理和项目小组成员进行授权，以及对相关部门的要求等、项目启动会标志着项目的正式启动，真正重要的是启动会前的准备工作是否充分，启动会的效果是否达到预期的目标。因此，项目启动会前必须做充分的会前准备工作，与高层深入交流，明确启动会的意义所在。

（4）若需要可以在启动会后针对管理层进行理念培训和项目管理的培训，介绍项目成功和失败的影响因素和案例，重点说明项目成功的条件和失败的原因。也可安排关键用户代表发言，表达对项目实施的配合和成功的决心。

（5）在启动会结束后，整理会议纪要并提交项目总负责人签字确认。

动员会的成功举办，意味着项目可以进入日常运作状态，在开发环境、人事、财务等各方面必须就绪。以下为一个具体的清单：

①项目正式编号和项目名称。

②项目所需资金是否到位。

③项目开发环境、硬件设备、软件使用执照、Windows 和 UNIX 账户。

④软件配置管理储存库空间、名称和账户。

⑤项目文件系统和目录建立。

⑥团队初始人员到位，并且准备好简历。

⑦项目开工前的技术培训安排（可选）。

⑧项目 Wikipedia 网站（可选）。

⑨安排客户访问（可选）。

2.5　课堂讨论案例

项目启动阶段就是项目管理班子在项目开始阶段的具体工作，包括项目或项目阶段的规划、实施和控制等过程。

1. 不容忽视的项目启动阶段

只有在项目的可行性研究结果表明项目可行，项目阶段必备的条件成熟或已经具备的时候，才可以启动，贸然启动项目是不可取的。任命项目经理、建立项目管理班子是项目启动阶段完成的标志之一，一般来说，应当尽可能早地选定项目经理，并将其委派到项目上去。项目经理无论如何要在项目计划执行前到岗。但不论是项目经理和项目管理班子接受他人委托对委托人的项目进行管理，还是自己选定和发起的项目，都要十分重视项目启动阶段的工作，包括明确资金、权限、时间、要求、双方责任以及进行广泛的沟通。

启动阶段是正式认可一个新项目的存在，或是对一个已经存的项目让其继续进行下一阶段工作的过程。项目经理在接受委托之后，准备启动项目之前，必须搞清楚项目涉及的各方面内容。项目有多个方面，包括范围、费用、时间、质量、风险、人力资源、沟通、采购等等。可以把这些不同的方面称为项目变量、项目变量或项目参数。有些项目的发起人或委托人往往对项目的许多方面并不是很清楚，或者只有一个模糊的概念，尤其是一些高科技项目，如果项目由多个个人或组织发起，问题可能会更严重，他们对于项目的目的、内容、范围和行动方案的认识在大多数情况下并不一致甚至存在矛盾。因此，项目经理在项目启动时一定要负责统一大家的认识，有效规避缺乏共识和项目驱动力的风险，否则无法顺利启动，如果勉强启动，也必然会在后续进程中出错。

2. 项目启动会：万里长征第一步

通过召开项目启动会来明确项目实施的意义，说明项目实施成功的关键因素，确定双方的职责是一个行之有效的办法。项目启动会可以根据项目的具体情况来灵活选择规模、方式、内容，如进行正式的项目签字仪式、项目动员大会等，类似于行军打仗前进行的誓师活动。

以软件项目为例，现在很多项目都涉及用户业务应用的软件开发，在实施中要跟用户的各个层面打交道，但现实往往是用户单位的员工根本不了解软件公司在给自己的企业做什么，因此，签合同时有必要召开一个正式的仪式，向双方员工传递项目的信息，激发公司全体员工对项目的热情。软件公司领导、项目负责人、开发人员、施工人员和用户方的领导、项目协调人、相关部门人员聚在一起，让大家知道双方的合作正式开始。仪式上，双方领导发表演讲，特别是用户方的领导要强调项目的意义。联想集团公司在上 ERP 项目时就专门召开了全体员工誓师大会，柳传志亲自到会讲话，把 ERP 项目放在关乎企业生死存亡的高度，并亲手将一面大旗授予 ERP 项目的负责人。柳传志还在会上说，“有人说现在上 ERP 是找死，但现在不上那就是等死，我们与其在这里等死，为什么不去拼搏一把呢？”。后来的事实证明，这不仅极大地鼓舞了项目组成员的斗志，同时也使全体员工明白这不仅是信息部门的事，而且是公司从上到下都要关心的事。

通过这个仪式，双方要组成项目管理班子，成立项目指挥部或项目管理委员会等机构，由双方总经理牵头，项目负责人为执行人，日常联系由双方指定人员。项目启动会可以根据项目的具体情况来灵活选择规模、方式、内容，如进行正式的项目签字仪式、项目动员大会等，利用双方人员都在场的机会，把软件功能用通用、专业的语言和用户方的领导、技术人员、业务负责人进行最后确认，此时有分歧改正的成本不大。同时，还可使双方人员彼此认识，清楚各个层次的界面，为以后打交道奠定基础。

项目签字仪式可以选择在用户单位举行，这样可以节约用户方的时间。但要注意的是，签字仪式要精心组织，场地要大一些，通过各种方式造势，为双方的沟通营造一个良好的环境。会前，每个模块负责人要明确自己的客户界面，要找机会和对方单独聊，拉近彼此间的关系。另外，会场上双方领导的融洽气氛会对项目的实施产生一种有效的促进作用。

3. 公司内部会议：领取“尚方宝剑”

项目启动会是造外势。在公司里也要造内势，让各个部门都知道这个项目能为公司创造哪些经济效益，明确项目组人员和项目负责人，确定项目负责人的权限。公司财务、采购、人事、技术、销售等部门都要参加，这样才能创造一个良好的内部服务体系，让项目组把主要精力放在为用户服务上。公司内部主要是召开项目组成立会，会上最重要的就是宣布项目的内容、项目负责人权限、项目团队成员、项目时间周期、项目需要的设备、资金等。给项目管理充分的授权，与此项目相关的事情，全权由项目经理负责。这样项目组人员的人事调动，根据项目进度进行设备的采购、项目发生的财务支出等也就不需要一次次找总经理，只要是规定范围内的，由项目经理签字就可以了。

项目授权书必须由总经理签字，并在会上宣读。为了增强团队凝聚力，可以在会上举行项目组宣誓或誓师宣言，形成高度集中、统一、协作的团队精神。内部造势不仅可以让各个部门了解项目，创造条件服务项目组，而且可以给项目组成员以压力和动力，意识到项目团队精神的重要性，这对项目经理来说也是一把“尚方宝剑”。营造了内外两个良好的环境，项目启动就是水到渠成的事，项目组成员便可集中精力投入到实施中去，项目的成功也有了更大的保证。

一个项目的成功启动绝不是靠项目组或项目经理就可以实现的，必须具备内部和外部两个条件，所以双方的领导都要高度重视，尤其是在目前中国的企业文化氛围中，项目经理需要一把“尚方宝剑”，用户方的主管也同样需要。

4. 项目小组首次会议：为成功奠基

在现代企业中，项目经理在工作中遇到的最大障碍就是人的障碍，真正的项目经理往往将 80% 以上甚至是 90% 的时间用在了沟通和合作上，大部分有经验的项目经理都认为项目经理最重要的是进行与人沟通的工作，让所有项目相关者都能够达成共识。

因此，项目启动中的首次项目小组会议显得非常的重要，它决定了小组在整个项目各阶段的运作表现，确保小组有一个良好的开端。在项目开始前，或者在项目的启动阶段，把工作做踏实是非常必要的，也是提前杜绝一些可预测风险发生的有效手段。缺乏共识，正是项目中最常见的风险，带来的后果各种各样。

首先，通过召开项目小组会议，可以初步了解不同人的经历和特长，确定谁能或谁愿意执行不同的项目任务，增加了组员实际接受任务的可能性。其次，将组员个人目标、日常工作目标及项目小组工作目标三者统一起来，使组员能真正投入小组工作。再次，让成员们有机会相互了解并建立信任，也是成功团队的特征。最后，尽可能地消除项目组成员心中的疑虑，让大家都能够清楚自己所从事的是一项怎样的工作，对自己能带来何种价值。总之，首次项目小组会议可以说是项目成功的奠基石。

本章总结

本章介绍了项目立项管理的基本内容，包括项目分析、项目建议书和合同的签订，并对软件项目的准备工作、可行性分析、启动动员做出了详细阐述。本章在相应的部分还给出了项目建议书和可行性分析报告的案例及模板，最后通过一个典型案例《校务通系统》对本章知识加以升华。

课后练习

一、填空题

1. 软件项目的三种解决方案：____。

2. 讨论一个项目是否可行，需要从________可行性、________可行性、________可行性和________可行性等几个方面着手进行考虑。

3. 常见的合同类型有：________合同、________合同、________合同和________合同。

二、在线测试题

扫码书背面的防盗版二维码，获取答题权限。

第3章 软件项目的计划

戴尔·卡耐基曾说："蜜蜂建造蜂房的本领使人间的许多建筑师感到惭愧，但最蹩脚的建筑师从一开始就比最灵巧的蜜蜂高明的地方，是他在用蜂蜡建筑蜂房以前已经在自己的头脑中把它建成了。"可见人们不管做什么事情，事先都要有明确的目标，都要有一个打算和安排。只有预先做好了计划，有了准备和步骤，才能把事情办好；有了计划也就有了具体的工作、活动程序，从而有了监督检查的依据，这样可以减少盲目性，发现问题并及时调整，可以合理地安排人力、物力、财力、时间，使工作、活动有条不紊地进行。计划对于项目的顺利进行意义同样重大，项目管理就是制订计划、执行计划和监控计划的过程。计划是项目管理的主线。

3.1 软件项目计划概述

软件项目计划（software project planning）是一个软件项目进入系统实施的启动阶段必须完成的一项工作，其目标是提供一个框架，使管理者能合理地估算软件项目开发所需的资源、成本和进度，在有关工作组和相关人员同意承担他们的责任的基础上，控制软件项目开发过程按此计划进行。软件项目计划主要进行的工作包括：确定详细的项目实施范围，定义递交的工作成果，评估实施过程中主要的风险，制订项目实施的时间计划、成本和预算计划、人力资源计划等。软件项目计划包括两个任务：研究和估算，即通过研究该软件项目的主要功能、性能和系统界面，对工作量、时间、成本和风险等作出评估，然后根据评估结果进行安排。

计划不是一成不变的，计划需要根据变化及时调整。项目计划是逐步完善的，同时对项目的了解也是逐步清晰的，因此项目计划是分层次的，随着项目进入不同阶段，计划的要求和重点也不同。

3.2 软件项目计划的内容

本书主要从软件项目管理方面来讨论软件项目计划，包括范围、进度、成本、质量、人力和沟通、风险、合同等计划的管理。

3.2.1 范围计划

项目管理过程中最重要也最困难的工作之一是确定项目的范围，项目成功要素中很多是与范围相关的。软件项目范围具体来说包括产品范围和项目范围两方面，产品范围是指产品、服务或者成果所具有的特性和功能；项目范围是指为交付具有规定特性与功能的产品、服务或者成果而必须完成的工作。依据范围的定义，可以看出范围对于项目成功的三要素——质量、时间、成本具有直接影响。当项目范围扩大时，项目需要完成的工作更多，需要的时间更长，会导致成本的增加；产品质量标准是建立在一定范围内的标准，超出产品范围的产品质量不是项目经理关注的重点；如果产品范围扩大，相应的产品质量管理内容自然需要相应扩大，项目管理的三个目标构成项目管理三角形，这三个目标都是在一定范围内的目标。如果项目范围确定不下来，项目目标也无法确定，项目范围与时间、成本、质量之间的相互关系如图3-1所示。其中，大圆圈代表项目范围，时间、成本和质量分别用小圆圈代表。

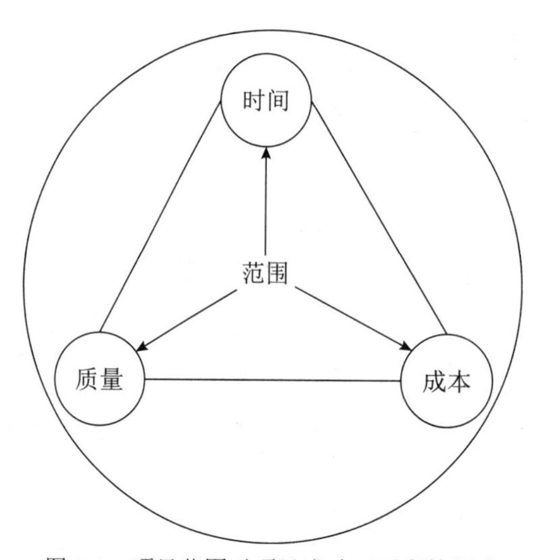

图3-1 项目范围对项目成功三要素的影响

1. 软件项目范围含义

1）软件产品规范

产品需求文档描述软件产品应包含功能特性的内容，由功能规格说明书描述具体要求，但功能规格说明书是在计划过程中或之后产生的，在确定产品需求文档过程中开始进行项目计划。

2）项目工作范围

工作范围在一定程度上是产生项目计划的基础，也是为了交付具有上述功能特性的产品所必须要做的工作。

项目的产品规范与工作范围要保持高度一致，以确保项目最终能够交付满足特定要求的产品。工作范围以产品范围为基础，由一般到具体、层层深入。

项目范围计划的核心工作之一是编写项目范围说明书和范围管理计划。确定项目范围后，进行项目范围说明书（project scope statement，PSS）的编写，并以此作为项目计划的基础。根据项目范围来确定项目各工作任务，从而提高项目成本、时间和资源估算的准确性；通过项目范围说明书的编写，项目干系人在项目开始前可以就项目的基本内容和结构达成一致。项目范围说明书可以作为项目评估的依据，在项目终止以后或项目最终报告完成以前对项目进行评估，以此作为评价项目成败的依据。项目范围说明书还可以作为项目计划、整个生命周期监控和考核项目实施情况的基础。

（1）项目范围计划的输入。当确定项目范围说明书时，是以产品描述、项目章程、制约因素、前提条件等为依据进行的，这些可以看成项目范围计划时的输入。

①产品描述：一般以产品或者成果说明书的形式表达，是项目的委托人在项目结束时要求项目组交付的产品。在说明书中，对要求交付的成果必须有明确的、定量的、可度量的要求和定义。软件项目的产品一般是满足需求的软件及其相关的文档和运行支持环境。

②项目章程：是正式承认该项目存在和启动的一些许可文件，表明了项目的合法性、有效性，也可以用一些其他文件，如需求说明书、产品说明书等代替。

③制约因素：制约因素是限制项目组规模、行为及期限的一些客观条件，如项目的预算和时间要求，对项目组的组成、规模、项目范围、进度安排等都有所限制。

④前提条件：在进行项目范围计划时，并不是全部因素和条件都是被证实的，某些因素只能假定它们是真实的、符合客观实际的、可以获得的，这样才能进行项目的有关计划。例如，当组织项目组时，公司缺乏某方面的技术人才，可以假设通过招聘方式能解决该问题，但这意味着存在一定的风险。

（2）项目范围计划的工具和技术。在进行项目范围计划时，可以使用多种工具和技术，如产品分析、成本效益分析、专家评定、项目方案识别技术等。

①产品分析：通过对产品的分析，可以加深对预期产品的理解，确定生产该产品的必要性和必然性，确定该产品的价值。产品分析可以从系统工程、价值工程、产品功能、产品性能、质量要求等多方面进行分析。

②成本效益分析：估算不同方案的成本和预期的效益，利用投资收益率、投资回收期等财务手段进行分析。

③项目方案识别技术：利用各种评价、选择方案的技术和方法，对能够实现项目目标的方案进行识别，寻找和选择所有可以实现项目目标的方案。

④专家评定：聘请各领域专家对各种方案进行评价、筛选。任何具有相关领域专业知识和技能、长期从事软件项目开发与管理的集体或者个人都可以成为专家。在评定过程中，领域专家可以对项目目标、范围等的界定有所帮助。

（3）项目范围计划的输出。项目范围说明书包括四方面内容。

①项目的合理性说明，即解释为什么要进行这个项目，为项目日后的评价各种利弊关

系提供了必要的基础。

②项目成果描述，即项目最终要交付的产品或者服务的说明，项目成果描述确定了项目的目标、功能、性能以及费用、时间等指标。

③项目阶段目标，包括了预期的可交付的阶段产品或者服务、费用、时间进度、技术性能或者质量标准等，它是项目阶段评审的依据。

④项目可交付产品或者服务清单，完成清单上的可交付成果即认为项目或者该阶段的完成。

（4）项目范围管理计划是用语言描述项目范围是如何管理的，包括如下文档：

①范围识别与核实，即说明如何依据范围说明书对项目完成情况进行对比和确认的过程。

②范围变更管理，即如何识别项目范围的变更并进行分类，以便将其纳入项目管理的过程。

③范围管理计划稳定性评价与预测，即对项目范围变更的可能性、频率、幅度、原因等进行估计和预测。

2. 项目范围定义

项目范围定义是以范围计划的成果为依据，把项目的主要可交付产品和服务划分为更小的、更容易管理的单元，即形成工作分解结构（WBS）。当需要进行分解时，基本步骤如下：

（1）识别项目的主要成分，即识别项目的主要可交付产品和服务。

（2）确定项目每个成分是否足够详细和明确，以便进行成本和时间估算。

（3）确定可交付产品和服务的组成，即更多、更小、更容易管理和度量的子成果。

（4）核对和确认分解是否正确，以便进行修改。

完成项目范围定义后，将形成项目的工作分解结构图 WBS，有关 WBS 图的详细内容将在后续章节展开。

3.2.2 进度计划

时间是一种特殊的资源，以其单向性、不可重复性、不可替代性而有别于其他资源。进度管理是软件项目管理中最重要的部分之一，进度管理的主要目标包括：最短时间、最少成本、最小风险，即在给定的限制条件下，用最短时间、最少成本，以最小风险完成项目工作。

一个好的项目管理者，首先应该是一个好的时间管理者，承担编制项目进度计划的重要任务。进度计划是说明项目中各项工作的执行顺序、开始时间、完成时间及相互依赖衔接关系的计划。编制进度计划能使项目实施形成一个有机的整体，编制进度计划时应以目标为导向，考虑进度的影响因素，留有一定的余地。进度计划是进度控制和管理的依据，分为项目进度控制计划和项目状态报告计划。进度计划编制不仅是工作或任务时间表的编制，还包括进度控制计划的编制。在进度控制计划中，需要确定应该监督的工作内容、何时进行监督、具体监督负责人员、用何种方法收集和处理项目进度信息、如何定期地检查工作进展，以及采取何种调整措施处理进度延误问题，另外还需要将进行监督控制工作所需的时间和人员、技术、资源等列入项目总计划。

1. 制订进度计划的一般原则

（1）由项目的实际参与人员制定进度，由下而上完成进度的汇总。进度表要经过项目组的充分讨论与认可，项目参与相关人员认可自己的角色分工与责任。

（2）难度高的任务先安排，难度低的任务后安排，力求进度前紧后松。

（3）根据项目规模和难度设置若干里程碑。

（4）制订进度表时，留有足够的缓冲时间，以备需求变化或者某些不确定事情的发生，影响项目进展。

（5）需求发生较大变化时，需要重新评估进度表，一旦影响过大，需要重新进行相应的修改。

2. 制订项目进度计划的依据

项目进度计划是在完成工作分解、定义活动排序之后进行的，项目进度计划主要是根据项目的工作分解结构、活动定义、活动排序、活动持续时间估计的结果和所需要的资源情况，来具体安排项目进度计划的过程，确定项目中各个活动的起始时间、终止时间、具体的实施方案和技术措施。进行项目进度计划的主要依据如下：

（1）项目网络图，是项目活动排序过程中产生的活动之间的关系描述示意图。

（2）活动持续时间估计，预计每个活动可能持续的时间。

（3）资源需求。完成工作分解结构中各组成部分所需要的资源种类及数量的清单。

（4）资源安排描述。在制订进度计划时，所需要资源种类和数量的按时就位是十分重要的，资源计划的合理安排是必须的。

（5）日历。明确项目及资源的日历是十分重要的，日历标明了项目进展中可以利用各种资源的时间，因此，对进度计划的安排影响较大。

（6）约束条件。对一些可能制约项目组的方案选择、人员组成、时间限制等因素，在编制项目进度计划时必须考虑，包含一些必须接受的强制项目日期、关键时间以及主里程碑。

（7）假设条件。在制订进度计划时一般必须假设一些前提条件能够按时发生，这也是风险的一种引入。

（8）提前或滞后要求，指项目中活动允许提前或者延迟的程度，它对一些非关键性活动的计划安排是有益的，可以根据资源情况适当向前或者向后调整。

（9）风险管理计划。在整个项目期间用于管理风险的各种措施，也是进度计划制订的依据之一。

3. 制订项目进度计划的输出

在完成项目进度计划编制工作后，可以获得下列结果。

（1）项目进度计划，是最重要的阶段成果，包括了每项活动的计划开始和预期结束时间。此时的进度计划还是初步的，只有在资源分配得到确认后才能成为正式的项目进度计划。项目进度计划的主要表达形式有：带有日历的项目网络图、甘特图、里程碑图、时间坐标网络图等。

（2）详细依据说明：包括制订进度计划中的所有约束条件和假设条件的详细说明，以及应用方面的详细说明等。

（3）进度管理计划：主要说明何种进度变化应当给予处理，进度管理计划可以是正式的或者非正式的，可以是详细的或者简单框架，是整体项目计划的一个附属部分。

（4）更新的项目资源需求：在制订项目计划进度时，可能更改了活动对资源需求的原始估计，因此，需要重新编制项目资源需求文件。

4. 软件项目进度安排过程

在进度管理中，仅考虑进度本身之间的顺序关系，称为活动排序，即逻辑设计。考虑资源约束调整活动顺序，称为调度，即物理设计。进度计划一般就是先按照逻辑设计排序，然后根据资源等其他因素进度物理设计。决定活动之间关系的主要依据是物理设计和逻辑设计，还有其他的要素：

强制性依赖关系 / 硬逻辑关系，也称为内在相关性，指各活动间固有的依赖性，由客观条件限制造成。例如，软件只有在原型完成后才能进行测试。

软逻辑关系，也称为指定性的相关性，指由项目管理团队所确定的相关性，是人为的、主观的。

外部依赖关系，指本项目活动与外部活动间的相关性。例如，一个软件项目的测试活动依赖于外部硬件的运行。

软件项目的进度安排与任一个工程项目的进度安排基本相同，流程如图 3-2 所示，具体内容描述如下。

（1）首先基于软件需求识别一组项目所包含的任务，不仅要包含软件开发任务，还要包含软件管理任务。实际上，这一步形成的是项目的 WBS，以此为基础来安排进度。

（2）建立任务之间的依赖关系，根据任务本身的先后顺序进行排序，建立强依赖关系。

（3）估算各个任务的工作量、进度和完成任务所需要的资源，根据工作量的估算和资源情况，确定每个任务的进度。

（4）定义里程碑。

（5）分配人力和其他资源，建立任务之间的软依赖关系，从而制订进度表。

（6）检查进度安排，确保任务之间没有冲突，并且包含完成项目必须的所有任务。

如果进度安排合理，则以甘特图或者网络图表示，如果项目进度安排无法满足要求，则回到前面几步重新安排。可能直接回到第（1）步识别任务上，如把原来的任务拆分成更小的任务、重新确定依赖关系。当任务对资源的要求可以放宽时，可以直接回到第（3）步，重新估算资源要求。具体返回到哪一步需要根据具体的情况来确定。

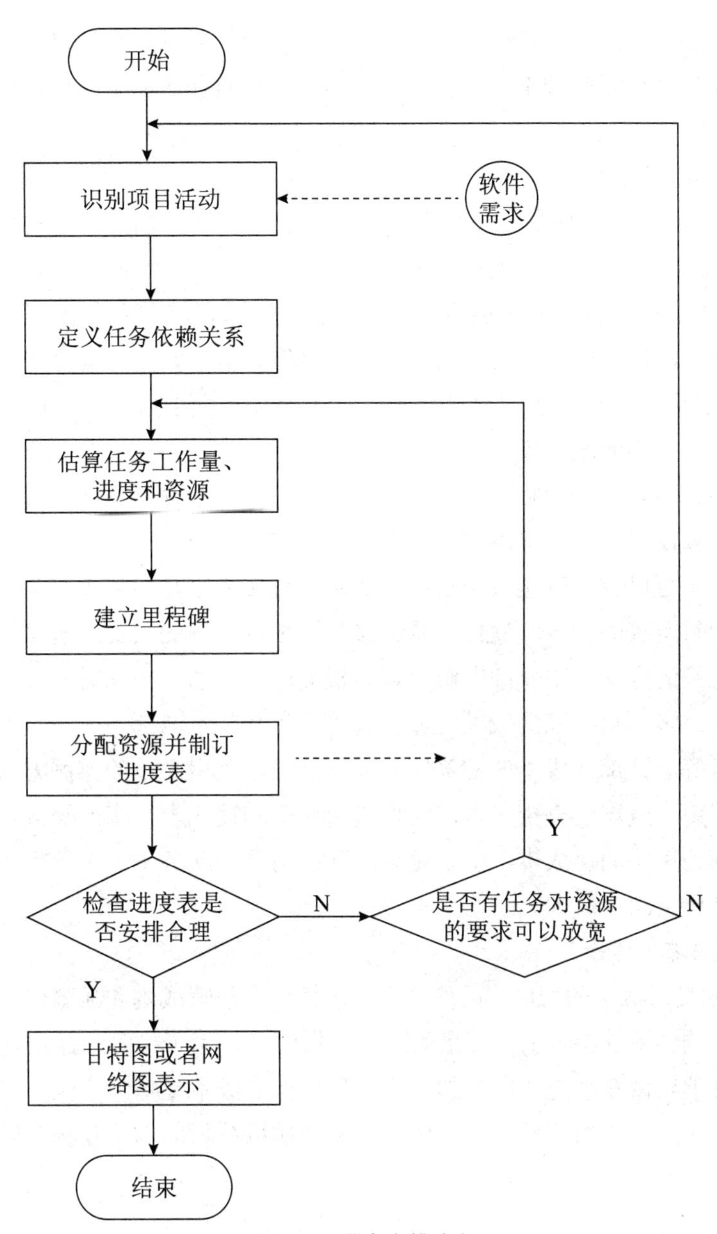

图 3-2　进度安排流程

进行进度安排时需要注意：工作尽量并行安排，以最优化利用资源；任务依赖关系以最小为宜，避免等待时间；进度安排中需要包含一定的缓冲。

3.2.3　成本计划

软件成本计划是制定项目成本控制标准的项目管理工作，通常也称为成本预算。软件成本计划具体指的是将各活动或工作包的估算成本汇总为总预算，再依据具体项目情况将费用计划分配至各活动或工作包中，从而确立测量项目绩效的总体成本基准。成本计划建立在资源计划和进度计划基础上，还需要考虑与成本有直接关系的供应商选择及费用控制等问题。

1. 软件项目成本分类

（1）人力资源成本，是指与项目人员相关的成本开销，包括项目成员工薪和红利、外包合同人员和临时雇员薪金、加班工资等。

（2）资产类成本。资产购置成本，是指产生或形成项目交付物所用到的有形资产，包括计算机硬件、软件、外部设备、网络设施、电信设备、安装工具等。

（3）管理费用，是指用于项目环境维护，确保项目完工所支出的成本，包括办公用品供应、房屋租赁、物业服务等。

（4）项目特别费用，是指在项目实施以及完工过程中的一些特别的成本支出，包括差旅费、餐费、会议费、资料费用等。

软件项目成本可以分为直接成本和间接成本。直接成本是项目本身的任务所引起的成本，包括为该项目购买的设备和软件工具、参与该项目工作的人员工资等。直接成本的估算基础是项目范围的定义、工作的完整分解，根据所需要的资源和时间，比较容易估算出来；间接成本是许多项目共享的成本，如办公楼的租金、水电费用、公司管理费用、网络环境和邮件服务等，这部分成本的估算比较复杂，可以采用简单的摊派方法。人力资源成本、项目特别费用一般属于直接成本，管理费用属于间接成本，资产类成本一部分属于直接成本，另一部分属于间接成本，主要是看实际应用是否服务于一个项目，如果是则属于直接成本，否则属于间接成本。

2. 影响项目成本的因素

（1）项目质量对成本的影响。质量总成本包括质量故障成本和质量保证成本两部分，质量对成本的影响如图 3-3 所示。质量故障成本指的是，为了排除产品质量原因所产生的故障，保证产品重新恢复功能所产生的费用；质量保证成本是指为了保证和提高产品质量而采取的技术措施所产生的费用。质量保证成本与质量故障成本是互相矛盾的，需要保持一个动态的平衡关系。

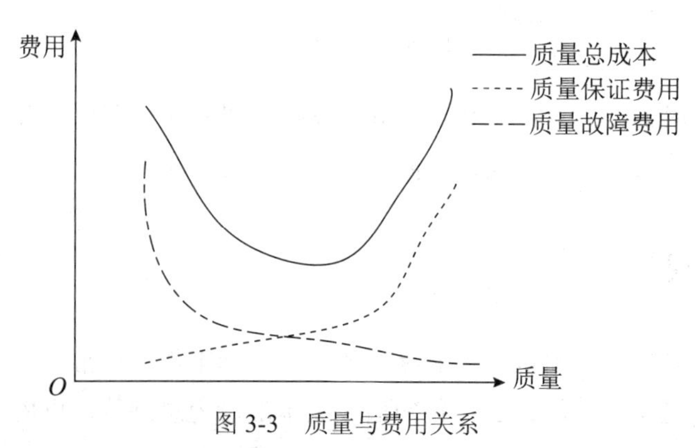

图 3-3　质量与费用关系

（2）工期对成本的影响。工期越长，项目的直接费用越低，间接费用越高；反之，间接费用越低，工期对总成本的影响如图 3-4 所示。对于软件项目，工期长短对项目成本的影响较大，缩短工期，需要更多技术水平更高的工程师，直接成本费用就会增加。

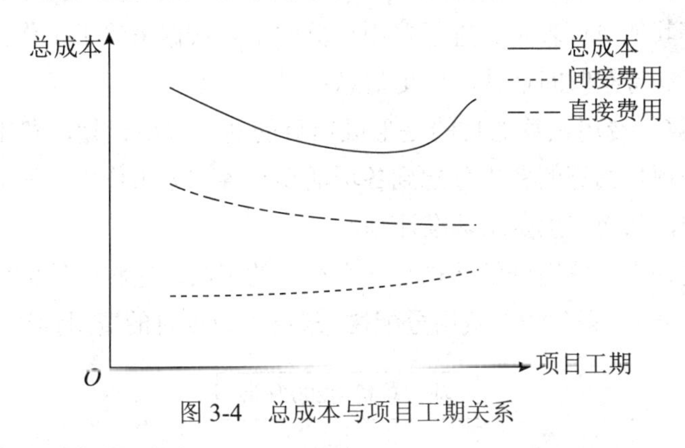

图 3-4　总成本与项目工期关系

（3）管理水平对成本的影响。项目管理水平对项目的成本会产生重大影响。高的管理水平可以提高预算的准确度，加强对项目预算的执行和监控，较为有效的控制对设计方案和项目计划更改造成的成本增加、减少工期的变更，还可以达到减少风险损失的效果。

（4）人力资源对成本的影响。人力资源素质也是影响成本的重要因素。技术水平、素质高的人才本身的人力资源成本较高，但是可以产生较高的工作效率、较高质量的产品、较短的工期等间接效果，从而总体上会降低成本；素质一般的人员，需要增加技术培训，对项目的理解及工作效率相对较低，工期会延长，需要雇佣更多的人员，会造成相应成本的增加。

（5）价格对成本的影响。中间产品和服务、市场人力资源、硬件、软件的价格也对成本产生直接的影响，价格对项目预算的估计影响很大。

成本计划一般分为成本估算、费用预算和费用控制三部分。成本估算就是对项目可能发生的费用进行估算，可以分为直接成本估算和间接成本估算，成本估算详细内容将在后续章节介绍；费用预算是在成本估算基础上，针对各项成本估算可能产生的其他费用，从而确定费用预算；费用控制是为了保证实际发生的费用低于预算而采取的措施。对于软件项目的成本控制，关键是需求变更控制和质量控制，需求变化越小，资源和时间浪费会越少，费用就会越低。

3. 项目成本管理

项目成本管理主要包括资源计划编制、费用估算、费用预算。

（1）资源计划编制。资源计划编制用于确定完成项目活动所需要的各种资源的种类、数量和时间，包括人力、财力和物力资源，以便完成资源的配置。资源计划编制是进行费用估算的基础，也是工作分解结构、项目范围定义、活动定义和工作进度计划编制的后续工作，其依据主要来源于工作结构分解、项目范围定义、项目活动定义、历史资料、资源库信息、工作进度计划等。

（2）费用估算。费用估算是对完成项目工作所需要的费用进行估计和计划，是项目计划中一个重要组成部分，要实行成本控制，必须先估算费用。费用估算过程实际上是确定完成项目全部工作活动所需要资源的一个费用估计值，既可以用货币表示，也可以用工时、人月、人天等其他单位表示。进行费用估算的主要依据来源于工作分解结构、资源要求、资源价格、活动持续时间估计、历史信息、财务规范等。

（3）费用预算。费用预算的目的是形成项目的基准费用计划，费用预算不同于费用估算，它是将整个项目估算的费用分配到各项活动和各部分工作中，进而确定项目实际执行情况的费用基准，从而产生费用基准计划。

在费用预算过程中，费用分解结构是一个有效的工具，它将估算的费用按工作分解结构和工作任务进行分配，得到一个费用分配树，最终形成项目的费用预算表，如图3-5所示。

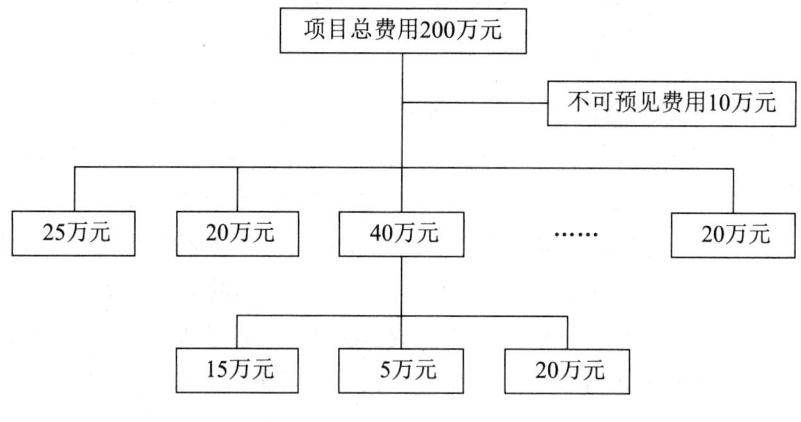

图3-5　按WBS分配项目费用

费用基线是费用预算的成果之一，以此为费用基准来控制项目执行和费用支出，如图3-6所示。

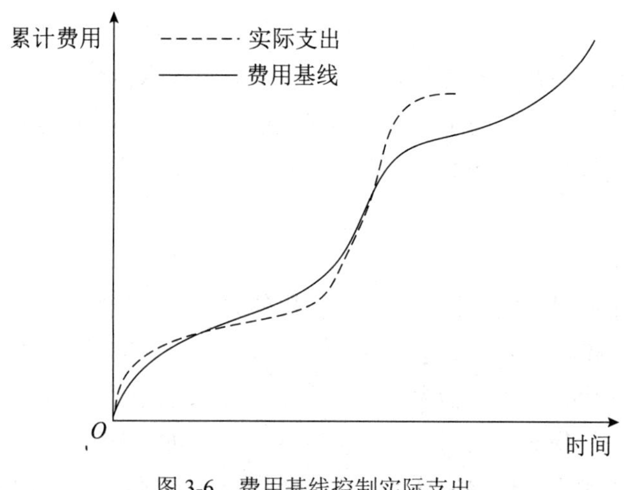

图3-6　费用基线控制实际支出

3.2.4 质量计划

制订项目计划的目的主要是确保项目的质量标准能够在项目实施的过程中得到满意的执行，使项目能够按期完成。软件项目质量计划是说明项目组如何具体执行组织的质量方针，确定哪些质量标准适合该项目，并决定如何达到这些标准的过程，即通过策划各种质量相关活动来保证项目达到预期的质量目标。质量计划是项目计划编制过程中的主要组成部分，需要综合考虑各种因素对质量的影响，并与成本计划、风险计划、进度计划和资源计划等同步进行。

质量管理计划为整个项目计划提供了输入资源，并兼顾项目的质量控制、质量保证和质量提高，包括制定软件开发各项成果的质量要求和评审流程以及明确项目各项工作的操作程序和规范。质量计划的内容包括：项目的质量目标、质量目标分解、相关标准和规范、组织保证机制、质量属性满足的优先级和成本效益分析、项目的质量控制策略、软件产品质量特性的互相依赖关系的分析、潜在的质量问题分析及应对策略、流程和测试计划评审、其他质量保证或控制措施，以及质量相关活动。

1. 制订项目质量保证计划的主要依据

（1）质量方针。质量方针是由高层管理者对项目的整个质量目标和方向制订的一个指导性的文件。在项目实施过程中，可以根据实际情况对质量方针进行适当的修正。

（2）范围描述。范围描述说明投资人对项目的需求以及项目的主要要求和目标，因此，范围描述是质量计划的重要依据。

（3）产品描述。产品描述包含了更多的技术细节和性能标准，是制订质量计划必不可少的部分。

（4）标准和规则。项目质量计划的制订必须参考相关领域的各项标准和特殊规定，这些也是对产品质量的要求或对产品功能的限制。

（5）其他工作的输出。在项目中，其他方面的工作成果要求也影响着项目的质量计划。

2. 质量计划方法

在质量计划中，可以使用一些方法，如试验设计、基准对照、质量成本分析、流程图分析、因果分析图等。

（1）试验设计是一种统计学方法，确定哪些因素可能会对特定变量产生影响，并在可选的范围内，对特定要素设计不同的组合方案，通过推演和统计，权衡结果，来寻求优化方案。

（2）基准对照是一种寻找最佳实践的方法，是利用其他项目的实施情况作为当前项目性能衡量的标准，通过审查项目的提交结果、项目管理过程、项目成功或者失败的原因等来衡量项目的绩效。

（3）质量成本分析也是常用的方法，质量成本是为了达到满足用户期望的交付结果的质量要求而花费的所有成本，包括为满足质量需求所做的工作和解决不合格项付出的花费。

（4）流程图方法可以显示系统各种成分之间的相互关系，帮助预测在何处可能发生何种质量问题，并由此帮助开发处理出现问题的办法。

（5）因果分析图也称鱼刺图，对于复杂的项目，编制质量计划时可以采用因果分析图。

3. 软件质量标准

编制质量计划的一个重要依据是质量标准。质量标准主要包括技术标准和业务标准。技术标准一方面包括作为软件开发企业的软件行业技术标准，如知识体系指南、过程标准等；另一方面包括为软件开发服务对象所制定的行业技术标准，如安全保密标准、技术性能标准等。业务标准指软件开发服务对象所在的组织或者行业制定的业务流程标准和业务数据标准等。编制软件质量管理计划的一项重要内容就是确定软件开发产品和过程标准。产品标准定义了所有产品组件应该达到的特性，过程标准定义了软件过程应该如何执行。目前软件行业常用的标准包括：知识体系（SWEBOK）、过程标准（CMMI、软件工程规范国家标准）、建模标准（UML等）、质量管理标准（ISO9001-2000、TQC等）。这些标准都是通用标准，并不是针对某个具体项目制定的，因此，项目经理需要根据项目特点，根据通用标准来制定适合于自己组织和项目的标准，表3-1给出了一些常见的标准。

表3-1　软件项目质量常见标准

产品标准	过程标准
应用界面标准	版本发行过程
代码编写标准	变更控制过程标准
文档命名标准	设计复审行为
程序完备性标准	项目计划评审过程

为了保证制定的标准能及时根据实际情况调整，需要保证质量人员有足够的资源并采用以下步骤：

（1）需要软件开发人员参与产品标准的制定过程。开发人员应该明确标准制定的动机，在项目实施中需要遵循这些标准。标准文档不仅包括需要遵循标准的说明，而且包括制定标准的原因以及标准的合理性说明。

（2）定期审查并修改标准，使它能够反映技术的进步。标准一旦确立常常以标准手册的形式存在，标准手册应该是动态的，需要定期审核，随技术的变化而不断更新。

（3）一旦标准进入开发过程，应该提供软件工具对其进行支持。

过程标准可以对软件开发起到指导性作用，为了避免不合适的标准对项目带来的影响，项目经理需要在项目启动时决定标准手册中哪些标准是不变的，哪些标准是应该修改完善的。

3.2.5　人力和沟通计划

项目人力资源是指所有与项目有关的人及其能力的综合。软件项目受人力资源影响很大，项目成员的结构、责任心、能力和稳定性等对项目的质量以及是否成功有着决定性的影响。人在软件项目中既是成本，又是资本。影响软件项目进度、成本、质量的因素主要是“人、过程、技术”，人是第一位的。因此，在软件项目计划阶段，人力资源计划是必不可少的。通过编制人力资源计划，可识别和确定项目所需技能的人力资源。

在编制人力资源计划时应该特别关注稀缺或有限人力资源的可得性，以及各方面对这些资源的竞争。可以按照个人或者小组分配项目角色，这些个人或者小组可以来自项目执行组织的内部或者外部。其他项目可能也在争夺具有相同能力或技能的资源，这可能会对项目成本、进度、风险、质量及其他方面产生影响。编制人力资源计划时，需要认真考虑这些因素，并编制人力资源配备的备选方案。

人力资源计划是关于如何定义、配备、管理、控制以及最终遣散项目人力资源的指南。人力资源计划应该包含如下内容：

1. 角色和职责

（1）角色，是说明某人负责项目某部分工作的一个名词。例如，分析员、开发员都属于项目角色。应该清楚地界定和记录各角色的职权、职责和边界。需要注意角色不等于人员。一个项目中人员是相对固定的、静态的，但是角色是相对动态的、不固定的。例如，项目开始时需要分析员，然后需要文档工程师，随着项目推进则需要编码人员和测试人员，所以角色是相对动态的。项目中一个人可以担任多个角色，角色是可以改变的；一个角色也可以由多个人担任，如很多人同时是开发员的角色。此外，项目角色根据个人的技能和项目管理流程来制定，与行政职务无关。

（2）职权，是指使用项目资源、作出决策以及签字批注的权力。当个人的职权水平与职责相匹配时，团队成员就能最好地开展工作。

（3）职责，是指为完成项目活动，项目团队成员应该履行的工作。

（4）能力，是指为完成项目活动，项目团队成员所需具备的技能和才干。

如果项目团队成员不具备所需的能力，就不能有效地履行职责。一旦发现成员的能力与职责不匹配，应该主动采取措施，如安排培训、招募新成员、调整进度计划或工作范围。

2. 项目组织机构图

项目组织机构图以图形方式展示项目团队成员及其关系。基于项目的需要，项目组织机构图可以是正式或非正式的，也可以是非常详细或高度概括的。

3. 人员配备管理计划

人员配备管理计划是人力资源计划的一部分，描述何时以及如何满足项目对人力资源的需求。基于项目的需要，人员配备管理计划可以是正式或非正式的。应该在项目期间不断更新人员配备管理计划，以指导持续进行的团队成员招募和发展活动。人员配备管理计划的内容因应用领域和项目规模而异，主要包括以下几方面。

（1）人员招募：在规划项目团队成员招募工作时，需要考虑一系列问题。例如，从组织内部招募，还是从组织外部招募？成员必须集合办公还是可以分散办公？项目所需各级技术人员的成本是多少？

（2）资源日历：人员配备管理计划需要按照个人或者小组来描述项目团队成员的工作时间框架，并说明招募活动何时开始。

（3）人员遣散计划：事先确定遣散团队成员的方法和时间。一旦把团队成员从项目中遣散出去，项目就不再负担与这些成员相关的成本，从而节约项目成本。人员遣散计划也有助于减轻项目过程中或项目结束时可能发生的人力资源风险。

（4）培训需要：如果预计到团队成员不具备项目所要求的能力，则要制订一个培训计划，并将其作为项目计划的组成部分。

（5）认可与奖励：需要有明确的奖励标准和可实现的奖励制度，来促进并加强团队成员的优良行为。应针对团队成员可以控制的活动和绩效进行认可与奖励。在奖励计划中规定发放奖励的时间，确保奖励能够适时兑现，认可与奖励是建设项目团队的一部分。

（6）合规性：人员配备管理计划中可以包含一些策略，以遵循适用的政府法规、工会合同和其他现行的人力资源政策。

（7）安全：应该在人员配备管理计划和风险登记册中规定一些政策和程序以保护团队成员远离安全隐患。

为了保证项目成功必须进行有效沟通，而有效的沟通需要创建一个沟通计划。沟通计划决定了项目相关人的信息和沟通需求，例如，谁需要什么信息、什么时候需要、怎样获得、选择的沟通模式、什么时候采用书面沟通、什么时候采用口头沟通、什么时候使用非正式的备忘录以及什么时候使用正式的报告进行沟通等。

项目沟通计划是对项目全过程的沟通内容、沟通方法、沟通渠道等各方面的计划与安排。项目沟通计划的内容是作为项目初期阶段工作的一部分，应该在项目的早期与项目相关工作人员一起确定沟通管理计划，并且评审这个计划，从而预防和减少项目过程中存在的沟通问题。同时，项目沟通计划还需要根据计划实施的结果进行定期检查，进行相应的修订，因此，项目沟通计划管理工作是贯穿项目生存期的一项工作。

编制沟通计划的具体步骤如下：

（1）准备工作。收集沟通过程中的信息，包括：项目沟通内容方面的信息、项目沟通所需沟通手段的信息、项目沟通的时间和频率方面的信息、项目信息来源与最终用户方面的信息；

对收集到的沟通计划方面的信息进行加工和处理，只有经过加工和处理过的信息，才能作为编制项目沟通计划的有效信息使用。

（2）确定项目沟通需求。在信息收集基础上确定项目沟通的需求，对项目组织的信息需求进行全面的决策，其内容包括：项目组织管理方面的信息需求、项目内部管理方面的信息需求、项目技术方面的信息需求、项目实施方面的信息需求、项目与公众关系的信息需求。

（3）确定沟通方式与方法。在项目沟通过程中，不同信息的沟通需求需要采取不同的沟通方式和方法，因此在编制项目沟通计划过程中还必须明确各种信息需求的沟通方式和方法。

4. 编制项目沟通计划

项目沟通计划的编制首先需要根据收集的信息，确定项目沟通需要实现的目标，然后根据项目沟通目标和沟通需求确定沟通任务，进一步根据项目沟通的时间要求安排项目沟通任务，并确定保证项目沟通计划实施的资源预算。

项目沟通计划的内容主要包括：

（1）沟通需求。分析项目相关人员需要什么信息，确定谁需要信息、何时需要信息。对项目干系人的分析有助于确定项目中各种参与人员的沟通需求。

（2）沟通内容。确定沟通内容包括沟通的格式、内容、详细程度等。

（3）沟通方法。确定沟通方式、沟通渠道等，保证项目人员能够及时获取所需的项目信息。例如，明确信息保持方式、信息读写的权限、会议记录、工作报告、项目文档、辅助文档等的存放位置，以及相应的读写权力、约束条件与假设前提等；明确表达项目组成员对项目经理或项目经理对上级和相关人员的工作汇报关系和汇报方式，明确汇报时间和汇报形式。

（4）沟通职责。制定一个收集、组织、存储和分发信息给适当人的系统，这个系统也负责对发布的错误信息进行修改和更正，详细描述项目内信息的流动图。这个沟通结构描述了沟通信息的来源、信息发送的对象以及信息的接收形式、传送重要信息的格式、权限。

（5）沟通时间安排。创建沟通信息的日程表，类似项目进展会议的沟通应该定期进行，设置沟通的频率。其他类型的沟通可以根据项目的具体条件进行。

（6）沟通计划维护，是指在项目进展过程中，明确沟通计划如何修订，以及在计划发生变化时，由谁进行修订，并发送给相关人员。

沟通计划在项目计划的初期进行，并且贯穿整个项目生存期，项目干系人发生变化时，需求也会发生变化，因此，沟通计划需要定期审核和更新。

3.2.6 风险计划

软件项目风险是指软件开发过程中及软件产品本身可能造成的伤害或损失，是软件项目与生俱来的。风险计划更准确地说是风险对策计划。风险计划是针对风险分析的结果，是为了提高实现项目目标的机会，降低风险的负面影响而制定风险应对策略和应对实施的过程，即通过制定一系列的行动和策略来应对、减少以至于消灭风险事件。风险计划编制包括风险识别、风险评估、编制风险应对策略等过程。

1. 风险识别

进行风险识别，是指了解风险的来源以及有哪些风险。通过列举通常的软件项目风险因素可以使风险识别更加清晰，使用风险检查表也是识别风险的好办法。在风险检查表中列出所有与每一个可能的风险因素有关的提问，既防止了忽视任何风险因素，又可以集中识别各种常见的风险。

风险识别不是一次性活动，必须在整个项目过程中持续进行。项目进展的不同阶段可能会出现不同的风险，例如，在项目前期识别的风险是资金难以保证或者用户需求不稳定。当项目到了测试阶段，需求不稳定的风险不再存在，而测试人员无法准时到位则成为新的风险等。因此，风险识别需要贯穿项目整个生命周期，风险识别不是孤立的，它与项目本身密切相关，风险识别的过程如图 3-7 所示。

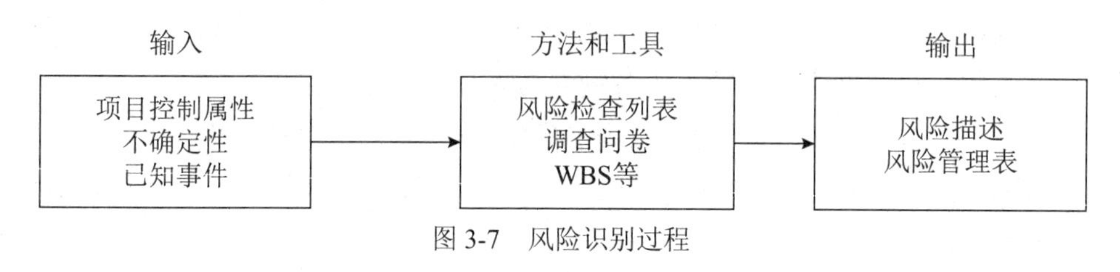

图 3-7　风险识别过程

2. 风险评估

风险识别出来后，要对风险产生的可能性和危害性进行评估。风险评估又称为风险预测，是对识别出的风险做进一步分析，对风险发生的概率进行估计和评价，对风险后果的严重程度进行估计和评价，对风险影响范围进行估计和评价，以及对风险发生的时间进行评估。通常把风险评估的结果用风险发生的概率以及风险发生后对项目目标的影响来表示，然后建立风险表，按风险的严重性排序，确定最需要关注的前几个（具体几个可以根据项目的具体情况而定）风险。风险评估过程如下。

（1）确定风险类别。通过整理已经识别出的风险，将类似的风险归为一组，冗余的风险予以排除并记录冗余次数，因为同一风险被多次识别反映了该风险的重要性。

（2）确定风险驱动因素。风险驱动因素是引起软件风险的可能性和后果剧烈波动的变量，可以通过将风险背景输入到相关模型中得到，如通过软件成本估计模型可以发现驱动因素对成本风险的影响。

（3）判定风险来源。风险来源是引起风险的内在原因。

（4）定义风险度量准则。风险度量准则是按照重要性对风险进行排序的最基本依据，风险度量准则包括可能性、后果和行动时间框架。

（5）预测风险影响。一般用风险发生的可能性与风险后果的乘积来度量风险的影响。可能性被定义为大于 0 小于 1，后果由风险对成本、进度和技术目标的影响来决定，可以是经济的损失，也可以是时间的损失等。

（6）评估风险。项目中风险的严重程度是随着时间而动态变化的，时间框架是度量风险的一个变量，指何时采取行动才能阻止风险的发生。风险影响和行动时间框架决定了风险的相对严重程度。风险严重程度有利于区分当前风险的优先级，随着时间的推移，风险严重程序会发生不断的变化。

（7）风险排序。根据评估标准确定风险排序，从而保证高风险影响和短行动框架的风险能够被最先处理。表 3-2 给出了一个风险分析的结果，通过输入风险识别项，对风险进行分析，得出风险值，然后按照风险值的大小排序，给出需要关注的 TOP5 风险清单。

表 3-2　TOP5 风险清单

风　险	当前优先级别	以前优先级别	进入 TOP5 名的周数	行动计划状态	风险等级
不断增长的用户需求	1	1	5	利用用户界面原型收集高智力的需求	高
无法按照进度表完成	2	2	2	将需求置于明确的变更控制之下，要避免在完成需求分析之前对进度做出约定	高
项目分包商无法提供合格产品	3	5	1	增加项目组成员要对分包商的技术实力与信誉度充分评估；合同一定要明确双方的责、权、利	高
功能蔓延	4	3	3	采取分段交付的方法，需要对市场人员和客户解释	中
开发工具延期交货	5	4	1	提交采购部门重点采购	低

（8）将风险分析结果归档。将风险分析结果归档后，相关人员可以共享，同时填写风险管理表。通过量化风险分析，可以得到量化的、明确的、需要关注的风险管理清单，清单上列出了风险名称、类别、概率、该风险的影响以及风险的排序。

3. 编制风险应对策略

一是采取预防措施以阻止风险的发生，即预防风险、避免风险产生的对策；二是针对风险发生的情况，确定需要采取何种措施，将风险造成的损失和伤害降到最低，即缓解风险。

一旦风险发生，总会带来损失，所以风险应对策略应把预防风险放在首位。对于风险发生后的应对策略，需要争取一定的充裕时间以启动各项必要的工作。在风险计划中，设立触发标志是一项重要的工作。同时，还需要针对不同类型的风险，指定风险责任人，对识别出来的风险进行指定的风险监控、预防和处理，特别是对严重的风险，一定要明确责任人。

风险计划的结果是一个项目风险计划或者风险管理方案。在项目进行过程中，应该将管理风险的程序记录在风险管理方案里。除了记录风险识别和风险量化程序的结果外，还需要记录：谁对处理某些风险负责，怎样保留初步风险识别和风险量化的输出项，预防性计划怎样实施，以及储备（如管理储备、预防性储备、日程储备）如何分配等。风险管理方案可以是正式的或者非正式的，也可以是细致的或者框架性的。风险计划的结果应该提供一个风险分析表，包括：项目风险的来源、类型，项目风险发生的可能时间、范围，项目风险事件带来的损失，以及项目风险可能的影响范围等。

3.2.7 合同计划

1. 概念

合同定义了合同签署方的权利和义务以及违背协议会造成的相应法律后果，合同监督项目执行的各方履行其权利和义务。合同是具有法律效力的文件，围绕合同，存在合同签署之前和合同签署之后的一系列工作。合同签订是一个重要的里程碑。

2. 生存期

合同生存期分为4个阶段：合同准备、合同签署、合同管理以及合同终止。技术合同管理是围绕合同生存期进行的，在管理的过程中也分别考虑了企业在不同合同环境中承担的不同角色，包括需方（甲方或者买方）、供方（乙方或者卖方）以及内部，内部是指企业内不同部门分别承担需方和供方的角色。

需方（甲方或者买方）对所需要的产品或者服务进行“采购”，包括两种情况：为自身产品或资源进行采购、为顾客进行采购（与顾客签订合同的一部分）。采购包括软件开发委托、设备的采购、技术资源的获取等方面。

供方（乙方或者卖方）为顾客提供产品或者服务。服务包括为客户开发系统、为客户提供技术咨询、为客户提供专项技术开发服务以及为客户提供技术资源（人力和设备）的服务。作为供方的软件企业可能会在项目开发过程中将项目的一部分外包给其他软件公司，此时，它同样需要选择一个合适的供方（乙方），企业自己则成为对于它选择供方的需方（甲方）。

在合同管理过程中供需（甲乙）双方可以各自确定一个合同管理者，负责合同相关的所有管理工作。

3. 要素

合同一般包括主合同和合同附件。

（1）主合同。主合同中至少包括以下要素：

- 有行为能力的各方。
- 出价与接受。
- 定约要因。
- 目的的合法性。

具体来说，一个软件项目主合同中至少包括：项目名称，项目技术内容、范围、形式和要求，项目实施计划、进度、期限、地点和方式，项目合同价款、报酬及其支付方式，项目验收标准和方法，各当事人义务或协作责任，技术成果归属和分享以及后续改进的提供与分享规定，技术保密事项，风险责任的承担，违约金或者损失赔偿额的计算方法、仲裁及其他。

（2）合同附件。为了使合同条理清楚，把需求和定义的内容在合同的附件中详细且准确地说明。软件项目中有以下常见合同附件：

- 系统的商务报价表。
- 系统的需求规格说明书。

- 项目的工程进度计划书。
- 技术服务承诺。
- 培训计划。
- 移交的用户文档和技术文档。
- 场地和环境准备要求。
- 测试与验收标准。
- 初验与终验报告样式范本。
- 工程实施的分工界面定义。

4. 合同环境

（1）需方合同环境。企业在需方合同环境下，关键要素是提供准确、清晰和完整的需要，选择合格的供方并对采购对象进行必要的验收。

①合同准备。企业作为需方的合同准备阶段包括 3 个过程：招标书定义、供方选择、合同文本准备。

- 招标书定义

软件项目一般是从招投标开始的，作为软件的客户方从最有利于项目工期、成本、质量的角度出发来制订采购或合同计划，计划中需要明确委托什么项目、何时进行、费用如何等。这个阶段中的计划多以招标书或者类似招标书的形式体现。招标书定义主要是需方的需求定义，即甲方（或者买方）定义采购的内容，定义过程如图 3-8 所示。

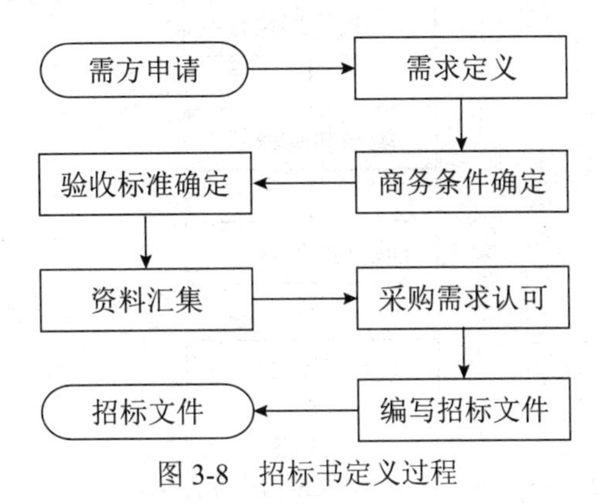

图 3-8 招标书定义过程

- 供方选择

招标文件确定后，就可以通过招标的方式选择供方（乙方或者买方），招标文件应该对供方的要求进行明确的说明，获得招标文件的供方根据招标文件的要求，编写项目建议书。每一个竞标方都会思考如何以较低的费用和较高的质量来解决客户的问题，然后交付一份对问题理解的说明书以及相应的解决方案，同时也会附上一些资质证明和自己参与类似项目的经验介绍，以向客户强调自身的资历和能力。需方根据招标文件确定的标准对供方资格进行认定，并对其开发能力和资历进行确认，最后选出最合适的供方。

● 合同文本准备

如果需方选择了合适的供方，被选择的供方也愿意为需方开发满足需求的软件项目，那么为了更好地管理和约束双方的权利和义务，需方应该与供方签订具有法律效力的合同。签署合同之前需要起草一份合同文本，合同文本准备过程如图 3-9 所示。

②合同签署。合同签署后便具有法律效力，根据签署的合同分解出合同中需方的任务，并下达任务书，指派相应的项目经理负责相应的过程。

③合同管理。对于企业处于需方的环境，合同管理是由需方对供方执行合同的情况进行监督的过程，主要包括对需求对象的验收过程和违约事件处理过程。验收过程如图 3-10 所示，违约事件处理过程如图 3-11 所示。

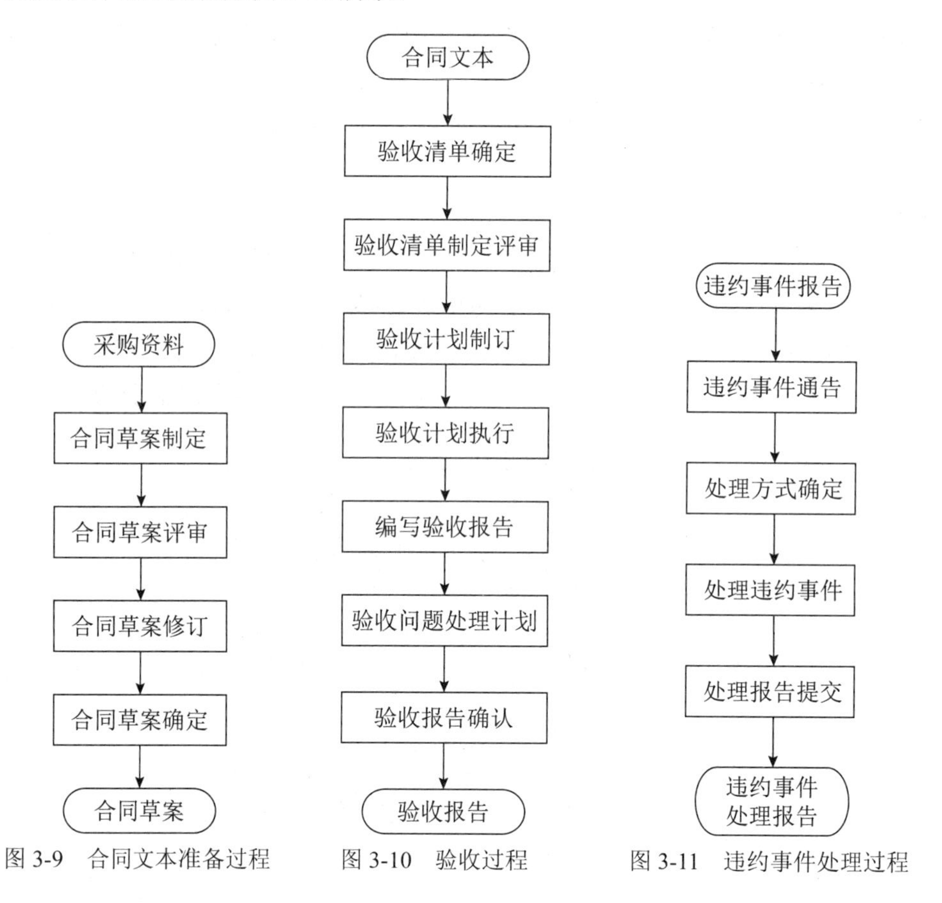

图 3-9　合同文本准备过程　　图 3-10　验收过程　　图 3-11　违约事件处理过程

④合同终止。当项目满足结束的条件，项目经理或者合同管理者应该及时宣布项目结束，终止合同的执行，通过合同终止过程告知各方合同终止。

（2）供方合同环境。企业在供方合同环境下，关键要素是了解清楚需方的要求并判断企业是否有能力来满足这些需求。

①合同准备。企业作为供方，合同准备包括 3 个过程：项目分析、项目竞标、合同文本准备。

● 项目分析。项目分析是供方分析用户的项目需求，并据此开发出初步的项目计划，用于下一步能力评估和可行性分析。

- 项目竞标。竞标过程是供方企业根据招标文件的要求进行评估，以便判断企业是否具有开发此项目的能力，并进行可行性分析。首先判断企业是否有能力完成此项目，另外判断企业通过此项目是否可以获得一定的回报。如果项目可行，企业将组织人员编写项目建议书，参加竞标。
- 合同文本准备。一般由需方提供合同的框架结构并起草主要内容，由供方提供意见。有的情况供方可能根据需方的要求起草合同文本，由需方审核。有的情况双方可以同时准备合同文本，供方合同文本准备过程类似需方合同文本准备过程。

②合同签署。合同的签署对于供方来说意义重大，标志着一个软件项目的有效开始。具体过程类似需方的合同签署过程。

③合同管理。企业处于供方的环境，合同管理主要包括：合同跟踪管理过程、合同修改控制过程、违约事件处理过程、产品交付过程和产品维护过程。

3.2.8 集成计划

1. 定义

项目集成计划是指通过使用其他专项计划过程所生成的结果（项目的各项专项计划），运用整体和综合平衡的方法所制定出的，用于指导项目实施和管理的整体性、综合性、全局性、协调统一的整体计划文件。项目集成计划是一个批准的正式文件，用来跟踪控制项目的执行，并随项目的进展不断完善。项目集成计划包括一些重要的基准计划，如范围基准、进度基准、成本基准、质量基准等。基准计划是不能随便修改的，要经过相应的变更程序才可以修改。

项目集成计划将其他领域子计划进行集成，其中项目范围计划、进度计划、成本计划三大核心计划是进行项目计划编制的基础文件，同时，项目质量计划、人力与沟通计划、风险计划、合同计划等子计划也将是编制计划的原材料。项目集成计划需要不断地进行反馈，以使各子计划不断校正以符合项目的总目标。

2. 编制步骤

项目集成计划的编制步骤如下。

（1）项目信息收集、项目计划整体的综合性分析。项目经理组织团队成员通过分析项目相关文档、进一步与用户沟通等途径，在规定时间内尽可能全面收集项目信息。项目信息收集要讲究重复的、有效率的沟通，并要达成共识。项目在计划制订前，需要对前期阶段所收集的信息、数据进行综合分析，了解总体目标，还需要对各要素互相依存的关系进行分析。在进行项目计划整体分析时，需要综合考虑项目的日期、质量、成本要素。项目的成本与工期是相关的，项目的成本随着工期的变化而变化，工期直接影响成本的增减。同时，还要综合分析项目质量与成本的关系，当我们对质量有相应的控制时，成本也会随着控制方法有所变动，质量的保证与否也直接影响成本的高低。可见，一个项目的成本不仅与工期有关，而且与项目质量直接相关。

（2）确定项目计划初步方案。项目经理组织前期加入的项目团队成员准备项目工作所需要的规范、工具、环境。只有对整体信息资料进行完全有效的实际分析后才可以制订项目计划初步方案。项目计划初步方案可以使用整体分析的方法。首先，要对项目工期和成本两大要素进行规划；其次，将质量、资源等多个要素集成一个综合统一的项目计划。项目计划初步方案是从技术和项目各种事件资源为起点出发编制的。初步方案只是对下一步的综合平衡和进一步优化。

（3）项目计划的综合平衡。在制订项目计划初步方案后，需要运用综合平衡法对项目目标、任务、责任、进度、成本、质量等各种要素进行统一、协调。同时，最重要的是请项目的主要干系人参与，以各方的要求和期望对项目计划的初步方案进行评价和调整。综合平衡法主要是要准确有效地做好对各要素的平衡，要由相关利益主体对项目初步方案进行全面的评审，以达到全部项目干系人的要求。

（4）项目计划最终方案编制。项目计划是项目组实施项目时的依据，计划方案要给出正规的计划格式，并要求项目各方的最高决策者予以批准。项目计划文件是用来管理整体实施过程的全局性计划文件，可以根据不同的项目编写详细程度不同的项目计划。

（5）软件项目计划书评审、批准。项目计划书评审、批准是为了使相关人员达成共识、减少不必要的错误，使项目计划更加合理、有效。项目经理确保与所有人员就项目计划书中所列内容达成一致，这种一致性要求所有项目团队成员对项目计划的内容进行承诺。项目经理将已经达成一致的软件项目计划书提交高层分管领导或其授权人员进行审批，审批完成时间不能超过预先约定的时间。批准后软件项目计划书作为项目活动开展的依据和本企业进行项目控制和检查的依据，并在必要时根据项目进展情况实施计划变更。

>>> 3.3 项目计划工具

在进行项目管理的时候，常常需要使用一定的辅助工具，即项目管理软件。通常，项目管理软件具有预算、成本控制、计算进度计划、分配资源、分发项目信息、项目数据的转入和转出、处理多个项目和子项目、制作报表、创建工作分析结构、计划跟踪等功能。这些工具可以帮助项目管理者完成很多工作，是项目经理的得力助手。

根据项目管理软件的功能和价格，大致可以分为两类：一种是高档工具，功能强大但价格不菲。例如，Primavera 公司的 P3、Welcom 公司的 OpenPlan、Gores 公司的 Artemis 等。另外一种是通用的项目管理工具，如 TimeLine 公司的 TimeLine、Scitor 的 Project Scheduler、Microsoft 的 Project 等，价格相对便宜，可以用于一些中小型项目。

Microsoft Project 是微软公司的产品，目前已经占领了通用项目管理软件市场比较大的份额。Microsoft Project 可以创建并管理整个项目，它的数据库中保存了有关项目的详细数据，可以利用这些信息计算和维护项目的日程、成本以及其他要素、创建项目计划并对项目进行跟踪控制。Microsoft Project 的配套软件 Microsoft Project Server 可以用来给整个项目团队提供任务汇报、日程更新等协同工作方式。

GanttProject 是一个可以运行于 Windows、Linux 和 Mac OS 等多个平台之上的工具，它具有强大的甘特图创建和修改功能，可将项目的各项任务分层次排列，并与相应的资源和时间安排关联起来，包括为每个项目组成员分配任务、设定任务的优先级和完成期限。

在项目管理中，现在人们越来越喜欢 Web 服务，这类工具有 Teamwork、GoPlan、Project Desk、DotProject 和 Foldera 等。Teamwork 以一个全新的方式将文档管理、团队协作和项目管理结合起来。DotProject 是基于 LAMP 的开源项目管理软件，功能全面并可以很好地支持中文。

本章总结

古人云“凡事预则立，不预则废”，足以说明计划的重要性。在项目管理中当然也是计划先行，做好计划是软件项目成功实施的基础。本章重点讨论了软件项目计划的内容以及项目计划工具，详细介绍了各种计划的制订过程和方法，包括范围计划、进度计划、成本计划、质量计划、人力和沟通计划、风险计划、合同计划、集成计划等。

课后练习

一、简答题

1. 阐述与传统的部门管理相比，软件项目管理有哪些基本特点？
2. 软件项目管理的角色有哪些？
3. 阐述软件项目各阶段之间的作用和意义？
4. 试写出任务分解的方法和步骤。
5. 当项目过于复杂时，可以对项目进行任务分解，这样做的好处是什么？
6. 合同一旦签署了就具有法律约束力，除非哪些情况？

请简述项目管理过程中的几个目标，以及这几个目标之间的关系。

二、在线测试题

扫码书背面的防盗版二维码，获取答题权限。

第4章 软件项目需求管理

案例故事

一条街上有三家水果店。一天，有位老太太来到第一家店里，问："有李子卖吗？"店主见有生意，马上迎上前说："老太太，买李子啊？您看我这李子又大又甜，新鲜得很呢！"没想到老太太一听，竟扭头走了。店主纳闷难道自己哪里不对得罪老太太了？

老太太接着来到第二家水果店，同样问："有李子卖吗？"第二家店主马上迎上前说："老太太，您要买李子啊？""啊"老太太应道。"我这里李子有酸的和甜的，那您是想买酸的还是想买甜的？"老太太回答："我想买一斤酸李子"，于是买了一斤酸李子就回去了。

第二天，老太太来到第三家水果店，同样问："有李子卖吗？"这家店主马上迎上前去问："老太太，您要买李子啊？我这里李子有酸的，也有甜的，那您是想买酸的还是想买甜的？"老太太说："我想买一斤酸李子。"但第三家店主在给老太太挑酸李子时还询问："在我这买李子的人一般都喜欢甜的，可您为什么要买酸的呢？"老太太回答："哦，最近我儿媳妇怀上孩子啦，特别喜欢吃酸李子。"这家店主急忙说："哎呀！那要特别恭喜您老人家快要抱孙子了！有您这样会照顾的婆婆可真是您儿媳妇天大的福气啊！"老太太笑着说："哪里，哪里，怀孕期间当然最要紧的是吃好，胃口好，营养就好啊！"店主紧接着说："是啊，怀孕期间的营养是非常关键的，不仅要多补充些高蛋白的食物，听说多吃些富含维生素的水果，生下的宝宝会更聪明！"老太太忙问："是啊！那吃哪种水果含的维生素更丰富些呢？""很多书上说猕猴桃含维生素最丰富！""那你这有猕猴桃卖吗？"，"当然有，您看我这进口的猕猴桃个大、汁多，含维生素多，您要不先买一斤回去给您儿媳妇尝尝！"这样，老太太不仅买了一斤李子，还买了一斤进口的猕猴桃，而且以后几乎每隔一两天就要来这家店里买几种水果。

在面对客户时，企业应该好好思考，如何更好地做到像第三家店主一样引导和创造需求。需求创造原则是支撑市场营销的诸多原则中的核心原则。该原则认为，需求并非固定或有一定限度，而是可以通过企业的努力不断扩大和创造的。例如，美国摩托车市场就是由日本本田开拓的。当时，美国摩托车市场只有年销售6万台的市场规模，而且都偏好大型摩托车。20世纪60年代本田及其50cc超小型摩托车进军美国市场，并建议美国普通家庭在生活中使用摩托车，但美国市场并没有显现出对它的需求。经过一段时间的努力，本田才终于打开了美国摩托车市场的大门，创造了年销售量超过100万台的市场需求。

>>> 4.1　软件项目需求管理概述

为什么要管理软件需求？简单来说，系统开发团队之所以管理软件需求，是因为他们想让软件项目获得成功。好的软件需求管理是软件项目成功的首要因素。

启动软件项目的原因是软件需求的存在，需求是一个软件项目的开始阶段。在软件工程中，需求分析阶段是包括客户、用户、业务、开发人员、测试人员、用户文档编写者、项目管理者以及客户管理者在内的所有风险承担者都需要参与的阶段。资料表明，软件项目中 40% ～ 60% 的问题都是在需求分析阶段埋下的隐患，而在以往失败的软件项目中，80% 的问题是由于需求分析的不明确造成的。因此，一个项目成功的关键因素之一就是对需求分析的准确把握。

4.1.1　软件需求定义

1. 定义

软件需求是指用户对软件的功能和性能的要求，即用户希望软件能做什么事情，完成什么样的功能，达到什么样的性能。从软件系统角度考虑，需求包括用户要解决的问题、达到的目标，以及实现这些目标所需要的条件，是一个程序或系统开发工作的说明，表现形式一般为文档形式。软件需求包括功能需求和非功能需求两个方面。功能需求从用户的角度明确软件系统必须具有的功能行为，其中包括系统的操作过程和操作模式的控制过程等。功能需求不仅要说明每项功能需要“做什么”，而且还要指明这些功能间的联系及相互的依赖关系（控制和数据），但不涉及对“如何做”的描述，它是整个软件需求的核心所在。在功能需求的基础上，非功能需求对软件需求做进一步刻画，包括功能限制、设计限制、环境描述、数据与通信规程和项目管理等。功能限制包括刻画软件系统的性能、回应时间、安全性标准和质量指标等；设计限制主要包括系统的开发平台等；环境描述主要包括系统所属环境的各个方面及其应用领域；数据与通信规程主要刻画系统各部分之间以及系统与外部环境之间的数据流；项目管理则涉及系统开发与系统交付等方面的需求，主要包括文档标准、模块测试与集成过程、期限和可接收性标准等。对上述软件需求所涉及的各个方面，其侧重点随软件类型而异。好的软件需求定义档应该是尽可能详细、完备、一致并具有较强的可适应性。

IEEE 软件工程标准词汇表（1997 年）中将需求定义为：

（1）用户解决问题或达到目标所需的条件或能力；

（2）系统或系统部件要满足合同、标准、规范或其他正式规定文档所需具有的条件或能力；

（3）一种反映上面（1）或（2）中所描述的条件或能力的文档说明。

在 IEEE 的定义中包含了用户的观点（第一条）、开发方的观点（第二条），但实际上由于软件需求涉及不同角色，不同背景群体对于需求有不同的看法，因此，对于需求的概念相对难以统一。

2. 软件需求作用

在实际的软件项目中，尽管需求本身很难获得一致的定义，但是软件需求一定是由甲乙双方达成一致的内容，软件需求作用如下：

（1）作为用户和软件开发人员建立合同的基础，它是双方对待解决问题的共同理解；

（2）作为软件开发的依据，开发人员据此写出相应的功能规约，然后再选择合适的解题途径，进行软件的设计与实现；

（3）作为软件确认和验证的基础，一方面可据此确认系统是否满足用户需求；另一方面可据此验证软件的设计与实现是否正确。

4.1.2 需求的层次和质量评价

软件需求可以分为功能需求和非功能需求，功能需求进一步分为三个层次，业务需求、用户需求和功能需求。例如，设计文字处理程序中的拼写检查器的项目中，业务需求为用户能有效地纠正文档中的拼写错误；用户需求为找出文档中的拼写错误并通过一个提供的替换项列表来供选择替换拼写错误的词语；功能需求为找到并高亮度提示错误的词语的操作、显示提供替换词语的对话框、实现整个文档范围的替换；非功能需求为替换操作执行速度快、异常出现概率小。软件需求具体的需求分类及其层次结构如图 4-1 所示。

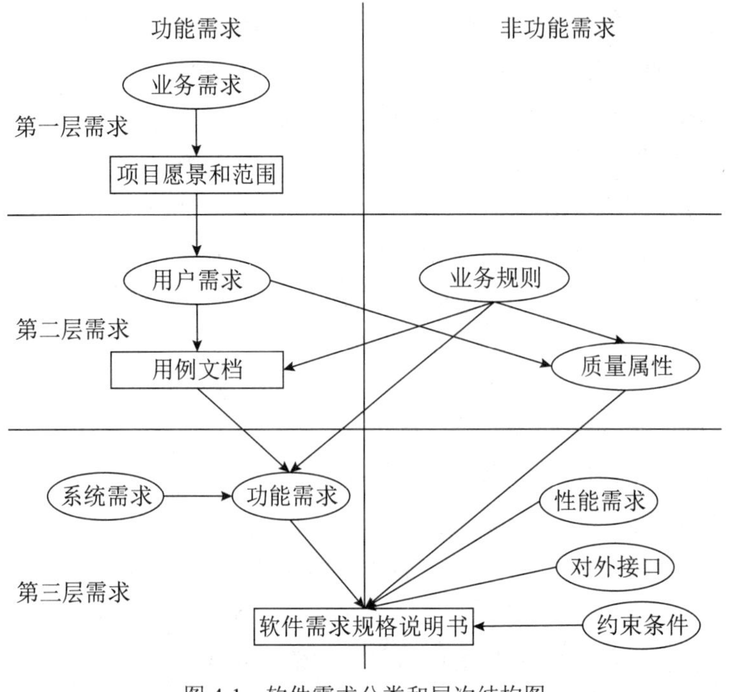

图 4-1　软件需求分类和层次结构图

1. 业务需求

业务需求描述组织或客户的高层次目标，通常问题定义本身就是业务需求。业务需求从总体上描述了为什么要开发系统，组织希望通过系统达到什么目标。通常这类需求来自于高层，如项目投资人、购买产品的客户、实际用户的管理者、市场营销部门或产品策划部门。业务需求一般使用项目愿景和范围文档来记录，业务需求的确定对之后的用户需求和功能需求起了限定作用，任何需求不得与之相违背。

2. 用户需求

企业高层次的目标由专门的部门制定，普通用户才是组织中任务的实际执行者，需要通过一套具体并合理的业务流程才能真正地实现目标。用户需求就是描述用户使用产品必须要完成的任务，通常是在问题定义基础上进行用户访谈、调查，对用户使用的场景进行整理，从而建立从用户角度的需求。

用户需求描述了用户使用系统来做些什么，这个层次的需求是非常重要的，因此到了用户需求层次，重心需要转移到如何收集用户的需求上，即确定角色和角色的用例。由于需求分析很难获取，更难保证需求完整，另外需求又是易变的，现阶段获取需求的方法倾向于组织访谈会，用户需求的成果反映在用例文档或场景中。

3. 功能需求

用户需求是从用户角度描述的，主要使用自然语言，具有模糊不清、多逻辑混杂和多特性混杂的属性，因此在定义系统的规格说明之前，需要工程师把用户需求转化为功能需求。

功能需求是用户需求在系统上的一个映射，系统分析员思考的角度从用户转换为开发者，它主要描述开发人员在产品中实现的软件功能，用户利用这些功能来完成任务，满足业务需求。功能需求是需求的主体，它描述的是开发人员如何设计具体的解决方案来实现这些需求，而开发人员则依据功能需求设计并实现软件产品。功能需求记录在软件需求规格说明（software requirements specification，SRS）中，SRS 完整地描述了软件系统的预期特性，也就是指一组逻辑上相关的功能需求，它们为用户提供某些功能，使业务目标得以满足。SRS 在开发、测试、质量保证、项目管理以及相关功能中都起到了重要的作用。

在功能需求层次上，应该为用户做一个软件原型。因为直到现在，用户对软件还没有一个实实在在的概念，如果给用户一个原型，用户可以很直观地感受到系统是什么样子，可以避免用户在软件开发完成后才看到软件所带来的一些风险。是否有必要采用原型法和原型应开发到何种程度要由具体项目决定。有时可以用一些非正规的方法来生成原型，如果需要开发一个 Web 系统，可以让美工做几个页面；如果做一个 C-S 系统，则制作一个界面就可以。

业务需求、用户需求和功能需求直接的层次关系如图 4-2 所示。

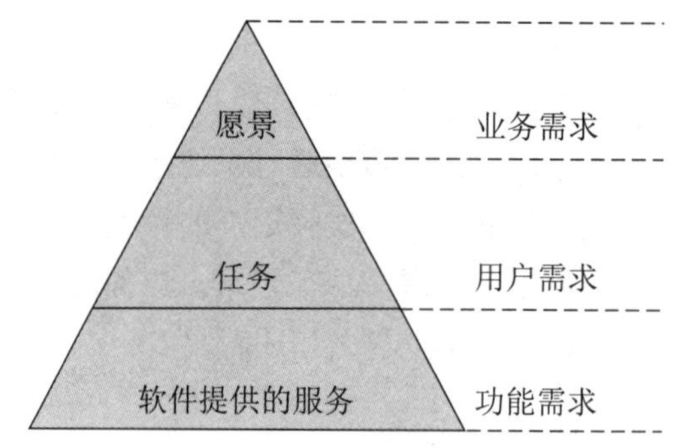

图 4-2　软件业务、用户和功能需求层次图

4. 系统需求

系统需要也是功能需求的一个来源，用于描述包含多个子系统的产品（即系统）的顶级需求，是从系统实现的角度描述的需求，有时还需要考虑相关的硬件、环境方面的需求。

5. 业务规则

业务规则包括企业方针、政府条例、工业标准、会计准则和计算方法等。业务规则不属于任何的特定软件系统的范围，它本身并非软件需求，然而对某些功能需求进行追溯时，会发现其来源正是一条业务规则，业务规则影响用例文档、质量属性和功能需求。

6. 质量属性

质量属性是产品必须具备的属性或质量，即系统完成工作的质量。质量属性补充描述了产品的功能，从不同方面描述了产品的各种特性，如可用性、可移植性、完整性、效率、健壮性、可维护性和可靠性等。质量属性在第二层次上反映了用户对系统的需求，要记录在 SRS 中。

7. 性能属性

性能属性是系统整体或者部分应该具有的性能特性，如 CPU 使用率、存储器使用率等。有时性能属性也记录在 SRS 中。

8. 对外界面

对外界面是系统和环境中其他系统之间需要建立的界面，包括软件界面、硬件界面和数据库界面等，这部分内容也需要记录在 SRS 中。

9. 约束条件

约束条件也称为限制条件、补充约定，是对解决方案的一些约束说明，限制了开发人员设计和构建系统时的选择范围，约束条件也需要记录在 SRS 中。

可见，以上各种需求中，管理人员或市场营销人员负责定义软件的业务需求，以提高公司的运行效率或产品的市场竞争力。所有的用户需求都必须符合业务需求。需求分析人员从用户需求中推导出产品应该具备哪些对用户有帮助的功能。开发人员根据功能需求和非功能需求设计解决方案，在约束条件的限制范围内实现必需的功能，并达到规定的质量和性能指标。

4.2　软件需求开发

需求工程是指应用已证实的有效的技术、方法进行需求分析，确定客户需求，帮助分析人员理解问题并定义目标系统的所有外部特征的科学。需求工程包含需求开发和需求管理两个过程，需求工程的层次结构如图 4-3 所示。

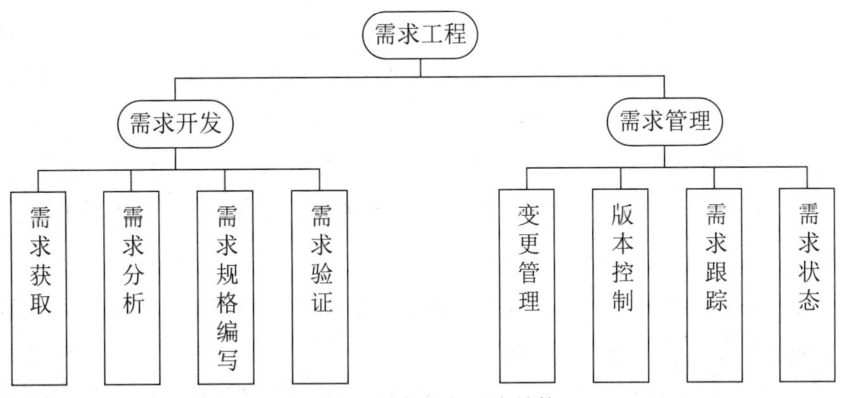

图 4-3　需求工程层次结构

软件需求开发是软件需求工程的第一个阶段，重点在于根据企业业务流程采用适当的需求分析方法，提炼并抽象出软件工程的需求规格说明，并通过认可和确认。具体来说，需求开发是对需求进行调查、收集、分析、评价、定义等所有活动，主要包括需求获取、需求分析、需求规格编写和需求验证过程。这 4 个阶段不一定是遵循现行顺序的，可能是互相独立和反复的，需求开发过程如图 4-4 所示。图中纵向两部分区域分别为甲、乙方范围，跨两个区域的活动是甲乙双方共同参与的，如审核规格说明书，审核如果没有通过，则由甲方给出修改意见，乙方根据意见编写规格说明书并再次审核，直到审核通过时需求开发才结束。

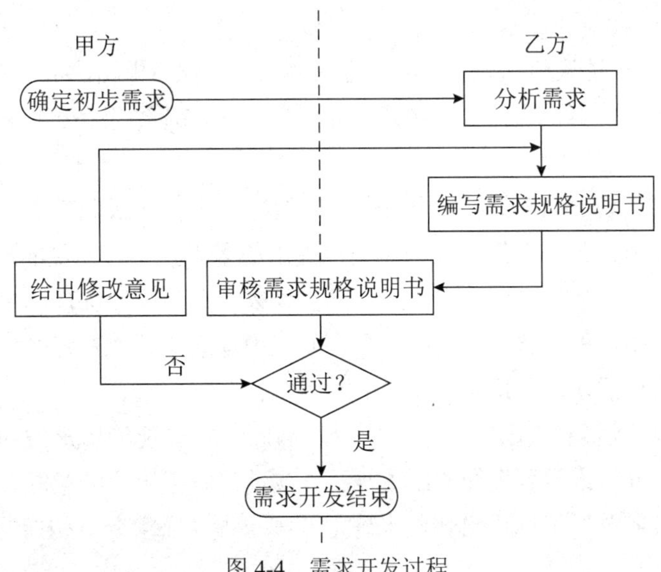

图 4-4　需求开发过程

在需求开发过程中，会产生3种常见文档：项目愿景和范围文档、用户需求文档和需求规格说明书。项目愿景和范围文档是对业务需求的描述；用户需求文档是对用户需求的描述，如用例文档；需求规格说明书则定义了系统级的需求，即开发者应该完成的任务。

4.2.1 软件需求获取

需求获取的主要任务是和用户方的领导层、业务层人员的访谈式沟通，目的是从宏观上把握用户的具体需求方向和趋势，了解现有的组织架构、业务流程、硬件环境、软件环境、现有的运行系统等具体情况和客观的信息，建立起良好的沟通管道和方式。

1. 需求获取指导方针

（1）深入浅出。对企业的需求调研要尽可能全面、细致，调研的需求是全集，系统实现是子集。

（2）以流程为主。在与用户交流的过程中，应该用流程将所有的内容串起来，流程的描述要注意进行必要的流程分析和再造。

（3）识别所有需求来源和冲突来源。尽量使用所有可以利用的需求信息来源来充分了解需求，并找出冲突所在，把客户讲述中所提的假设解释清楚，从用户角度描述他们需求的思维过程，并充分理解用户在执行任务时作出决定的过程。

（4）有效座谈。在座谈之前要充分准备，座谈中调研应抓住主题，调研后记录下所讨论的条目，并请参与讨论的用户评论并更正。

（5）有效识别甲方核心干系人。不同的用户给出的系统期望可能有所不同，必须有效识别甲方核心用户，以核心用户意见作为主要考虑内容。

2. 需求获取需要执行的活动

（1）了解客户方的所有用户类型以及潜在的类型，然后根据他们的要求来确定系统的整体目标和系统的工作范围。

（2）对用户进行访谈和调研。交流的方式可以是会议、电话、电子邮件、小组讨论、模拟演示等不同形式。每次交流都需要进行记录，对于交流结果还可以进行分类，便于后续的分析活动。

（3）需求分析人员对于收集到的用户需求做进一步的分析和整理。对于用户提出的每个需求都需要知道“为什么”，并判断用户提出的需求是否有充足的理由；将以“如何实现”的表述方式转换为“实现什么”的方式，因为需求分析阶段关注的目标是“做什么”；分析由用户需求衍生出的隐含需求，并识别用户没有明确提出来的隐含需求，因为隐含需求有可能是实现用户需求的前提条件。

（4）需求分析人员将调研的用户需求以适当的方式呈现给用户方和开发方的相关人员。大家共同确认分析人员所提交的结果是否真实地反映了用户的意图。

需求分析人员需要明确标识出那些未确定的需求项（需求分析初期的待定项）；使需

求符合系统的整体目标；保证需求项之间的一致性，解决需求项之间可能存在的冲突。

3. 需求获取方法

（1）阅读背景资料。阅读背景资料可以使分析人员尽快了解甲方的业务领域知识，便于实际调研时与用户的沟通。通过阅读背景资料还可以提前了解系统界面等需求，也是形成调查问卷的基础。阅读背景资料的方法可以用于需求获取准备阶段。

（2）调查问卷法。当开发方和用户方都清楚项目需求时，可以采用调查问卷法，即开发方通过向用户发放调查问卷，达到彻底弄清楚项目需求的需求获取方法。开发方首先根据以往类似项目的经验，整理出一份问卷调查表提交给用户，然后用户回答问卷调查表中的问题，开发方对用户返回的问卷调查表进行分析，如果仍然有问题，则继续调查，否则开发方整理出调查报告提交给用户方确认签字。

（3）访谈、调研及讨论会具体内容如下。

①访谈和调研。与用户进行访谈和调研通常是适用于任何环境下的最重要、最直接的方法之一。访谈中关注用户问题的本质而不考虑对应这些问题有什么可能的解决方案。在访谈过程中采用"环境无关问题"方式提问，所谓"环境无关问题"是指不涉及任何背景的问题，例如，谁是客户？谁是用户？他们的需求不同吗？哪里还能找到对这个问题的解决方案？这种提问方式能够迫使开发人员聆听客户的问题，让开发人员更好地理解客户的需要和在这些问题背后隐藏的其他问题。

在寻找尚未发现的需求的过程中，如果开发人员得到了这些"环境无关问题"的答案，他们便可以将重点转移至制订初步的解决方案上。在制订初步的解决方案的过程中，开发人员可能会从中得到新的启示，可以从另一个角度去看问题，也有助于找到未发现的需求。通过几次这样的访谈，开发人员和系统分析人员可以获得一些问题域中的知识，对要解决的问题有进一步的理解。这些用户需求将帮助开发人员最终获得软件需求。

②专题讨论会。专题讨论会是一种可以用于任何情况下的软件需求调研方法，目的是鼓励软件需求调研并且在很短的时间内对讨论的问题达成一致。通过进行专题讨论会，主要的风险承担者将在一段短而集中的时间内聚集在一起进行讨论，通常是一天或两天。专题讨论会一般由开发团队的成员主持，主要讨论系统应具备的特征或者评审系统特征。

（4）脑力风暴。脑力风暴是一种对于获取新观点或创造性的解决方案而言非常有效的方法。实际上专题讨论会的一部分时间是用于进行脑力风暴，找出关于软件系统的新想法和新特征。脑力风暴包括两个阶段：想法产生阶段和想法精化阶段。

想法产生阶段，所有的风险承担者聚集在一起，主持人将要讨论的问题分发给每个参与会议的人，然后解释进行脑力风暴过程中的规则并清楚而准确地描述会议目的和过程目标，同时主持人让与会者说出自己的想法并记录下来。所有与会者将集中讨论这些想法，并给出相关的新想法和意见，然后将这些想法和意见综合起来。在讨论过程中应避免批评或争论其他人的想法，以免影响与会人员发言的积极性。在讨论过程中提出问题的人必须把他的想法记录下来，当与会人员写下所有的想法后，主持人将这些想法列出来供参加会议的人员讨论。

想法精化阶段。首先，主持人描述每一个想法，然后与会者表决这个想法是否被纳入系统要实现的目标。其次，划分问题，即在讨论过程中将相关的问题分为一组，相关的问题将被集中在一起。为不同分组定义类型，例如，可以定义为新特性、性能问题、加强特性、用户界面和友好性问题等。再次，定义特征，确定了问题后，对这些问题进行简单的描述称为定义特征。最后，评价特征，是指选择最佳方案时可以通过评分的方式来决定，与会人员可以为每一个会议上讨论确定的系统特征进行评分，对每一个特征的评价可以分为必要性、重要性和优越性3部分。

（5）原型法。当用户本身对需求的了解不太清晰时，分析人员通常采用建立原型系统的方法对用户需求进行挖掘。原型系统是目标系统的一个可操作的模型。在初步获得需求后，开发人员会开发一个原型系统，用户通过对原型系统进行模拟操作提出修改意见，开发人员可以及时获得用户的意见，从而对需求进行明确。

4. 需求获取活动进行时需要注意的问题

（1）识别真正的客户。清楚地认识影响项目的那些人，对多方客户的需求进行排序。

（2）正确理解客户的需求，客户有时不是十分明白自己的需求，可能提供一些混乱的信息，有时会扩大或弱化真正的需求。我们需要懂得一些心理学知识以及社会其他行业的知识以了解客户的业务和社会背景，有选择地过滤需求。

（3）具备较强的忍耐力和清晰的思维。

（4）说服和“教育”客户。需求分析人员可以同客户密切合作，帮助他们找出真正的需求，通过说服引导等手段，也可以通过培训来实现；同时要告诉客户需求可能会不可避免地发生变更，这些变更会给持续的项目正常化增加很大的负担，使客户能够认真对待。

（5）需求获取阶段一般需要建立需求分析小组来进行充分交流、学习，同时要实地考察访谈、收集相关资料进行交流，必要时可以采用图形表格等工具。

4.2.2 软件需求分析

需求分析是开发人员对系统需要做什么的定义过程，也称为需求建模，是为最终用户所看到的系统建立一个概念模型，是对需求的抽象描述，应尽可能多地捕获现实世界的语义。具体来说，需求分析包括提炼、分析和仔细审查已经收集到的需求，对用户需求进行加工，对需求进行推敲和润色以使所有相关人员都能准确理解需求。

需求分析阶段的核心任务是确定并完善需求。需求获取阶段得到的需求往往是不系统、不完整甚至个别需求是错误的、不必要的，因此这个阶段首先要对需求进行提炼、分析，以确保需求的正确性和完备性；然后将高层需求分解成具体的细节，并采用适当的形式将其表达出来，如绘制功能结构示意图、编制数据字典、编写用户实例等，完成需求从需求获取人员到开发人员的过渡。

1. 分析用户需求应执行的活动

（1）以图形表示的方式描述系统的整体结构，包括系统的边界与界面。

（2）创建用户界面原型。当开发人员或用户不能确定需求时，开发一个用户界面原型，可以使许多抽象的概念和可能发生理解歧义的事情更为直观明了。用户通过评价原型将使项目参与者能够更好地互相理解所要解决的问题。

（3）分析需求可行性。在允许的成本、性能要求下，分析每项需求实施的可行性，明确与每项需求实现相联系的风险，包括与其他需求的冲突、对外界因素的依赖和技术障碍。

（4）确定需求的优先级。应用分析方法来确定使用实例、产品特性或单项需求实现的优先级。

（5）建立需求模型。需求的图形分析模型是软件需求规格说明极好的补充说明，可以提供不同的信息与关系以有助于找到不正确的、不一致的、遗漏的和冗余的需求。这样的模型包括数据流图、实体关系图、状态变换图、对话框图、对象类及交互作用图。通过原型、页面流或其他方式为用户提供可视化的界面，以便用户对需求做出自己的评价。

（6）建立数据字典。数据字典是对系统用到的所有数据项和结构定义，以确保开发人员使用统一的数据定义。在需求阶段，数据字典至少应定义客户数据项以确保客户与开发人员使用一致的定义和术语。

（7）使用质量功能调配。质量功能调配是一种高级系统技术，它将产品特性、属性与对客户的重要性联系起来，该技术提供了一种分析方法以明确用户最关注的特性。

2. 需求分析方法

常见的需求分析方法有用例分析方法、原型分析方法、结构化分析方法、功能列表方法等。

（1）用例分析方法。软件需求分析者通常利用场景或经历来描述用户和软件系统的交互方式，并以此来获取软件需求。用例分析方法的最大特点在于面向用例，在对用例的描述中引入了外部角色的概念，一个用例描述了系统和一个外部角色的交互顺序，表示一个动作序列的定义。外部角色可以是一个具体使用系统的人，也可以是外部系统或其他一些与系统交互实现某些目标的实体。另外，通过用例还可以很方便地使测试人员得到测试用例。通过建立测试用例和需求用例的对应关系，测试人员能够方便地统计测试结果，评估软件质量。

用例需求分析常采用“统一建模语言”（unified modeling language，UML）技术，UML是一种面向对象的建模语言。UML用于描述模型的基本词汇有3种：要素、关系和图，其中图具体包括用例图、类图、对象图、序列图、协作图、活动图、构件图、实施图等。这些图可以用于描述世界上任何复杂的事物，充分地显示了UML的多样性和灵活性。

（2）原型分析方法。该方法的理念是：在获取一组基本需求之后，快速地构造出一个能够反映用户需求的初始系统原型，让用户看到未来系统概貌，以便判断哪些功能是符合要求的，哪些方面还需要改进，不断地对这些需求进一步补充、细化和修改，直到用户满意为止。

原型可以分为以下3类。

第一，淘汰（抛弃）式。先构造一个功能简单而且质量要求不高的模型系统，针对这个模型系统反复进行分析修改，让用户学习。待需求规格说明书一旦确定，原型将被抛弃并不再作为最终产品。

第二，演化式。系统的形成和发展是逐步完成的，是高度动态迭代和高度动态循环的，每次迭代都要对系统重新进行规格说明、重新设计、重新实现和重新评价，所以它是应对变化最有效的方法。

第三，增量式。系统是一次一段地增量构造，与演化式原型的最大区别在于增量式开发是在软件总体设计基础上进行的。

利用原型法进行软件需求分析的过程分为4步：首先是快速分析，弄清楚用户与设计者的基本信息需求；其次是构造原型，开发初始原型系统；再次是用户和系统开发人员使用并评价原型；最后是系统开发人员修改和完善原型系统。原型法投入的人力成本代价并不大，但可以节省后期成本，对于较大型的软件来说，原型系统可以成为开发团队的蓝图。

（3）结构化分析方法。结构化分析方法是一种面向数据流的需求分析方法，基于"分解"和"抽象"的基本思想，逐步建立目标系统的逻辑模型，进而描绘出满足用户要求的软件系统。"分解"是指对于一个复杂的系统，为了将复杂性降低到可以掌握的程度，可以把大问题分解为若干个小问题，然后再分别解决。

在结构化需求分析中，通常需要借助数据流图、数据字典、E-R图、结构化语言、判定表、判定树等工具。

①数据流图。数据流图是描述系统中数据流的图形工具，是一种用来表示信息流和信息变换过程的图解方法，可以标识一个系统的逻辑输入和逻辑输出，以及把逻辑输入转换为逻辑输出所需的加工处理。数据流图把软件看成是由数据流联系的各种功能的组合，在需求分析过程中，可以用来建立目标系统的逻辑模型。

结构化需求分析采用"自顶向下、由外到内、逐层分解"的思想，开发人员要首先画出系统顶层的数据流图，然后再逐层画出低层的数据流图。顶层的数据流图要定义系统范围，并描述系统与外界的数据联系，它是对系统架构的高度概括和抽象。底层的数据流图是对系统某个部分的精细描述。

②数据字典。数据字典用于定义数据流图中各个图形元素的具体内容。用数据流图来表示系统的逻辑模型直观且形象，但是缺乏细节描述，也就是说它没有准确和完整地定义各个图形元素，可以用数据字典来对数据流图做出补充和完善。数据字典包含4类条目"数据流、数据存储、数据项和数据加工"，这些条目按照一定的规则组织起来构成数据字典。

③ E-R 图。E-R 图用于描述应用系统的概念结构数据模型，是进行需求分析并归纳、整理、表达和优化现实世界中数据及其联系的重要工具。E-R 图以实体、联系和属性 3 个基本概念概括数据的基本结构。实体是指现实世界中的事物多用矩形框来表示，框内含有相应的实体名。属性多用椭圆形表示，并用无向边与相应的实体联系起来，表示该属性归属某实体所有。实体由若干个属性组成，每个属性都代表了实体的某些特征。联系用菱形表示，并用无向边分别与若干实体连接起来，以此描述实体之间的关系。实体之间存在三种联系模型：一对一、一对多、多对多，它们反映到 E-R 图中即为相应的联系类型：1 ∶ 1、1 ∶ n、m ∶ n。同一个系统的 E-R 图不具有唯一性，即不同的开发人员设计出来的 E-R 图可能不同。

4.2.3　编写软件需求规格说明

软件需求规格说明以一种开发人员可用的技术形式，阐述一个软件系统必须提供的功能和性能以及它所要考虑的限制条件，它不仅是系统测试、用户使用和维护文档的基础，也是所有子系列项目规划、设计和编码的基础。它应该尽可能完整地描述系统预期的外部行为和用户可视化行为，也要为项目组内部尽可能详细地讲明系统功能上的考虑。除了设计和实现上的限制，软件需求规格说明不应该包括设计、构造、测试或工程管理的细节。软件需求规格的编制是为了使用户和软件开发人员双方对软件的初始规定有一个共同的理解，使之成为整个开发工作的基础。软件需求分析人员必须编写从使用实例派生出的功能需求文档、编写产品的非功能需求文档。需求分析完成的标志是提交一份完整的软件需求规格说明书（SRS）。对项目来说，需求规格说明书和工作陈述（SQW）是很关键的两个文档，SRS 的编写可以参照甲方提供的 SQW 的有关信息进行，SRS 为客户和开发者之间建立一个约定，准确地陈述了要交付给客户什么。

软件企业一般都有自己统一的软件开发文档模版，包括软件需求规格说明模版，这是组织的一种标准模版。许多组织都采用 IEEE Std 830-1998 描述的需求规格说明书模版，有时需要根据项目特点进行适当改动。以下是一份较简单的 SRS 模版。

1　范围

1.1　标识

本条应包含本文档适用的系统和软件的完整标识，包括标识号、标题、缩略词语、版本号和发行号。

1.2　系统概述

本条应简述本文档适用的系统和软件的用途，应描述系统和软件的一般特性；概述系统开发、运行和维护的历史；标识项目的投资方、需求方、用户、开发方和支持机构；标识当前和计划的运行现场。

1.3　文档概述

本条应概述本文档的用途和内容，并描述与其使用有关的保密性或私密性要求。

1.4　术语和缩略词

给出本文档中所涉及的专业的业务和技术术语，并给出文档中所有的缩略词的全称。

2. 引用文档

本条应列出本文档所引用的所有文档的编号、标题、修订版本和发行日期，也应该标识不能通过正常管道获得的所有文档的来源。引用文档需要包括以下内容：

（1）项目任务书

（2）其他文档（如设计文档应引用需求文档）

3. 功能需求

以用例图的形式给出系统功能需求的分解结构，并对用例模型中的参与者和用例进行详细的描述，可参考以下思路将本节划分为几小节。

3.1 给出系统的用例模型，并进行简要的说明。

3.2 对系统的用户进行详细的描述（用例图中的参与者）。

3.3 以后每小节描述一个用例模型，可采用文字的方式，对于涉及复杂流程的用例可以绘制其活动图。

4. 数据需求

描述该系统所涉及的数据实体。以E-R图的方式给出基本的数据实体以及关系，再针对每个数据实体的数据项进行展开介绍。

5. 非功能需求

给出系统的性能、可靠性、可扩展性、易用性、安全性等非功能需求。每项非功能需求可以作为一个小节。

6. 运行需求

6.1 硬件界面

描述与该系统实施相关的硬件环境的要求。

6.2 软件界面

描述与该系统实施相关的软件环境的要求。

6.3 用户界面需求

描述对该系统用户界面的基本要求，可以给出用户界面原型方案。

4.2.4 需求验证

需求验证是需求开发工作的最后阶段，是为了确保在上一个阶段所编制的需求说明可以准确、无二义性并完整地表达系统功能以及必要的质量特性。在项目设计和开发之前验证需求可以大大减少项目后期的返工现象。在项目计划中应为这些保证质量的活动预留时间并提供资源。需求验证要求客户代表和开发人员共同参与，对提交后的需求规格说明进行验证，分析需求的正确性、完整性以及可行性等。

验证需求包括以下几个方面工作。

（1）需求的正确性。开发人员和用户都进行复查，以确保将用户的需求充分、正确地表达出来。只有进行一番调查研究，才能知道某一项需求是否正确。每一项需求都必须准确地陈述其要开发的功能。

（2）需求的一致性。一致性是指与其他软件需求或高层（系统、业务）需求不相矛盾。在开发前必须解决所有需求间的不一致部分，确保没有任何的冲突和含糊的需求，没有二义性。

（3）需求的完整性。验证是否所有可能的状态、状态变化、转入、产品和约束都在需求中描述，不能遗漏任何必要的需求信息。注重用户的任务而不是系统的功能将有助于避免不完整性。如果知道缺少某项信息，用待确定（TBD）作为标准标识来标明，在开始开发之前，必须解决需求中所有的 TBD 项。

（4）需求的可行性。验证需求是否实际可行，每一项需求都必须是在已知系统和环境的权能和限制范围内可以实施的。为避免不可行的需求，最好在获取需求过程中始终保证一位软件工程小组的组员与需求分析人员或考虑市场的人员一起工作，由他负责检查技术可行性。

（5）需求的必要性。验证需求是客户需要的，每一条需求描述都是用户需要的，每一项需求都应把客户真正所需要的和最终系统所需要遵从的标准记录下来。必要性也可以理解为每项需求都是用来授权编写文档的“根源”，要使每项需求都能回溯至某项客户的输入。

（6）需求的可检验性。验证是否能写出测试案例来满足需求，检查是否每项需求都可以通过设计测试用例或其他的验证方法，如通过演示、检测等来确定产品是否实现需求。

（7）需求的可跟踪性。验证需求是否是可跟踪的，应该可以在每项软件需求与它的根源和设计元素、源代码、测试用例之间建立起链接链，通过需求跟踪可以检验软件是否实现了所有需求以及软件是否对所有的需求都经过了测试。

（8）最后的签字。当用户认可需求文档后，要求用户签字，确定需求通过验证。

>>> 4.3 软件需求管理

系统需求分析人员通过需求调查、需求分析和需求定义等，完成需求开发工作。项目经理则通过对需求确认、需求跟踪和需求变更控制的主导来实现需求管理。软件需求工程是软件项目开发工作的一个重要源头，在需求开发过程中需求分析人员需要尽可能准确地获取客户需求，编写出高质量的软件需求规格说明，努力降低项目中后期因需求变更对项目的成本、质量和进度的影响。项目经理则需要加强需求管理，有效防范和减少不必要的需求变更。

需求管理可以概况为：一种获取、组织并记录系统需求的系统化方案，以及一个使客户与项目团队对不断变更的系统需求达成并保持一致的过程。根据软件过程能力成熟度模型（capability maturity model，CMM）的定义有：对需求分配进行管理，在用户和实现用户需求的项目组之间达成共识；控制系统需求，为研发过程和项目管理建立基线；保持项目计划、产品和活动与系统需求的一致性。

1. 软件需求管理的目标

CMM 指出，需求管理的目的是在客户和遵循客户需求的软件项目之间建立一种共同的理解。需求管理的目标包括：

（1）控制制定给软件的系统需求，为软件工程和管理应用建立基线。

（2）保持软件计划、产品和活动与制定给软件的系统需求一致。

2. 软件需求管理活动

从定义出发，需求管理涉及3方面内容：需求定义的管理、需求实现的管理、需求变更的管理。一般认为，需求管理并不包括需求的收集和分析，而是假定组织已经收集了软件需求或已经明确地给出了需求的定义。在需求实现阶段，在各方面因素的影响下需求仍然会发生变化，如需求新增、变更和删除等变动，因此需要进行需求跟踪，其主要作用是确保需求被实现、确保需求被验证、了解需求变更影响的范围。如果我们能够对软件需求进行定义，那么通过跟踪定义了的需求，可以知道需求在实现过程中的具体实现细节与目标的距离。在可跟踪的需求实现过程中，项目经理才能够有把握地说，需求被正确地实现了。

4.3.1 软件项目需求变更

1. 需求变更流程

不论需求变更的原因是什么，本质上看需求变更的目的都是为了使产品更加符合市场或者客户需求。但对于开发商而言，需求变更意味着需要重新进行估计，调整资源、重新分配任务、修改前期工作产品等一系列波及的工作，这将耗费时间及成本。但是需求不变是不可能的，我们需要积极地进行处理与应对，使需求在受控状态下发生变化，而不是随意变化。需求管理就是按照标准的流程来控制需求变化，通常需求变更的流程如图4-5所示。

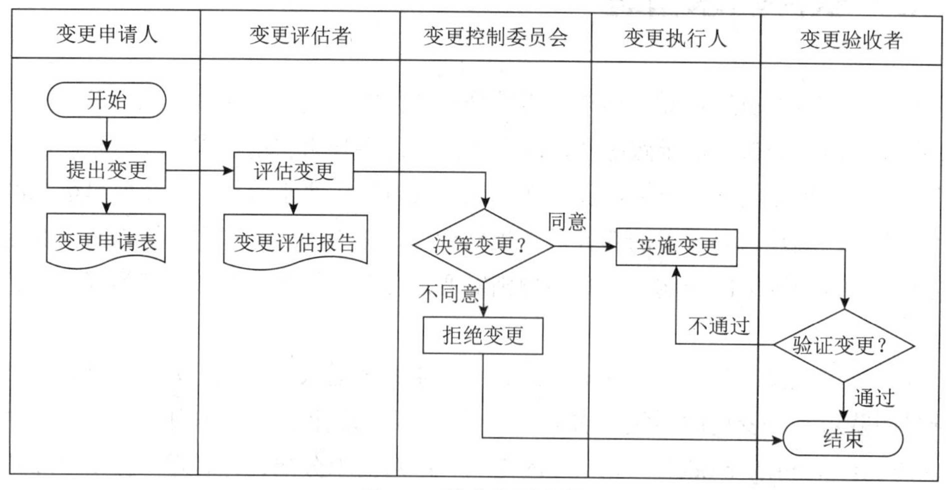

图4-5 需求变更流程

（1）提出变更。客户方和软件开发方内部人员都可能提出软件项目的需求变更要求，不论谁提出变更，首先需要填写需求变更申请表，基本内容包括：变更建议人、提出变更时间、变更内容描述、变更理由、变更的紧急程度。

（2）评估变更。评估变更根据变更申请人来自开发方内部和外部分为两种情况：

如果变更申请人来自客户，即来自开发方外部，则变更评估包含两个层面的评估：首先是客户对自身进行评估，确认申请人提出的变更是否值得进行。具体过程是客户方的变更申请人把变更申请表提交给客户方责任人，经由客户方责任人审核需求变更，如果认为属于变更范围，则允许变更，在变更申请表上签字，同时将申请表转给开发方责任人；如果不允许变更，则取消需求变更；其次是开发方变更评估，当开发方收到来自客户方责任人签字的变更申请表后，立即组织相关人员进行变更评估。主要评估如果实现该变更对项目时间、成本影响多大？哪些变更能够目前解决，哪些需要留到以后解决？最后输出一份变更评估表。

如果变更申请人来自开发方内部，则在变更申请人提交变更申请表给项目负责人后，开发方项目负责人需要进行初步审核，如果认为不值得变更，则直接忽略此申请；否则组织开发方相关人员进行评估。

（3）决策变更。变更只能由单一的审核管道，即由项目的变更控制委员会进行审核批准。变更控制委员会决策的依据是变更评估报告，如果变更来自乙方内部，此时的变更控制委员会决策相对容易，在内部完成即可。如果变更来自客户方，此时的决策过程可能是一个谈判过程。乙方的负责人需要就变更带来的各种影响和甲方进行谈判，从而确定是否变更，如果同意变更是立刻变更还是下期变更，如果立刻变更，甲方是否需要追加资源等，最终变更控制委员会给出决定，其中涉及的变更时间和费用需要相关人员，包括客户参与决策。

（4）实施变更。配置管理员对变更需求进行记录，对需求文档进行更新，并通知相关人员。项目组长负责调整相关开发进度表，重新分配任务。开发人员接收到需求变更内容后首先审核设计文档，修改变更的地方，并根据变更后的文档进行开发和测试。测试组长根据变更需求和开发进度，对测试进度进行相应调整，分发需求更新给相关测试人员。测试人员对用例进行补充、修改，并进行相关的测试。

（5）验证变更。变更完成后回顾变更的成果，一般由质量保证人员来验收变更结果，如果通过验收，则此次变更结束，否则开发小组继续修改变更内容直至通过验收为止。

2. 需求变更注意事项

（1）需求的变更需要经过出资者的认可。需求的变更会引起投入的变化，所以需求变更要通过出资者认可，这样才会对需求的变更有成本的概念，能够慎重地对待需求的变更。

（2）需求变更需要经过正规的需求变更管理流程。

（3）注意沟通技巧。客户可能往往不愿意为需求变更付出更多的代价，但还是要求变更；另外开发方有可能主动变更需求，目的是使软件做得更精致。因此，需求管理者需要采用各种沟通技巧来使项目的各方满意。

3. 需求变更管理控制活动

需求变更管理是项目管理中非常重要的一项工作，有效的需求变更管理要对变更带来的潜在影响及可能产生的成本费用进行评估，变更控制委员会与关键的项目风险承担者要进行协商，以确定哪些需求是可以变更的，同时在开发阶段和测试阶段应跟踪每项需求的状态。需求变更管理中的活动一般包括如下几方面：

（1）确定需求变更控制过程。确定在需求变更控制过程中选择、分析、决策和记录需求的工作流程，所有的需求变更，都要在选择、分析、决策和记录环节上，受到机制和责任的保证。

（2）建立需求变更控制委员会。组织一个由项目风险承担者组成的小组作为需求变更委员会，由委员会成员确定哪些是需求变更，是否在项目范围之内（包括项目范围和合同范围。有时变更在项目范围内，但是不在合同范围内，需要项目进行二期合同开发），分析并评估需求变更，并根据评估进行决策以确定选择哪些、放弃哪些，以及设计需求实现的优先级并实施版本控制等。

（3）进行需求变更影响分析。影响分析有利于对需求变更要求进行更深入、精确的理解，帮助变更控制委员会做出科学的决策。进行需求变更影响分析还可以帮助项目组对现有系统做出合理的前瞻性调整，在面对日后新的需求变更时有充足的技术准备。需求变更影响分析完全依赖于需求的跟踪能力，没有需求形式化记录、需求跟踪链，就没有做影响分析的可能。系统分析师和构架师应评估每项需求变更，分析需求变更对现有系统和项目计划的影响。项目经理应根据新需求，明确相关任务，评估新的工作量及其变化。

（4）建立需求变更的历史记录。记录变更需求文档版本的日期以及变更的内容、原因，更新的版本号等。

（5）维护需求变更的历史记录和文档。当产品面对不同地区、不同用户群的时候，也可以确定不同的版本。因此，需求变更控制委员会要做的工作是，决定是对新需求全面升级，还是进行局部更改，是基线变化，还是个别版本变化。有时候，这是一个比较难以做出的决定，其依赖于对新需求的分析。决定变更基线或提升版本以后，需要做好记录，修改相应的文档。变更记录、变更需求文档版本的日期、变更原因、变更内容、变更影响、变更实现过程、更新的版本号等。

（6）跟踪每项需求的状态。建立一个数据库保存每一项功能需求的重要属性，通常包括需求的状态（例如，已推荐的、已通过的、已实施的、已验证的等）。

（7）跟踪所有受需求变更影响的工作产品。当某项需求变更时，参照需求跟踪记录找到相关的其他需求、设计模板、源代码和测试用例，这些相关内容也需要做相应的修改。依据需求跟踪矩阵，可以完整地追踪到需求变更所影响的所有地方，确保不会发生遗漏或产品缺陷。

（8）衡量需求稳定性。记录基准需求的数量和每周或者每月的变更（添加、修改、删除）数量，过多的需求变更是一个警报，这意味着问题并未真正弄清楚，项目范围并未很好地确定。

（9）使用需求管理工具进行需求管理。在需求管理过程中可以引入需求管理工具来帮助管理需求。

4.3.2 软件项目需求跟踪

需求跟踪是指跟踪一个需求使用期限的全部过程，包括编制每个需求同系统元素之间的联系文档，这些元素包括其他类型的需求、体系结构、其他设计部件、源代码模块、测试、帮助文件等。需求跟踪提供了由需求到产品实现整个过程中范围的明确查阅能力。需求跟踪的目的是建立与维护“需求 - 设计 - 编程 - 测试”之间的一致性，确保所有的工作成果符合用户需求。

1. 需求跟踪的方式

需求跟踪有两种类型的跟踪，即前向跟踪和后向跟踪。

（1）前向跟踪：以用户需求为切入点，检查《需求规格说明书》中每个需求是否都能在后继工作产品中找到对应点。例如，设计和编码阶段。

（2）后向跟踪：通过检查设计文档、代码、测试用例等工作产品是否都能在《需求规格说明书》中找到出处。前向跟踪保证了软件能够满足需求，后向跟踪则在变更、回归测试等情况下更有用处。不论采用何种跟踪方式，都需要建立与维护需求跟踪矩阵。需求跟踪矩阵保存了需求与后续工作成果的对应关系。

2. 需求跟踪的实现

跟踪能力是优秀需求规格说明书的一个特征，为了实现可跟踪能力，必须统一地标识每一个需求，以便能明确地进行查阅。从客户需求到系统需求再到后续设计实现和测试，每个阶段都可以追溯。在从需求源到实现的完整生存期一般有四种需求链，如图 4-6 所示。

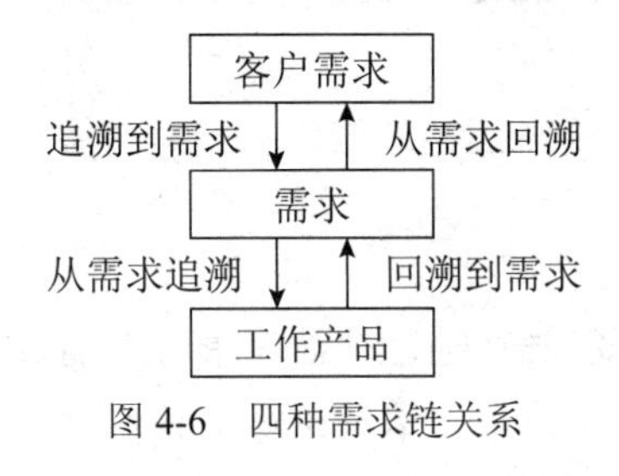

图 4-6　四种需求链关系

（1）客户需求可以向前追溯到系统需求。通过这类需求链的作用，可以明确区分出开发过程中或者开发结束后由于需求变更受到影响的需求，也确保了需求规格说明书包括了所有客户需求。

（2）可以从系统需求回溯到相应的客户需求。通过这类需求链的作用，可以确认每个软件需求的源头。

（3）从需求追溯到后续工作产品。由于开发过程中系统需求转变为软件需求、设计、编码等，所以通过定义单个需求和特定的产品元素之间的联系链可以从需求向前进行追溯。

（4）从产品部件回溯到需求。通过这类需求链的作用，可以知道每个部件存在的原因。因为对于大部分项目的交付品来说，不包括与用户需求直接相关的代码，但是对于开发者来说，却要明确知道为什么要写这一行代码。如果不能把设计元素、代码段或者测试回溯到一个需求，则可能会有多余的程序存在。然而，如果这些孤立的元素表明了一个正当的功能，则说明需求规格说明书遗漏了一项需求。

四类需求跟踪链记录了单个需求之间的父层、互连、依赖的关系。当某个需求变更后，这种信息能够确保正确地传播，并将相应的任务做出正确的调整。一个项目不必同时具有四种需求跟踪链，视项目具体情况而定。

需求跟踪链在项目中的具体体现就是需求跟踪矩阵。采用需求跟踪矩阵的前提是标识需求链中各个过程的元素，如需求的实例号、设计的实例号、编码的实例号和测试的实例号。采用数据库管理标识后，需求的变化就能够体现在整个需求链上，从而实现需求的可跟踪。当需求文档或者后续工作成果发生变更时，要及时更新需求跟踪矩阵。表4-1给出了一个需求跟踪矩阵实例。由表4-1可知，每一个用例，最终将对应一个或者多个测试用例，中间过程可能有很多设计和实现阶段和层次。中间过程和中间结果在设计阶段，可以是数据库表项、数据字典、流程图、活动图、关系图、类定义等，在代码实现阶段则是源代码。在测试阶段则是测试用例和实际测试报告。中间层次的多少和结果的多少，由项目组自己决定，项目经理关心的是最后的结果。

表4-1　需求跟踪矩阵

需求代号	需求用例	设计实例	编码实例	测试用例
R001	UC-28	Class Catalog	Catalog.sort() Catalog.import()	Search.7 Search.8 Search.13

本章总结

软件需求是软件设计和实现的基础，软件需求管理的好坏是项目成功的关键所在，一个项目的成功依赖于有效的需求管理。本章讲述了软件项目需求管理的基本知识，重点从软件项目需求开发和需求管理两方面进行了详细阐述。软件需求开发的目的是获取需求，为需求管理奠定基础。软件需求管理中最重要的是需求的变更控制，有效地变更控制能够大大促进项目管理水平的提升。

课后练习

一、简答题

1. 什么是软件需求？
2. 软件需求包括哪些层次？

3. 软件需求开发包括哪些阶段？

4. 什么是软件需求管理？

5. 软件需求变更的流程是什么？

二、案例分析

A 公司是一家手机设计公司，该公司组织结构包括销售部、项目管理部和研发部。项目管理部属于研发部与外面部门的界面，主要负责在销售人员的协助下完成与客户的需求沟通。有一次，销售部给项目管理部提供一个客户需求：客户要求把 T1 产品的 C 组件更换为另外型号的组件并进行技术评估。项目经理接到此需求后，发出正式通知让研发部门修改产品并进行测试，然后给出样机给客户试用。但是，最终结果令客户非常不满意，客户坚持说自己的意图并不是仅更改 C 组件，而是考虑将 T1 产品的主板放入 T2 产品的外壳中的方案，组件替换评估只是这个方案中的一部分。公司销售部门其实知道客户的目的，但是未能向项目经理说明详细的背景情况，因为销售部门经过了解，他们认为只是 C 组件的评估最关键，所以只向项目经理提出了这个要求。

（1）请问项目的关键问题出在哪里？

（2）如何规避（1）中这样的风险？

三、在线测试题

扫码书背面的防盗版二维码，获取答题权限。

第5章 项目的进度管理

案例故事 L公司H软件项目研发进度计划问题分析

L公司是一家专门从事系统集成和应用软件的开发公司，公司目前有员工50多人，公司有销售部、软件开发部、系统网络部等业务部门，其中销售部主要负责进行公司服务和产品的销售工作，他们会将公司现有的产品推销给客户，同时也会根据客户的具体需要，承接应用软件的研发项目，然后将此项目移交给软件开发部，进行软件的研发工作。

软件开发部共有开发人员18人，主要是进行软件产品的研发及客户应用软件的开发。经过近半年的跟踪后，当年元旦，销售部门与某银行签订了一个银行前置机的软件系统的项目。合同规定：当年5月1日之前系统必须完成，并且进行试运行。在合同签订后，销售部门将此合同移交给了软件开发部，进行项目的实施。

王某被指定为这个项目的项目经理，王某做过5年的金融系统的应用软件研发工作，有较丰富的经验，可以做系统分析员、系统设计等工作，但作为项目经理还是第一次。项目组还有另外4名成员：1个系统分析员（含项目经理），2个有1年工作经验的程序员，1个技术专家（不太熟悉业务）。项目组的成员均全程参加项目。

在被指定负责这个项目后，王某制订了项目的进度计划，简单描述如下：

1月10日—2月1日 需求分析

2月1日—2月25日 系统设计，包括概要设计和详细设计

2月26日—4月1日 编码

4月2日—4月30日 系统测试

5月1日 试运行

但在2月17日王某检查工作时发现：详细设计才刚刚开始，2月25日肯定完不成系统设计的阶段任务。

导致上述问题的原因有以下几点：

（1）WBS编制不清晰明确，没有提供基本的里程碑计划，严重缺乏细节。WBS的概念任务要细分到责任人（尤其对案例中这样小的团队，项目经理直接面对的就是具体实施具体任务的人），以便团队成员之间明确任务交割转移的时间和条件。有了一个这样的项目计划，项目经理才有可能全面实施项目管理的手段，包括计划跟进、风险预见和评估、项目基线管理、绩效评估、计划变更等。

（2）项目在实施过程中出现实际进度与计划进度不符，要综合来看。王某本为技术研发人员，对项目管理不是很了解。进度管理是项目管理中的重要组成部分，要从多方面考虑并制定详细活动定义、活动排序、进度管理计划和进度控制。项目经理制订的进度计划很不完整，因此出现了问题。

（3）除进度管理不够以外，项目小组成员也多为技术经验不足，对项目的团队配合度不够，参加项目时间短。团队的及时沟通没有体现出来，没有严格的管控基线。项目经理没有紧跟项目管理，可能更偏向于技术研发导致进度落后。

（4）王某可以召集一个团队动员激励会议，说明目前的情况，增加团队的积极性。可以物质奖励来增加员工的工作时间或增加有经验的工程师帮助赶工。

项目工程进度控制与投资控制和质量控制一样，是项目施工中的重点控制之一，在工程施工三大目标控制关系中，质量是根本，投资是关键，而进度是中心。由此可见，进度控制的地位非同一般，必须给予重视。因此，编制合理的进度计划，特别是在施工中对进度计划实施动态控制是保证工程按期或提前发挥经济效益和社会效益的决定因素。每一个施工总承包工程都是一个系统工程，必须拥有自己的一个完整的计划保证体系。它需要应用系统的方法来分析影响进度的各方面因素，合理安排资源供应，考虑相应的措施包括组织措施、技术措施、合同措施、经济措施和信息管理措施等，以达到按期完成工程、节约工程成本的目的，编制出最优的施工进度计划，在执行该计划的施工中，经常检查施工实际进度情况，并将其与计划进度相比较，若出现偏差，便分析产生的原因和对工期的影响程度，找出必要的调整措施，修改原计划，不断地如此循环，直至工程交付验收。

>>> 5.1 项目进度的概念

凡事预则立，不预则废。这里的“预”就是计划。计划的重要性对软件企业是不言而喻的，然而在具体软件项目运作过程中，却经常不受重视。许多人对计划编制工作都抱有消极的态度，认为编制的计划常常没有用于促进实际行动。然而，项目计划的主要目的就是指导项目的具体实施。为了制作一个具有现实性和实用性的计划书，需要对计划过程中的工作量估算、工作结构分解、制定计划的常用技术和应把握的原则等进行分析。另外，虽然良好的计划是软件项目成功的重要基础，但在实际执行过程中，由于软件项目本身的特点和一些不可预测的因素，使得项目的进展不能完全按照计划进行。为了确保项目取得成功，必须对项目计划的执行过程进行追踪控制。软件项目进度管理主要包括两个内容：进度计划和进度控制。软件项目管理的进度机制实际上是一个闭环控制系统，如图 5-1所示。

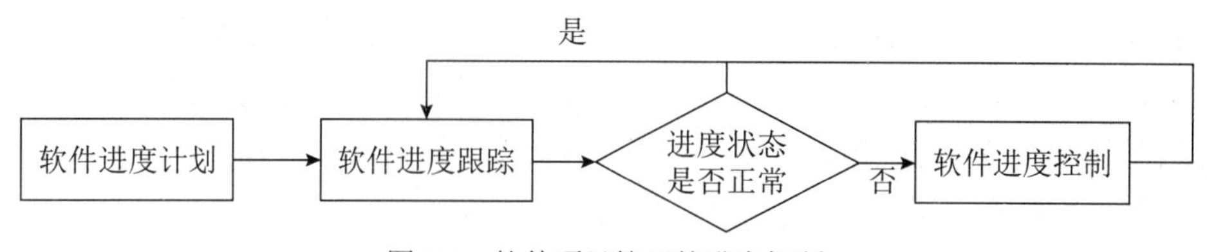

图 5-1　软件项目管理的进度机制

软件项目管理主要集中反映在项目的成本、质量和进度三个方面，这反映了软件项目管理的实质，这三个方面通常称为软件项目管理的“三要素”。软件项目进度计划是软件项目计划中的一个重要组成部分，可影响软件项目能否顺利进行，资源能否被合理使用，并且直接关系到项目的成败。软件项目进度计划包括以下内容：

（1）项目活动排序或者说确定工作包的逻辑关系。活动依赖关系确认的正确与否．将会自接影响项目的进度安排、资源调配和费用的开支。项目活动的安排主要是用网络图法、关键路径法和里程碑制度。

（2）项目历时估算。历时估算包括一项活动所消耗的实际工作时间加上工作间歇时间。注意到这一点非常重要。历时估算方法主要有：类比法，通过相同类别的项目比较，确定不同的项目工作所需要的时间；专家法，依靠专家过去的知识、经验进行估算；参数模型法，即依据历史数据，用电脑回归分析来确定一种数学模型的方法。

（3）制订进度计划。制订进度计划就是决定项目活动的开始和完成的周期。根据对项目内容进行的分解，找出项目工作的先后顺序，估计出工作完成时间之后，要安排好工作的时间进度。随着较多数据的获得，对日常活动程序反复进行改进，进度计划也将不断更新。

（4）由于软件项目自身的特点，很多适合一般工程项目的进度计划方法，直接应用在软件项目中是不合适的。如何建立一个适合软件项目进度计划的模型，为以后的软件项目进度跟踪与控制打好基础，是本文重点研究的问题。

项目进度管理是指为确保项目按期完成所有必须完成的工作而进行的管理，包括项目活动定义、活动排序、活动工期估算、安排进度表、进度控制等阶段。大部分研究资料表明其中比较重要的步骤是进度控制。所谓进度控制是指监督进度的执行状况，及时发现和纠正偏差、错误。在控制中要考虑影响项目进度变化的因素、项目进度变更对其他部分的影响因素、进度表变更时应采取的实际措施。进度管理是软件项目开发过程中最重要的部分之一。进度管理的主要目标是：最短时间、最少成本、最小风险，即在给定的限制条件下，用最短时间、最少成本，以最小风险完成项目工作。作为一个好的项目管理者，首先应该是一个好的时间管理者。美国项目管理学会（Project Management Institute，PMI）强调：项目成功的要素是定制计划。经过前面几章的学习，大家已经知道如何开发项目的WBS（任务分解结果）计划、成本计划，计划是通向项目成功的路线图，而进度计划是项目计划中最重要的部分，是项目计划的核心。本章讲述项目进度管理的主要过程：根据任务分解结果（WBS）进一步分解出主要的活动，确立活动之间的关联关系，估算出每个活动的历时，最后编制出项目的进度计划，在项目跟踪控制时以此为基准进行进度控制。进度计划如图 5-2 所示。

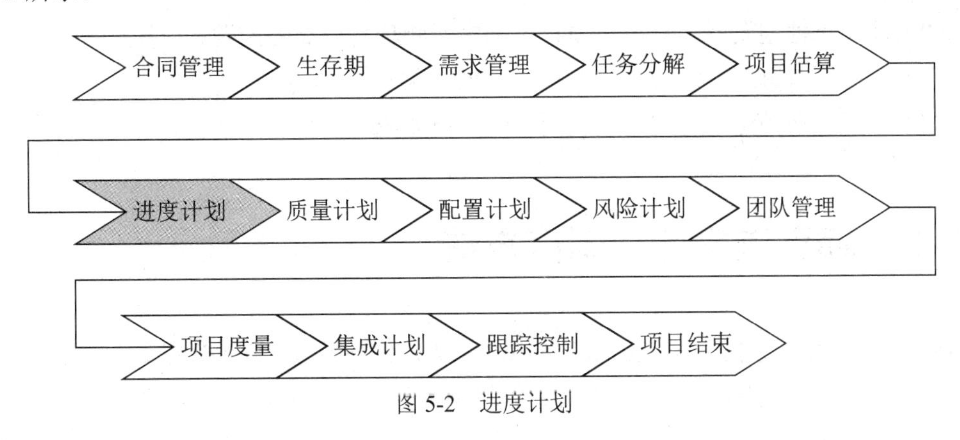

图 5-2　进度计划

5.1.1　进度的定义

软件项目控制是指在计划执行过程中，由于诸多的不确定因素，使项目进展偏离正确的轨道而导致项目失控时，项目管理者根据项目出现的新情况，对照原计划进行适当的控制和调整，实施纠偏措施，以确保项目计划取得成功。进行软件项目控制管理可以使项目出现的问题及时得以解决，避免损失的扩大。项目控制主要包括进度控制、成本控制、变更控制。其中，进度控制是本书要研究的重点内容之一。

进度是对执行的活动和里程碑制订的工作计划日期表，它决定是否达到预期目的，是跟踪和沟通项目进展状态的依据，也是跟踪变更对项目影响的依据。按时完成项目是对项目经理最大的挑战，因为时间是项目规划中灵活性最小的因素，进度问题又是项目冲突的主要原因，尤其是在项目的后期。

一般来说，进度安排有两种前提：一种情况是交付日期确定，然后安排计划；另一种情况是使用资源确定，然后安排计划。项目计划就像一张地图，告诉开发人员如何从一个地方到达另一个地方，它是项目的起始点，是进一步开发的指南。编制计划需要做大量的工作：明确需求、任务分解、确定工作进度、分配资源等各方面的事情，初始计划需要经过细化、修改、再细化之后，才可以形成这张作为进度计划的地图。

5.1.2　项目进度的特点

成功的软件项目就是能够在规定工期、成本的约束下，满足或超过客户要求的项目。也就是说，时间、成本、质量、范围是软件项目成功的基本要素，对项目的成败起着至关重要的作用，其中时间因素又会对其他方面产生很大的影响。从软件项目实施的结果来讲，能够在预定的时间内，达到预期的工作目标，就可以说项目得到了有效的进度控制。从软件项目实施的过程来讲，有效的进度控制应该具有以下特征：

（1）项目经理能够实时地掌握项目实际进展状况；

（2）能预见性地发现和解决在项目实施中影响项目进展的问题；

（3）能够采取有效方法控制影响项目进展的因素；

（4）项目能在预定的（或可接受的）时间内完成。

5.2 项目进度计划制订方法

制订项目进度计划的方法有很多，如 WBS 法、甘特图法、网络图法、计划评审技术、里程碑图等。下面分别介绍这几种项目计划的制订方法。

5.2.1 WBS 法

软件项目进度计划管理的一个重要环节是进行有效的工作结构分解。工作分解结构（work breakdown structure，WBS）是对工作的分级描述，它是指将项目中的工作分解为更小的、易于管理的组成部分，直至最后分解成具体的工作，它也是项目规划的基础和项目管理的主要技术之一。

WBS 的主要原理是将任务逐级分解至个人，在矩阵中体现为：先确定横向有多少结点，再将每一结点任务逐渐细化至个人，工作分解图实际上就是将一个复杂的开发系统分层逐步细化为一个个工作任务单元，这样可以使我们将复杂、庞大的、不知如何下手的大系统划分成一个个独立的能够预测、计划和控制的单元，从而也就达到了对整个系统进行控制的目的。如图 5-3 所示。

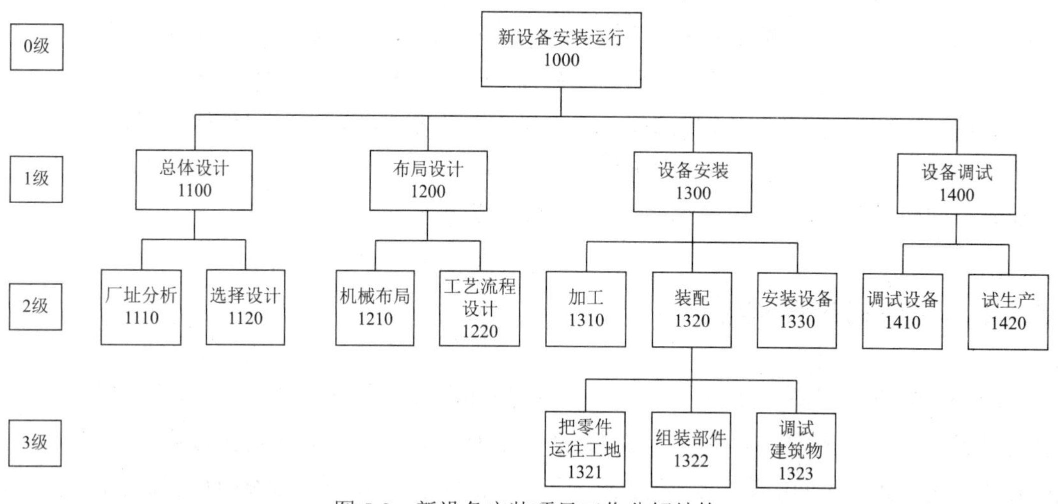

图 5-3　新设备安装项目工作分解结构

WBS 的基本要素主要有三个：层次结构、编码设计和设计报告。

1. 层次结构

WBS 结构的总体设计对于一个有效的工作系统来说是个关键。结构应以等级状或“树状”来构成，使底层代表详细的信息，而且其范围很大，逐层向上。WBS 结构底层是管理项目所需的最低层次的信息，在这一层次上，能够满足用户对交流或监控的需要，这是项目经理、工程和建设人员管理项目所要求的最低水平；结构上的第二个层次将比第一层次要窄，而且提供信息给另一层次的用户，以后依此类推。

结构设计的原则是必须有效和分等级，但不必在结构内建太多的层次，因为层次太多了不易有效地管理。对一个大专案来说，4 ～ 6 个层次就足够了。

在设计结构的每一层中，必须考虑信息如何向上流入第二层次。原则是从一个层次到另一个层次的转移应当以自然状态发生。此外，还应考虑到使结构具有能够增加的灵活性，并从一开始就注意使结构被译成代码时对于用户来说是易于理解的。

2. 编码设计

工作分解结构中的每一项工作或者称为单元都要编上号码，用来唯一确定项目工作分解结构的每一个单元，这些号码的全体称为编码系统。编码系统同项目工作分解结构本身一样重要，在项目规划和以后的各个阶段，项目各基本单元的查找、变更、费用计算、时间安排、资源安排、质量要求等各个方面都要参照这个编码系统。若编码系统不完整或编排不合适，会引起很多麻烦。

在 WBS 编码中，任何等级的一个工作单元，是次一级工作单元的总和，如第二个数字代表子工作单元（或子项目）——也就是把原项目分解为更小的部分。于是，整个项目就是子项目的总和。所有子项目的编码的第一位数字相同，而代表子项目的数字不同，再下一级的工作单元的编码依次类推，图 5-3 为新设备安装项目中的一种工作分解结构。

3. 设计报告

设计报告的基本要求是以项目活动为基础产生所需的实用管理信息，而不是为职能部门产生其所需的职能管理信息或组织的职能报告，即报告的目的是要反映项目到目前为止的进展情况，通过这个报告，管理部门将能够去判断和评价项目各个方面是否偏离目标，偏离多少。

WBS 的作用主要体现在以下几点：

（1）将大系统变成具体的小工作单元，实现“复杂→简单，难以预测→易于预测，难以控制→易于控制”；

（2）是制订项目计划、编制项目预算、确定项目组织、分配工作的基础；

（3）使我们对开发项目情况有了更加深入详细的了解，特别是对应做的工作有了更为透彻的理解；

（4）便于了解整个项目开发系统的结构，便于合作、协调。

5.2.2 甘特图法

甘特图（Gantt）是美国工程师和社会学家在1916年发明的，又称横道图（BarChart，也称条形图），是各种任务活动与日历表的对照图。甘特图可以显示任务的基本信息，使用甘特图能方便地看到任务的工期、开始和结束时间以及资源的信息，主要用于对软件项目的阶段、活动和任务的进度完成状态的跟踪。甘特图有两种表示方法，这两种方法都是将任务（工作）分解结构中的任务排列在垂直轴，而水平轴表示时间。一种是棒状图（Bar chart），用棒状图表示任务的起止时间，如图5-4所示。空心棒状图表示计划起止时间，实心棒状图表示实际起止时间；用棒状图表示任务进度时，一个任务需要两行的空间表示。

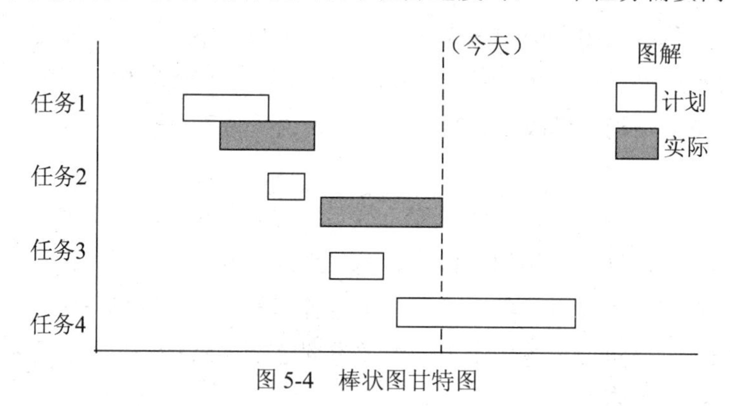

图5-4　棒状图甘特图

另外一种表示甘特图的方式，如图5-5所示，是用三角形表示特定日期，方向向上的三角形表示开始时间，向下的三角形表示结束时间，计划时间和实际时间分别用空心三角形和实心三角形表示。一个任务只需要占用一行的空间。图5-4和图5-5说明了同样的问题，从图中可以看出所有的任务的起止时间都比计划时间推迟了，而且任务2的历时长度也比计划的历时长度长很多。

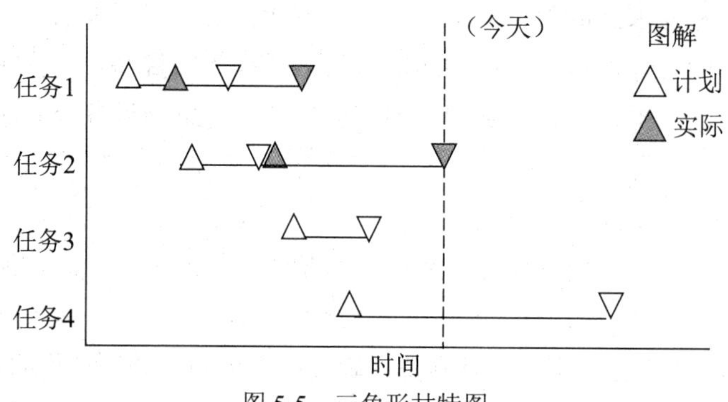

图5-5　三角形甘特图

甘特图可以很方便地进行项目计划和项目计划控制，由于其简单易用而且容易理解，因此被广泛地应用到项目管理中，尤其被软件项目管理所普遍使用。图5-6是用工具生成的一个软件项目的甘特图。

ID	任务名称	开始时间	完成	持续时间	2019年
1	调研	2019-03-11	2019-04-25	34天	
2	系统需求报告	2019-04-25	2019-04-25	1天	
3	系统分析与设计	2019-04-26	2019-07-15	57天	
4	系统分析设计报告	2019-07-15	2019-07-15	1天	
5	编写代码及单元测试	2019-07-16	2019-11-07	83天	
6	系统软件	2019-11-07	2019-11-07	1天	
7	系统测试和系统修改	2019-11-08	2019-12-25	34天	
8	系统测试报告	2019-12-25	2019-12-25	1天	
9	系统交付	2019-12-26	2019-12-31	4天	

图 5-6　甘特图实例

在甘特图中，每一任务的完成不以能否继续下一阶段的任务为标准，其标准是是否交付相应文档和通过评审。甘特图清楚地表明了项目的计划进度，并能动态地反映当前开发紧张状况，但其不足之处在于不能表达出各任务之间复杂的逻辑关系。因此，甘特图大多用于小型项目。

5.2.3　网络图法

网络图是活动排序的一个输出，它展示项目中的各个活动以及活动之间的逻辑关系，表明项目任务将如何和以什么顺序进行。进行历时估计时，网络图可以表明项目将需要多长时间完成；当改变某项活动历时时，网络图可以表明项目历时将如何变化。

网络图是非常有用的进度表达方式，在网络图中可以将项目中的各个活动以及各个活动之间的逻辑关系表示出来，从左到右画出各个任务的时间关系图，网络图开始于一个任务、工作、活动、里程碑，结束于一个任务、工作、活动、里程碑。有些活动（任务）有前置任务或者后置任务，前置任务是在后置任务前进行的活动（任务），后置任务是在前置任务后进行的活动（任务），前置任务和后置任务表明项目中的活动将如何和以什么顺序进行。常用的网络图有 PDM 网络图、ADM 网络图、CDM 网络图。

1. PDM 网络图

PDM 网络图也称为节点法或者单代号网络图。构成单代号网络图的基本特点是节点，节点表示活动（任务），箭头连线表示各活动（任务）之间的逻辑关系，如图 5-7 所示，图中活动 1 是活动 3 的前置任务，活动 3 是活动 1 的后置任务。

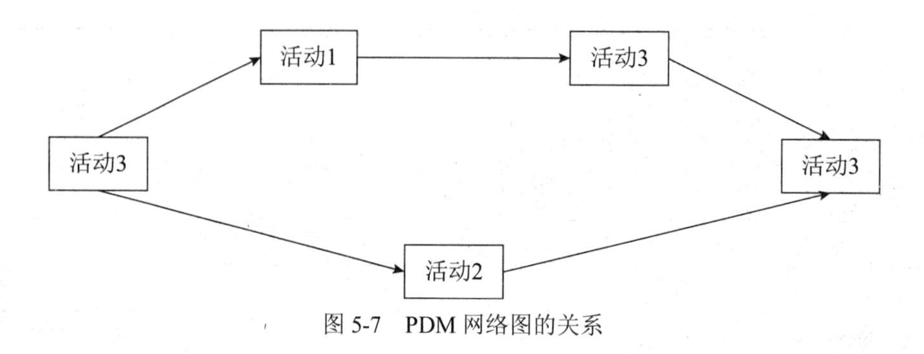

图 5-7　PDM 网络图的关系

PDM 网络图是目前比较流行的网络图，图 5-8 所示是软件项目的 PDM 网络图。其中粗线表示关键路径。

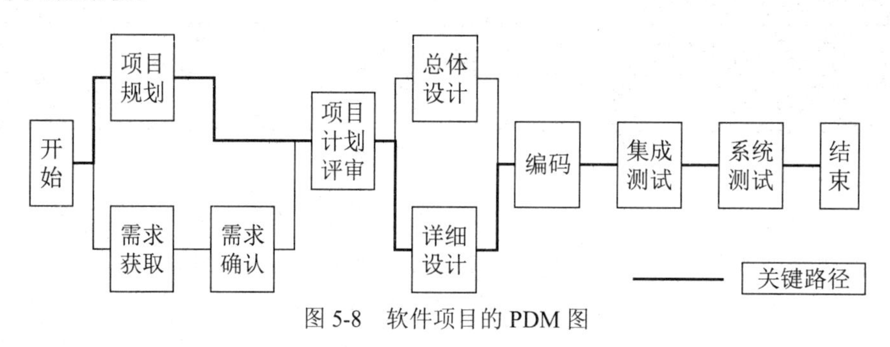

图 5-8　软件项目的 PDM 图

2. ADM 网络图

ADM 网络图也称为箭线法或者双代号网络图。在双代号网络图中，箭线表示活动（任务），节点表示前一道工序的结束，同时也表示后一道工序的开始。将图 5-6 的项目改用 ADM 网络图表示，如图 5-9 所示。

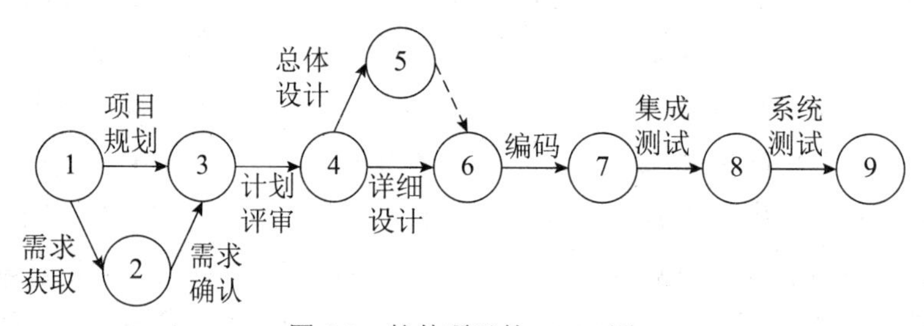

图 5-9　软件项目的 ADM 图

3. CDM 网络图

CDM 网络图也称为条件箭线图法网络图。它允许活动序列相互循环与反馈，诸如一个环（如某试验必须重复多次）或条件分支（如一旦检查中发现错误，设计就要修改）。从而，在绘制网络图的过程中会形成许多条件分支，而这在 PDM、ADM 中是绝对不允许的。这种网络图在实际项目中使用得很少。

甘特图可以很容易看出一个任务的开始时间和结束时间，在甘特图中将任务（工作）分解结构中的任务项排列在垂直轴，而用水平轴表示时间。甘特图的最大缺点是不能反映某一项任务的进度变化对整个项目的影响，它把各项任务看成独立的工作，没有考虑相互之间的关系。而网络图可以反映任务的起止日期变化对整个项目的影响。

5.2.4 计划评审技术（Program Evaluation and Review Technique，PERT）

PERT 是 20 世纪 50 年代末美国海军部在研制北极星潜艇系统时为协调 3000 多个承包商和研究机构而开发的，其理论基础是假设软件项目持续时间以及整个项目完成时间是随机的，且服从某种概率分布。PERT 可以估计整个项目在某个时间内完成的概率。

构造 PERT 需要明确三个概念：事件、活动和关键路线。事件（events）表示主要活动结束的那一点；活动（activities）表示从一个事件到另一个事件之间的过程；关键路线（critical path）是 PERT 网络中花费时间最长的事件和活动的序列。开发一个 PERT 网络要求管理者确定完成项目所需的所有关键活动，按照活动之间的依赖关系排列它们之间的先后次序，以及完成每项活动的时间。这些工作可以归纳为五个步骤：

（1）确定完成项目必须进行的每一项有意义的活动，完成每项活动都产生事件或结果。

（2）确定活动完成的先后次序。

（3）绘制活动流程从起点到终点的图形，明确表示出每项活动及其他活动的关系，用圆圈表示事件，用箭头线表示活动，结果得到一幅箭头线流程图，称之为 PERT 网络，图 5-10 表示 PERT 的标准术语。

（4）估算每项活动的完成时间。

（5）借助包含活动时间估计的网络图，制订出包括每项活动开始和结束日期的全部项目的日程计划。在关键路线上没有松弛时间，沿关键路线的任何延迟都直接影响整个项目的完成期限。

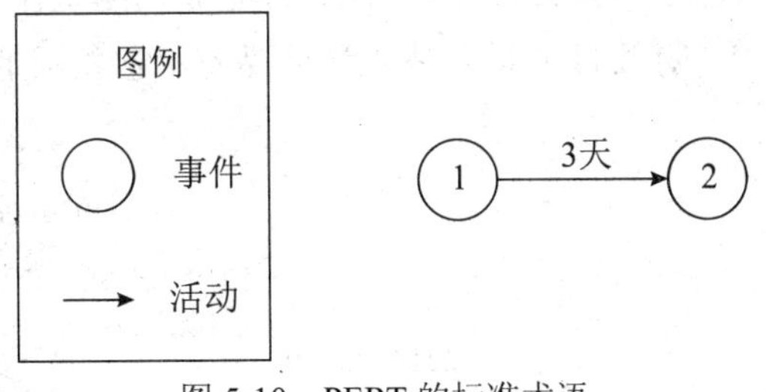

图 5-10　PERT 的标准术语

下面通过一个项目实例来对 PERT 技术加以说明。

（1）PERT 对活动时间的估算。PERT 对各个项目活动的完成时间按三种不同情况统计：

乐观时间（optimistic time）——任何事情都顺利的情况，完成某项工作的时间；

最可能时间（most likely time）——正常情况下，完成某项工作的时间；

悲观时间（pessimistic time）——最不利情况下，完成某项工作的时间。

假设三个估计服从 β 分布，由此可算出每个活动的期望 t_i：

$$t_i = \frac{a_i + 4m_i + b_i}{6} \tag{5-1}$$

其中：a_i 表示第 i 项活动的乐观时间，m_i 表示第 i 项活动的最可能时间，b_i 表示第 i 项活动的悲观时间。

根据 β 分布的方差计算方法，第 i 项活动的持续时间方差为：

$$\delta_i = \frac{(b_i - a_i)^2}{36} \tag{5-2}$$

（2）项目周期的估算。PERT 认为整个项目的完成时间是各个任务完成时间之和，且服从正态分布，完成时间 t 的方差 s^2 和数学期望 T 分别等于：

$$\delta^2 = \sum \delta_i^2 \tag{5-3}$$

$$T = \sum t_i \tag{5-4}$$

标准差为：

$$\delta = \sqrt{\delta^2} \tag{5-5}$$

据此，可以得出正态分布曲线。通过查标准正态分布表，可得到整个项目在某一时间内完成的概率。

5.2.5 里程碑图

里程碑图显示项目进展中的重大工作完成。里程碑不同于活动，活动是需要消耗资源的并且需要时间来完成的，里程碑仅仅表示事件的标记，不消耗资源和时间。图 5-11 是一个项目的里程碑图，从图中可知设计在 4 月 10 日完成，测试在 5 月 30 日完成。里程碑图表示了项目管理的环境，对项目干系人是非常重要的，它表示了项目进展过程中的几个重要的点。

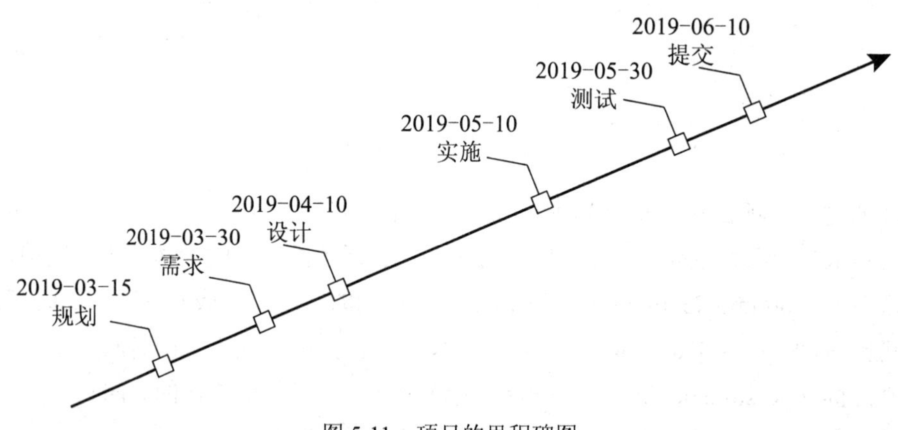

图 5-11　项目的里程碑图

对项目的里程碑阶段点的设置必须符合实际，它必须有明确的内容并且通过努力能达到，要具有挑战性和可达性，只有这样才能在到达里程碑时使开发人员产生喜悦感和成就感，激发大家向下一个里程碑前进。实践表明：未达到项目里程碑的挫败感将严重地影响开发的效率，不能达到里程碑通常是因里程碑的设置不切实际造成的。进度管理与控制其实就是确保项目里程碑的达到。因此，里程碑的设置要尽量符合实际，并且不轻易改变里程碑的时间。

5.3 进度计划的撰写

撰写进度计划是决定项目活动的开始和结束日期的过程。若开始和结束日期是不现实的，项目不可能按计划完成。编制进度计划时，如果资源分配没有被确定，决定项目活动的开始和结束日期仍是初步的，资源分配可行性的确认应在项目计划编制完成前做好。其实，编制计划的时候，成本估计、时间估计、进度编制等过程常常是交织在一起，这些过程反复多次，最后才能确定项目进度计划。一个进度计划是整个项目计划的一部分。采用的基本步骤如下：

（1）进度编排；

（2）资源调整；

（3）成本预算；

（4）计划优化调整；

（5）形成基准计划。

其中，进度计划编制的输入有项目网络图、活动所需时间估计、资源需求、资源库描述（对进度编制而言，有关什么资源、在什么时候、以何种方法可供利用是必须知道的）、日历表、超前与滞后、约束和假设（例如，强制性日期、关键事件或里程碑事件，项目支助者、项目顾客或其他项目相关人提出在某个特定日期前完成某些工作细目，一旦定下来，这些日期就很难被更改了）等。

5.3.1 进度估算和进度编制

进度估算和进度编制常常是结合在一起进行的，采用的方法也是一致的。一般说，项目进度编制的方法主要有：关键路径法（critical path method，CPM）、时间压缩法等。

1. 关键路径法（CPM）

关键路径法属于一种数学分析方法，包括理论上计算所有活动各自的最早和最晚开始与结束日期。讲述关键路径进度编制方法前，先来了解一下有关进度编制的基本术语：

（1）最早开始时间（early start，ES）：表示一项任务（活动）的最早可以开始执行的时间。

（2）最晚开始时间（late start，LS）：表示一项任务（活动）的最晚可以开始执行的时间。

（3）最早完成时间（early finish，EF）：表示一项任务（活动）的最早可以完成的时间。

（4）最晚完成时间（late finish，LF）：表示一项任务（活动）的最晚可以完成的时间。

（5）超前（lead）：表示两个任务（活动）的逻辑关系所允许的提前后置任务（活动）的时间，它是网络图中活动间的固定可提前时间。在渐进式阶段提交模型中，假设需求完成 80% 可以开始总体设计的工作，即总体设计可以超前的时间是需求完成前 20% 的时间。

（6）滞后（lag）：表示两个任务（活动）的逻辑关系所允许的推迟后置任务（活动）的时间，是网络图中活动间的固定等待时间。例如，装修房子的时候，需要刷房子、刷油漆的后续活动是刷涂料，它们之间至少需要一段时间（一般是一天）的等待时间，等油漆变干后再刷涂料，这个等待时间就是滞后。

（7）浮动时间（float）：浮动时间是一个任务（活动）的机动性，它是一个活动在不影响项目完成的情况下可以延迟的时间量。其中：

①自由浮动（free float）：是在不影响后置任务最早开始时间的情况下本任务（活动）可以延迟的时间。

②总浮动（total float）：是在不影响项目最早完成时间的情况下本任务（活动）可以延迟的时间。

③关键路径：关键路径是网络图中浮动为 0 且是网络图中的最长路径。关键路径上的任何活动延迟都会导致整个项目完成时间的延迟。它是完成项目的最短时间量，关键路径上的任何任务都是关键任务。

下面以图 5-12 为例来进一步说明这些基本术语的含义（假设图中所有任务的历时以天为单位）。

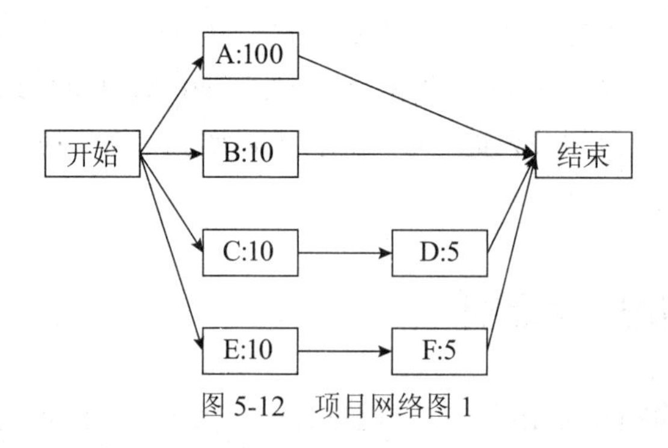

图 5-12　项目网络图 1

如果 A、B、C、E 四个任务是并行的关系，则项目的完成时间是 100。任务 A 的最早开始时间和最晚开始时间都为 0，最早完成时间和最晚完成时间都为 100。而任务 B 的历时为 10，所以可以有一定的浮动时间，只要在任务 A 完成之前完成就可以了，因此，任务 B 的最早开始时间是 0，最早完成时间是 10；而它的最晚开始时间是 90，最晚完成时间是 100；所以它有 90 天的浮动时间，这个浮动是总浮动：是在不影响项目最早完成时间的情况下本活动可以延迟的时间，公式：Total Float=LS−ES=LF−EF=90−0=100−10=90。

任务 C 是任务 D 的前置任务，任务 D 是任务 C 的后置任务，它们之间的 Lag=3，表示任务 C 完成后的 3 天任务 D 开始执行。

任务 C 的历时是 10，任务 D 的历时是 5，所以任务 C 和任务 D 的最早开始时间分别是 0 和 13，最早完成时间分别是 10 和 18，如果保证任务 D 的最早开始时间不受影响的话，任务 C 是不能自由浮动的，所以任务 C 的自由浮动为 0（ES（D）−EF（C）−Lag=0 其中：ES（D）是任务 D 的最早开始时间，EF（C）是任务 C 的最早完成时间）。

公式：

Free Float=ES（successor）−EF（predecessor）−Lag　　（5-6）

（其中：successor 表示后置任务，predecessor 表示前置任务）

任务 F 是任务 E 的后置任务，它们之间的 Lead=3 表示任务 F 在任务 E 结束之前的 3 天开始，也就是说任务 F 可以与任务 E 并行工作一段时间。

从图 5-12 看，路径 A 是浮动为 0 且是网络图中的最长路径，所以它是关键路径，是完成项目的最短时间。

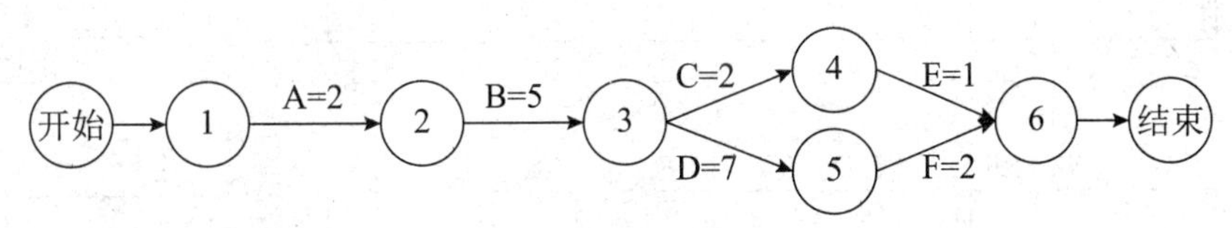

图 5-13　项目网络图 2

再看图 5-13。如何确定其中的关键路径（假设图中所有任务的历时以天为单位）。

（1）从这个项目的网络图可以看到路径共有两条：A → B → C → E 和 A → B → D → F；

（2）A → B → C → E 的长度是 10（天），有浮动时间；A → B → D → F 的长度是 16（天），没有浮动时间；

（3）最长而且没有浮动的路径 A → B → D → F 便是关键路径；

（4）项目完成的最短时间是 16 天，即关键路径的长度是 16 天。

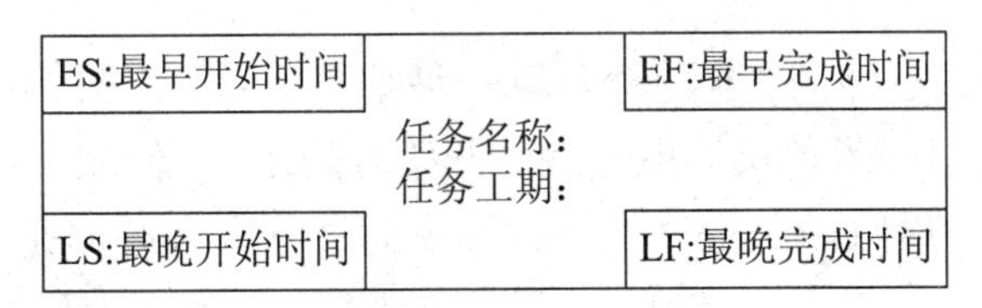

图 5-14　任务图示

图 5-14 代表网络图中的一个任务（活动），其中，图中标识出任务的名称、任务的工期，同时也可以标识出任务的最早开始时间 ES、最早完成时间 EF、最晚开始时间 LS 以及最晚完成时间 LF。为了能够确定项目路径中各个任务的最早开始时间、最早完成时间、最晚开始时间、最晚完成时间，可以采用正推法和逆推法来确定。

正推法：

在网络图中按照时间顺序计算各个任务（活动）的最早开始时间和最早完成时间的方法称为正推法。此方法的执行过程如下。

（1）首先确定项目的开始时间；

（2）项目的开始时间是网络图中第一个任务（活动）的最早开始时间；

（3）从左到右，从上到下进行任务编排；

（4）当一个任务有多个前置任务时，选择其中最大的最早完成日期作为其后置任务的最早开始日期；

（5）公式：

ES+Duration=EF（其中：Duration 是一个任务（活动）的历时时间）　　（5-7）

EF+Lag=ESS（其中：ESS 是后置任务（活动）的最早开始时间）　　（5-8）

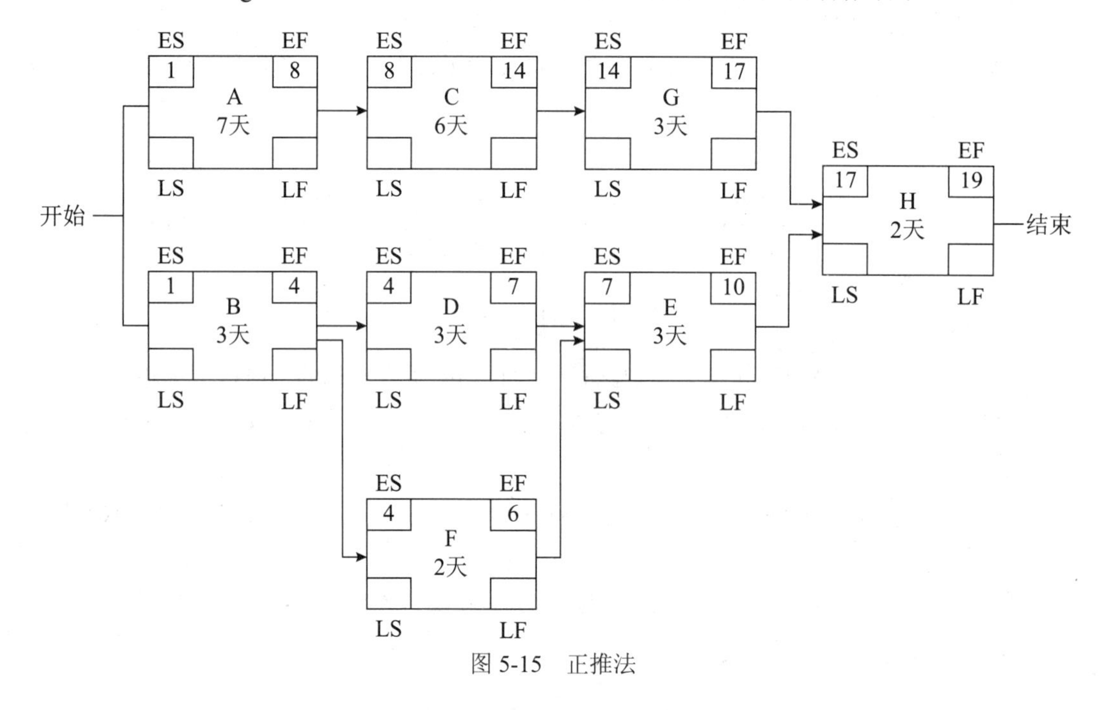

图 5-15　正推法

项目的开始时间是网络图中第一个活动的最早开始时间。图 5-15 中的网络图（假设图中所有任务的历时以天为单位）中专案的开始时间是 1。例如，任务 A 的最早开始时间 ES（A）=1，任务历时 Duration=7，则任务 A 的最早完成时间是 EF（A）=1+7=8。同理，可以计算任务 B 的最早完成时间 EF（B）=1+3=4；任务 C 的最早开始时间 ES（C）= EF（A） +0=8，最早完成时间是 EF（C）=8+6=14；任务 G 的最早开始时间 ES（G）=14，最早完成时间 EF（6）=14+3=17。同理，ES（D）=4，EF（D）=7，ES（F）=4，EF（F）= 6。由于任务 E 有两个前置任务，选择其中最大的最早完成日期作为其后置任务的最早开始日期，7 比 6 大，所以 ES（E）-7，EF（E）-10。任务 H 也有两个前置任务：任务 E 和任务 G，选择其中最大的最早完成时间 17，作为任务 H 最早开始时间 EF（H）=17，EF（H）=

19。这样，通过正推法确定了网络图中各个任务（活动）的最早开始时间和最早完成时间。

逆推法：

在网络图中按照逆时间顺序计算各个任务（活动）的最晚开始时间和最晚完成时间的方法称为逆推法。此方法的执行过程如下。

（1）首先确定项目的完成时间；

（2）项目的完成时间是网络图中最后一个任务（活动）的最晚完成时间；

（3）从右到左、从上到下进行计算；

（4）当一个前置任务有多个后置任务时，选择其中最小的最晚开始日期作为其前置任务的最晚完成日期；

（5）公式：

LF−Duration =LS（其中：Duration（工期）是一个任务（活动）的历时时间）（5-9）

LS−Lag=LFP（其中：LFP 是前置任务（活动）的最晚完成时间）（5-10）

接下来确定图 5-15 中各个任务（活动）的最晚开始时间和最晚完成时间。由子项目的完成时间是网络图中最后一个任务（活动）的最晚完成时间。对图 5-15 网络图，这个项目的完成时间是 19，即 LF（H）=19，则 LS（H）=19−2=17，LF（E）=17，LS（E）=17−3=14。

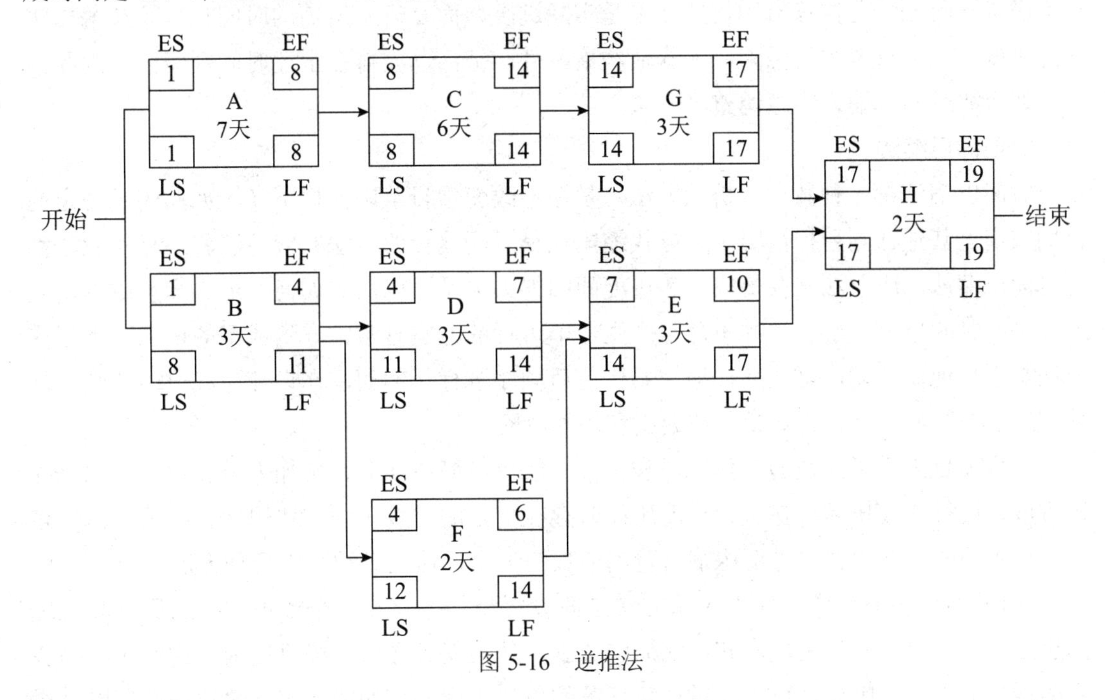

图 5-16　逆推法

同理，任务 G、C、A、D、F 最晚完成和最晚开始时间分别为：LF（G）=17，LS（G）= 17−3=14；LF（C）=14，LS（C）=14−6=8；LF（A）=8，LS（A）=8−7=1；LF（D）= 14，LS（D）=14−3=11；LF（F）=14，LS（F）=14−2=12。任务 B 有两个后置任务，选择其中最小的最晚开始日期作为其前置任务的最晚完成日期，11 比 12 小，所以将 11 作为任务 B 的最晚完成日期，即 LF（B）=11，LS（B）=11−3=8。结果见图 5-16。另外，对

于图 5-16 中的任务 F，它的自由浮动时间是 1（即 7−6=1）；而它的总浮动时间是 8（即 12−4=8，或者 14−6=8）。对于图中的 A → C → G → H 是浮动为 0 且是最长的路径，所以它是关键路径，关键路径长度是 18，因此项目的完成时间是 18（天），而 A、C、G、H 都是关键任务。

图 5-16 中的网络图可以称为 CPM 网络图，如果采用 PERT 进行历时估计，则可以称为 PERT 网络图。为确保网络图的完整和安排的合理，可以进行如下的检查：

- 是否正确标识了关键路径？
- 是否有哪个任务存在很大的浮动？如果有，则需要重新规划。
- 是否有不合理的空闲时间？
- 关键路径上有什么风险？
- 浮动有多大？
- 哪些任务有哪种类型的浮动？
- 工作可以在期望的时间内完成吗？
- 提交物可以在规定的时间内完成吗？

关键路径法在理论上计算所有活动各自的最早和最晚开始与结束日期，但计算时并没有考虑资源限制。这样算出的日期并不是实际进度，而是表示所需的时间长短。在编排实际的进度时，应该考虑资源限制和其他约束条件，把活动安排在上述时间区间内。因此，还需要诸如时间压缩、资源调整等方法。

2. 时间压缩法

时间压缩法是一种数学分析的方法，是在不改变项目范围前提下（例如，满足规定的日期或满足其他计划目标情况下）寻找缩短项目时间途径的方法。应急法和平行作业法都是时间压缩法。应急法是权衡成本和进度间的得失关系，以决定如何用最小增量成本达到最大量的时间压缩。应急法并不总是产生一个可行的方案且常常导致成本的增加。平行作业法是平行地做活动，这些活动通常要按前后顺序进行（例如，在设计完成前，就开始软件程序的编写）。平行作业常导致返工和增加风险。

一旦项目采用了合适的工作方法和工具，就可以简单地通过增加人员和加班时间来缩短进度，进行进度压缩。在进行进度压缩时存在一定的进度压缩和费用增长的关系，很多人提出不同的方法来估算进度压缩与费用增长的关系，这里介绍其中两种方法。

（1）线性关系方法。线性关系方法是假设每个任务存在一个“正常”的进度和压缩的进度，一个“正常”的成本和压缩后的成本。如果任务在可压缩进度内，进度压缩与成本的增长成正比。因此，可以通过计算任务的单位进度压缩的成本来计算在压缩范围之内的进度压缩产生的压缩费用。

【例】图 5-17 是一个项目的 PDM 网络图，如果 A、B、C、D 任务在可压缩的范围内，进度压缩与成本增长成线性正比关系，表 5-1 分别给出了 A、B、C、D 任务的历时估计及成本估计、可压缩的最短历时及压缩后的成本。

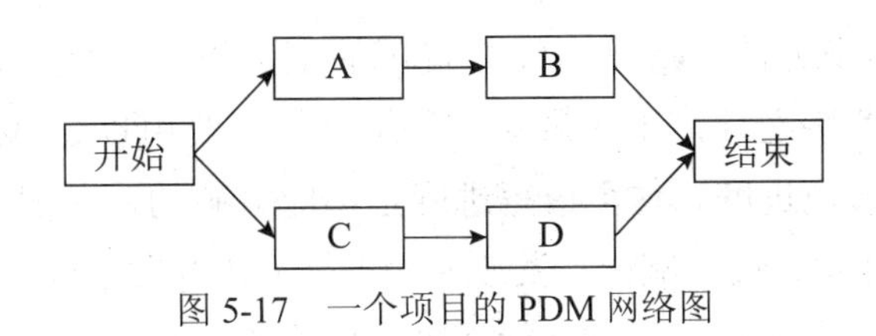

图 5-17 一个项目的 PDM 网络图

从 PDM 网络图可知：目前项目的总工期为 18 周，如果将工期分别压缩到 17 周、16 周、15 周并且保证每个任务在可压缩的范围内，应该压缩哪些任务，并计算压缩之后的总成本？

①首先计算 A、B、C、D 任务在可压缩的范围内进度压缩与成本增长的线性正比关系，如表 5-2 所示。

表 5-1 每个任务的历时估计及成本估计、可压缩的最短历时及压缩后的成本

	A	B	C	D
历时估计	7 周	9 周	10 周	8 周
成本估计	5 万元	8 万元	4 万元	3 万元
可压缩的最短历时	5 周	6 周	9 周	6 周
详细设计	6.2 万元	11 万元	4.5 万元	4.2 万元

②如果将工期分别压缩到 17 周、16 周、15 周并且保证每个任务在可压缩的范围内，必须满足两个前提：A、B、C、D 任务必须在可压缩的范围内；保证压缩之后的成本最小。

③根据上述两个条件，首先看可以压缩的任务，然后根据压缩后的情况，计算总成本最小的情况，此情况为我们选择的压缩结果，如表 5-3 所示。如果希望总工期压缩到 17 周，可以压缩的任务有 C 和 D，但是根据表 5-2 知道压缩任务 C 的成本最小（压缩任务 C 增加 0.5 万元，压缩任务 D 增加 0.6 万元），故选择压缩任务 C，压缩到 17 周后的总成本是 20.5 万元。同理，如果希望总工期压缩到 16 周，应该选择压缩任务 D（任务 C 在可压缩范围内是不能再压缩的，否则压缩成本会非常高），项目压缩到 16 周后的总成本是 21.1 万元，如果希望总工期压缩到 15 周，应该选择压缩任务 A 和 D 各一周（这样的压缩成本是最低的），项目压缩到 15 周后的总成本是 22.3 万元。

表 5-2 每个任务的进度压缩与成本增长的线性正比关系

任务 单位压缩成本	A	B	C	D
压缩成本（万 / 周）	0.6	1	0.5	0.6

表 5-3 压缩后的项目成本

压缩任务及成本 完成周期（单位：周）	可以压缩的任务	压缩的任务	成本计算（单位：万元）	项目成本（单位：万元）
18			5+8+4+3	20
17	C,D	C	20+0.5	20.5
16	C,D	D	20.5+0.6	21.1
15	A,B,C,D	A,D	21.1+0.6+0.6	22.3

（2）进度压缩因子方法。进度压缩与费用的上涨不是总能呈现正比的关系，当进度被压缩到“正常”范围之外，工作量就会急剧增加，费用也会迅速上涨。而且，软件项目存在一个可能的最短进度，这个最短进度是不能突破的，如图5-18所示。在某些时候，增加更多的软件开发人员会减慢开发速度而不是加快开发速度。例如，一个人5天写1000行程序，5个人1天不一定写1000行程序，40个人1个小时不一定写1000行程序。增加人员会存在更多的交流和管理的时间。软件项目中存在这个最短的进度点。无论怎样努力工作，无论怎样聪明工作，无论怎么寻求创造性的解决办法，也无论你的组织有多大的开发团队，都不能突破这个最短的进度点。

由著名的Charles Symons提出的一种估算进度压缩的费用方法，被认为是精确度比较高的一种方法。公式为：

$$\text{进度压缩因子} = \text{期望进度} / \text{估算进度} \tag{5-11}$$

$$\text{压缩进度的工作量} = \text{估算工作量} / \text{进度压缩因子} \tag{5-12}$$

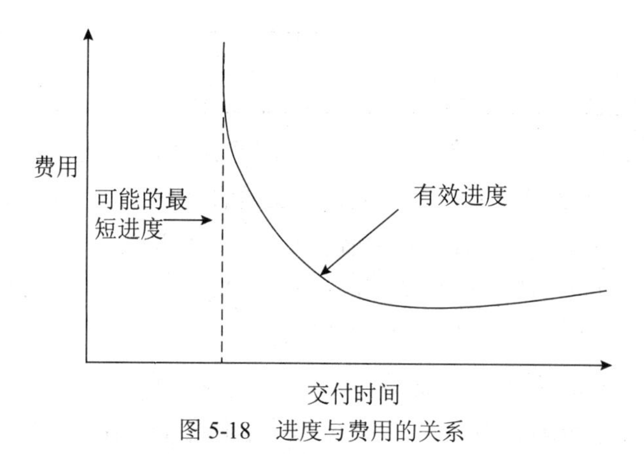

图5-18　进度与费用的关系

这种方法首先估计初始的工作量和初始的进度，然后将估算与期望的进度相结合，利用方程来计算进度压缩因子以及压缩进度后的工作量。例如，项目的初始估算进度是12月，初始估算工作量78人月，如果期望压缩到10月，则进度压缩因子=10/12=0.83，压缩进度后的工作量=78/0.83=94（人月）。也就是说，进度缩短17%，增加21%的工作量。很多的研究表明：进度压缩因子不应该小于0.75，即进度压缩不应超过25%。

5.3.2　项目进度管理案例分析

案例场景一　软件项目的时间管理和成本管理

张某为LAND公司技术总监，最近接到公司任务，负责开发一个电子商务平台，由于公司业务发展需要，公司总裁急于启动电子商务平台项目，要求张某尽快准备关于启动电子商务平台的立项报告，张某粗略估算该项目正常速度下的时间和成本，在第一次项目策划会议上，项目团队确定了与项目相关的任务，具体任务情况如下：

(1) 调研现有的电子商务平台。按正常速度估算完成该任务需 10 天，成本 15 000 元；允许最多加班情况下，需要 7 天，成本 18 750 元。

(2) 制订项目计划并提交管理层评审。估计在正常情况下需要 5 天，成本约 3 750 元；加班赶工时可在 3 天内完成，成本为 4 500 元。

(3) 第三项任务：需求分析、系统设计。历史估计为 15 天，成本 45 000 元；加班时约需 10 天，成本 58 500 元。

设计完成后，有三项工作必须同时进行：

(1) 开发电子商务后台数据库。在不加班的情况下估计需 10 天，成本 9 000 元；在加班情况下估计仅需 7 天，成本 11 250 元。

(2) 开发和编码前台网页脚本。项目团队估计可在 10 天内完成，成本 17 500 元；如果允许加班可缩短 2 天时间，成本 19 500 元。

(3) 电子表单控件设计与开发。采用外包方式进行，需要 7 天，外包成本 8 400 元，没有加班赶工方案。

整个电子商务平台集成、测试约 3 天，成本 4 500 元，如果允许加班可节省 1 天，成本 6 750 元。

案例问题：

【问题 1】如果不加班，完成此项目的成本和时间是多少？如果加班，项目可以完成的最短时间和最短时间内完成项目的成本是多少？

【问题 2】假定调研其他电子商务平台的任务需要 13 天而不是原先估算的 10 天，项目经理张某应采取什么行动来保持项目按正常速度进行且保证增加的成本最少？

【问题 3】假定老总想在 35 天内完成项目，项目经理应采取什么措施达到预期要求？在 35 天内完成项目将花费的成本是多少？

案例分析：

活动排序、编号如表 5-4 所示。

绘制网络图，如图 5-19 所示。

表 5-4　活动排序、编号

项目任务编码	任务内容
①—②	调研现有电子商务平台
②—③	向高层提交项目计划和项目立项文件并评审
③—④	电子商务平台需求分析、设计
④—⑤	开发电子商务平台后台数据库
④—⑥	开发和编写前台网页代码、脚本
④—⑦	开发和编码电子商务电子表单
⑧—⑨	代码集成、测试盒修改程序
	签名：　　　　　日期：

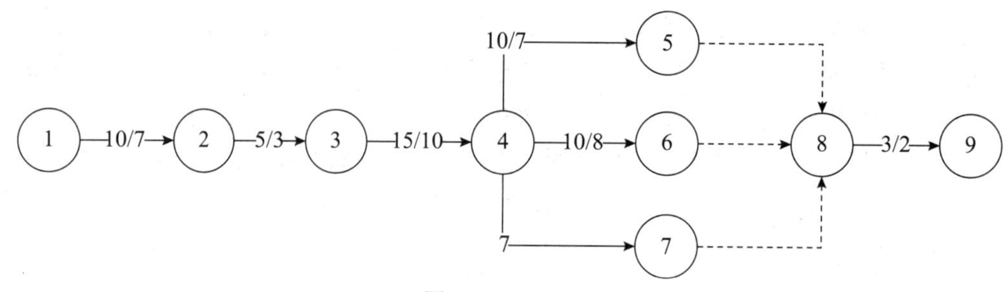

图 5-19　网络图

根据案例信息，分析各项活动正常情况、赶工情况下的工期和成本，计算出赶工费率；编制项目活动工期、费用分析表，如表 5-5 所示。

表 5-5　项目活动时间、费用分析表

项目任务编码	工　期		成本（费用）		赶工费率（元 / 天）
	正　常	赶　工	正　常	赶　工	
①—②	10	7	15 000	18 750	3 700÷3=1 250
②—③	5	3	3 750	4 500	750÷2=375
③—④	15	10	45 000	58 500	13 500÷5=2 700
④—⑤	10	7	9 000	11 250	2 250÷3=750
④—⑥	10	8	17 500	19 500	2 000÷2=1 000
④—⑦	7	—	8 400	—	—
⑧—⑨	3	2	4 500	6 750	2 250÷1=2 250
				签名：	日期：

案例问题解答：

【问题 1】如果不加班，完成此项目的成本和时间是多少？考虑加班，项目可以完成的最短时间和最短时间内完成项目的成本是多少？

【解答】

需要进行关键路径的计算，根据关键路径法（CPM）。关键路径：①→②→③→④→⑥→⑧→⑨。

累计关键路径工期，完成项目需 43 天，累计成本即项目成本约 103 150 元。

累计关键路径中加班后的最短时间为 30 天，成本为 127 650 元。

注意：最短完成时间路径并不是加班情况下的最短路径，而是最长路径 - 关键路径。

【问题 2】假定调研其他电子商务平台的任务需要 13 天而不是原先估算的 10 天，项目经理张某应采取什么行动来保持项目按正常速度进行且增加的成本最少？

【解答】

由于调研电子商务平台活动①→②在关键路径上，导致整个项目工期延长 3 天，因此应考虑加班赶工来保证整个项目进度，为保证项目进度，需赶工 3 天。

赶工原则是“优先考虑赶工费率最低的工作”。

根据赶工费率分析，活动②—③和④—⑥费率最低；活动②—③只有 2 天可赶工时间，还差 1 天；但选择活动④—⑥赶工 1 天将导致④—⑤也需赶工 1 天，如表 5-6 所示。

活动④—⑥赶工 1 天的实际赶工费率是 1 750 元，因此，应选择①—②赶工 1 天，费率是 1 250 元，选择①—②赶工 1 天，②—③赶工 2 天，此方案增加的成本是 2 000 元（=1250+375×2），如表 5-7 所示。

表 5-6 项目赶工费率分析表

项目任务编码	工期			成本（费用）		赶工费率（元 / 天）
	正常	赶工	节省	正常	赶工	
①—②	10	7	3	15 000	18 750	3 700÷3=1 250
②—③	5	3	2	3 750	4 500	750÷2=375
③—④	15	10	5	45 000	58 500	13 500÷5=2 700
④—⑤	10	7	3	9 000	11 250	2 250÷3=750
④—⑥	10	8	2	17 500	19 500	2 000÷2=1 000
④—⑦	7	—	—	8 400	—	—
⑧—⑨	3	2	1	4 500	6 750	2 250÷1=2 250
					签名：	日期：

表 5-7 活动相关的项目赶工费率分析表

项目任务编码	工期			赶工费率（元 / 天）
	正常	赶工	节省	
①—②	10	7	3	3 700÷3=1 250
②—③	5	3	2	750÷2=375
③—④	15	10	5	13 500÷5=2 700
④—⑤ / ④—⑥	10	8	2	3 500÷2=1 750
④—⑦	7	—	—	—
⑧—⑨	3	2	1	2 250÷1=2 250

【问题 3】假定老总想在 35 天内完成项目，项目经理应采取什么措施达到预期要求？在 35 天内完成项目将花费的成本是多少？

【解答】

显然需要再制订赶工调整方案，但必须考虑关键路径上活动的变化导致其他非关键路径的变化情况。

关键路径：①→②→③→④→⑥→⑧→⑨

关键路径上的工期：10+5+15+10+3=43 天，关键路径上正常工期 43 天，需赶工 8 天（=43−35）。

根据赶工费率分析，赶工方案为②—③赶工 2 天；①—②赶工 3 天；④—⑤ / ④—⑥各赶工 2 天；⑧—⑨赶工 1 天。

总成本 =103 150+750+3750+3500+2250=113 400 元

案例场景二 项目的排序和进度控制

LAND 公司承担一项网络工程项目的实施，公司系统集成工程师丁某接到任务后分析了项目任务，并开始进行活动手工排序。

小丁分析出活动 A 所需时间为 5 天，完成活动 B 所需时间为 6 天，完成活动 C 所需时间为 5 天，活动 D 所需时间 4 天，活动 C、D 必须在活动 A 完成后才能开工；完成活动 E 所需时间为 5 天，且在活动 B、C 完成后开工，活动 F 在活动 E 之后才能开始，所需时间为 8 天；完成活动 B、C、D 完成后，才能开始 G、H，所需时间分别为 12 天、6 天；活动 F、H 完成后才能开始活动 I、K，所需时间分别为 2 天、5 天；完成活动 J 所需时间为 4 天，只有当活动 G 和 I 完成后才能进行。项目经理据此画出工程施工进度网络图，如图 5-20 所示。

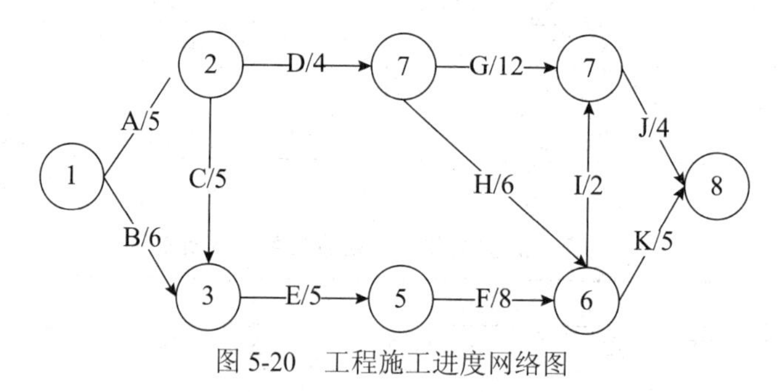

图 5-20　工程施工进度网络图

案例问题：

【问题 1】该项目经理在制订进度计划中有哪些错误？请计算相关活动时间的 6 个基本时间参数？

【问题 2】项目经理于 12 天检查时，活动 D 完成了一半的工作，活动 E 完成了 2 天的工作，以最早时间参数为准判断 D、E 的进度是否正常？

【问题 3】由于 D、E、I 使用同一台设备施工，以最早时间参数为准，计算设备在现场的空闲时间？

【问题 4】H 工作由于工程师的变更指令，持续时间延长为 14 天，计算工期延迟天数。

案例分析：

根据案例信息，编制项目工作分解结构（WBS），如表 5-8 所示。

案例问题解答

【问题 1 解答】

错误：没有表现出活动 G 的前置条件是 B、C、D 的完成。

改正：增加虚活动③—⑦，如图 5-21 所示。

表 5-8　项目工作分解结构（WBS）

项目活动编码		持续时间（天）	前 置 活 动
A	①—②	5	
B	①—③	6	
C	②—③	5	A
D	②—④	4	A
E	③—⑤	5	B、C
F	⑤—⑥	8	E
G	④—⑦	12	B、C、D
H	④—⑥	6	B、C、D
I	⑥—⑦	2	F、H
J	⑦—⑧	4	G、I
K	⑥—⑧	5	F、H
		签名：	日期：

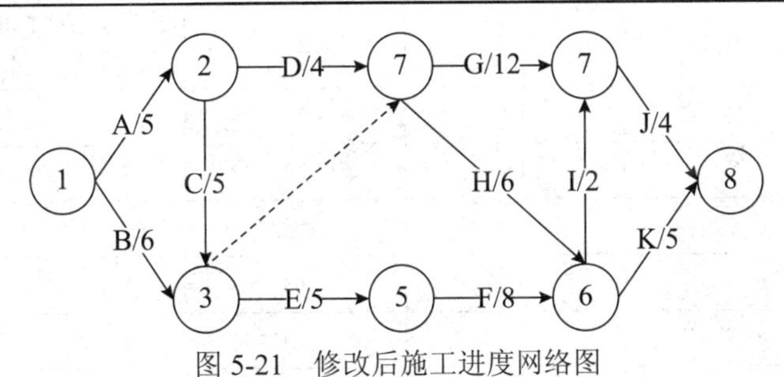

图 5-21　修改后施工进度网络图

分析：（1）用正推法确定最早开始、最早结束时间，如表 5-9 所示；

（2）项目工期 29 天，逆推法确定最晚开始、最晚结束时间，如表 5-10 所示。

表 5-9　正推法确定最早开始、最早结束时间

项目活动编码		持续时间（天）	最早开始时间（天）	最早完成时间（天）	活动的时间关系说明
A	①—②	5	0	5	
B	①—③	6	0	6	
C	②—③	5	5	10	活动 A 后才能开始
D	②—④	4	5	9	活动 A 后才能开始
E	③—⑤	5	10	15	活动 B、C 后才能开始
F	⑤—⑥	8	15	23	活动 E 后才能开始
G	④—⑦	12	10	22	活动 B、C、D 中的最迟完成时间
H	④—⑥	6	10	16	活动 B、C、D 中的最迟完成时间
I	⑥—⑦	2	23	25	活动 F、H 中的最迟完成时间
J	⑦—⑧	4	25	29	活动 G、I 中的最迟完成时间
K	⑥—⑧	5	23	28	活动 F、H 中的最迟完成时间

【问题2解答】

分析：（1）由表5-5中分析，活动D最早完成时间应为9日；

（2）活动E最晚时间应为15日。

结论：（1）活动D已延期，还需2天；

（2）活动D实际完成（12+4/2）=14天完成，延期5天；

（3）活动E在第15天完成，实际（12+3）=15，进度正常。

表5-10　项目工期29天，逆推法确定最晚开始、最晚结束时间

项目活动编码		持续时间（天）	最早开始时间（天）	最早完成时间（天）	活动的时间关系说明
K	⑥—⑧	5	24	29	
J	⑦—⑧	4	25	29	
I	⑥—⑦	2	23	25	最晚完成时间是J的最晚开始时间
H	④—⑥	6	17	23	最晚完成时间是I、K的最晚开始时间中最早的一个
G	④—⑦	12	13	25	
F	⑤—⑥	8	15	23	
E	③—⑤	5	10	15	
D	②—④	4	9	13	
C	②—③	5	5	10	
B	①—③	6	4	10	
A	①—②	5	0	5	

【问题3解答】

活动D、E、I的时间跨度分析如下，由于使用同一设备，完成活动所需时间累计为4+5+2=11天，如表5-11所示。

表5-11　活动D、E、I的时间跨度

项目活动编码		持续时间（天）	最早开始时间（天）	最早完成时间（天）	活动的时间关系说明
D	②—④	4	5	9	活动A后才能开始
E	③—⑤	5	10	15	活动B、C后才能开始
I	⑥—⑦	2	23	25	活动F、H中的最迟完成时间

三个活动最早开始与5（活动D），最早完成为25日（活动I）跨度20，因此设备闲置累计9天=（20-11）。

结论：（1）活动D最早完成为第9天，E最早开始于第10天，设备闲置1天；

（2）E最早完成为第15天，I在第23天开始，设备闲置8天。

【问题 4 解答】

如表 5-12 所示。

表 5-12 持续时间延长为 14 天，工期延迟天数

项目活动编码		持续时间（天）	最早开始时间（天）	最早完成时间（天）	活动的时间关系说明
A	①—②	5	0	5	
B	①—③	6	0	6	
C	②—③	5	5	10	活动 A 后才能开始
D	②—④	4	5	9	活动 A 后才能开始
E	③—⑤	5	10	15	活动 B、C 后才能开始
F	⑤—⑥	8	15	23	活动 E 后才能开始
G	④—⑦	12	10	22	活动 B、C、D 中的最迟完成时间
H	④—⑥	6 → 14	10	16 → 24	活动 B、C、D 中的最迟完成时间
I	⑥—⑦	2	23 → 24	25 → 26	活动 F、H 中的最迟完成时间
J	⑦—⑧	4	25 → 26	29 → 30	活动 G、I 中的最迟完成时间
K	⑥—⑧	5	23 → 24	28 → 29	活动 F、H 中的最迟完成时间

结论：（1）活动 H 延长导致最早时间递延变化；

（2）最终项目在 30 天完成；

（3）整个项目延期 1 天（30-29）。

本章总结

编制项目进度计划对项目管理来说是非常重要的一环。编制项目计划的基本步骤包括：首先创建项目，然后分解项目的任务，确定任务之间的关系，分配任务需要的资源，确定任务的工期以及相应的成本，最后优化计划以形成基准计划。项目进度计划的编制并不是精确的科学，不同的项目团队对一个项目可以产生不同的项目计划。对大多数项目而言，在项目计划编制过程中，存在清楚的依赖关系，要求它们按照基本相同的顺序进行。一般人认为直到签了合同，项目走上正轨，才开始编制项目计划，但事实很少如此。经常是在项目定义过程之前已经进行了很多编制计划的工作。项目计划是一个逐步完善的过程，项目计划的开发是贯穿项目始终的，可以渐进式进行，如初始计划可能包含资源的属性和未定义的项目日期的活动排序，而后可以细化项目计划，包括具体的资源和明确的项目日期等。网络图是非常有用的进度表达方式，网络图主要包括 PDM 图、ADM 图和 CDM 图。

网络图中可以通过正推法确定各个活动的最早开始时间和最早完成时间，通过逆推法确定各个活动的最晚开始时间和最晚完成时间。进度编制的主要方法有关键路径法、时间压缩法、资源调整尝试法。

课后练习

一、简答题

1. 有几种常用的网络图？
2. 网络图与甘特图有何不同？网络图的优点有哪些？
3. 什么是工程延期和工程延误？它们有什么区别？
4. 简述工作分解结构中活动的特点。
5. 简述关键路径的特点。
6. 简述绘制项目活动网络图的步骤。
7. 简述项目活动时间估算的影响因素。
8. 简述甘特图法的优缺点。

二、在线测试题

扫码书背面的防盗版二维码，获取答题权限。

第6章 项目的估算和成本管理

案例故事 **嵌入式软件成本估算**

某软件公司欲开发一款应用于特殊硬件的嵌入式操作系统，该软件的源程序有效代码行数预计为26千行。

（1）由于该软件系统为嵌入式操作系统，根据COCOMO模型可以得到软件开发实际工作量为：

$$MM=2.8\times KDSI\times 1.20\times EAF$$

根据模型定义的属性等级，得出调整系数EAF=1.17，开发工作量总计：

$$MM=2.8\times 26\times 1.20\times 1.17\approx 102\ (MM)$$

开发所用时间：

$$TDEV=2.5\times 102\times 0.32=81.6\ (月)$$

（2）单位开发工作量成本W为：8 000元。

（3）软件开发成本C1为

$$C1=MM\cdot W=102\times 8000\ 元=81.6\ 万元$$

注意：现选用中等COCOMO模型进行成本估算，下面几个概念需要了解：

DSI（原指令条数-Size）定义为代码或卡片形式的源代码。若一行有两个语句，算作一条指令，包括作业控制语句、格式语句，不包括注释语句。1KDSI=1024DSI；

MM（度量单位为人月-Effort）表示开发工作量，定义：1MM=19人日=152人时=1/12人年；

TDEV（度量单位为月）表示开发进度，其由工作量决定。

6.1 项目成本估算概述

在软件项目开发过程中，成本、进度和质量形成了项目的三大关键，成本管理并不是孤立存在的，它是伴随着项目的开发进度和质量同步进行的，因而项目的成本管理一直是一个薄弱的环节，在保证项目进度和质量的同时进行成本管理也显得尤为重要。

软件项目成本是指软件开发过程中所花费的工作量及相应的代价。与其他物理产品的成本不同的是，软件开发成本不包括原材料和能源的消耗，而主要是人的劳动消耗。另一方面，软件产品开发成本的计算方法不用于其他物理产品成本的计算。软件产品不存在重复制造过程，它的开发成本是由一次性开发过程所花费的代价来计算的。

项目成本管理，就是为保障项目实际发生的成本不超过项目预算，使项目在批准的预算内按时、按质、经济高效地完成既定目标而开展的项目管理活动。软件项目成本的管理基本上可以用成本估算和管理控制来概括，首先对软件的成本进行估算，然后形成成本管理计划，在软件项目开发过程中，对软件项目施加控制使其按照计划进行。成本管理计划是成本控制的标准，不合理的计划可能使项目失去控制、超出预算。因此，成本估算是整个成本管理过程中的基础，成本控制是使项目的成本在开发过程中控制在预算范围之内。

项目成本管理包含所有为了保证项目在预算内完成的过程，一般包括以下过程：

（1）资源计划：包括为了完成各种项目活动所需要使用的资源（包括人员、设备和物资等）以及每种资源的需要量，其主要输出是一个资源需求清单。

（2）成本估算：包括开发一个完整项目活动所需每种资源成本的近似值，其主要输出是成本管理计划。

（3）成本预算：包括将整个成本估算配置到各单项工作，以建立一个衡量绩效的基准计划，其主要输出是成本基准计划。

（4）成本控制：包括控制项目预算的变化，其主要输出是修正的成本估算、更新预算、纠正行动和取得的教训。

软件项目成本估算是指为完成项目各项任务所需要的资源成本的近似值，成本估算的关键是对工作量的准确估算。软件项目的估算可分为以下几种类型：

（1）规模估算：软件规模通常指的是软件的大小，规模估算指的是对软件大小的估算，规模估算是估算工作量的基础。

（2）工作量估算：工作量估算是对开发软件产品所需的人力的估算，这是任何软件项目所共有的主要成本。

（3）进度估算：进度是项目开始日期到项目结束日期之间的一个时间段，进度估算是项目级的而不是详细的个体级，进度估算是项目计划和控制的基础。

（4）成本估算：对一个软件项目的成本做出估算，成本的主要组成元素是人力资源成本，此外也有其他的成本，如出差费用、通讯工具、用于项目的培训、项目团队所使用的软硬件等，这些成本与人力成本一起构成项目的总成本。

软件成本估算通常是估算软件的下列特性：

（1）源代码行（LOC）估算。源代码行是指机器指令行 / 非机器语言的执行步，使用它们可以作为度量生产率的基本数据。

（2）开发工作量估算。它是估算任何项目开发成本最常用的技术方法。根据项目开发过程，通常使用的度量单位是人月（PM）、人年（PY）或人日（PD）。

（3）软件生产率估算。它是指单位劳动量所能完成的软件数量，度量单位常用：LOC/PM、￥/LOC 或￥/PM。

由于成本估算是软件项目开发管理的重要内容，是可行性分析的重要依据。为了正确地进行成本估算，首先应该充分了解影响成本估算的主要因素，从而更有效地进行成本估算。影响软件项目成本的因素主要有以下几类：

（1）项目质量对成本的影响。保证企业信誉的关键就是保证质量，但不是质量越高越好，超过合理水平时，就属于质量过剩了。根据 PMBOK 的观点，质量管理的目标是满足规范要求和适用性，满足双方一致同意的要求即可。质量与成本的关系如图 6-1 所示。

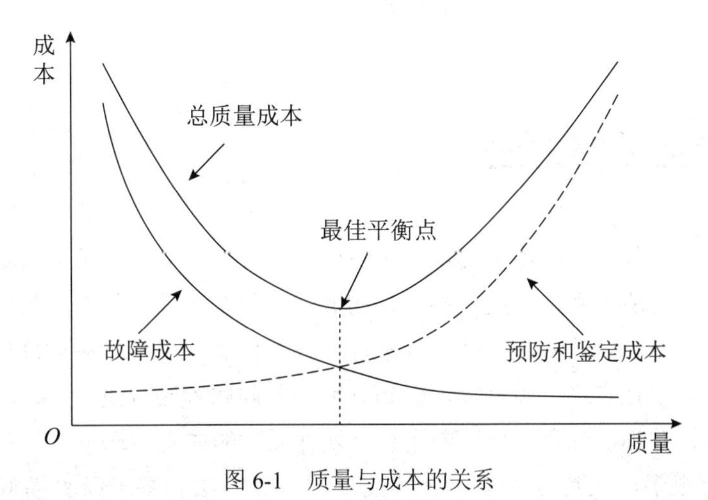

图 6-1　质量与成本的关系

质量总成本是由故障成本与预防和鉴定成本组成。故障成本是弥补软件质量缺陷而发生的费用，预防和鉴定成本是保证和提高质量而消耗的费用。从图 6-1 可以看出，总质量成本为故障成本与预防和鉴定成本之和，其最低点即为最佳质量成本。而故障成本与预防和鉴定成本之间是相互矛盾的，当质量低时，故障成本高，而预防和鉴定成本低，反之亦然。因此，质量成本管理的目标是找到两者之间的平衡点，使项目质量总成本达到最低值。

（2）项目资源对成本的影响。通过降低项目消耗、占用的资源数量和价格都可以直接地降低项目成本。资源消耗与占用数量是内部要素，是由内部条件决定的相对可控因素，应放在成本控制的第一位；而所消耗与占用资源的价格是外部要素，是相对不可控因素，可放在成本控制的第二位。

（3）项目工期对成本的影响。项目的成本与工期直接相关，而且随着工期的变化而变化，工期越长成本越高。对确定规模和复杂度的软件项目有一个“最佳开发时间”，也就是完成整个项目的最短时间，选取最佳开发时间来计划开发过程，可以取得最佳经济效益。

（4）项目范围对成本的影响。任何一个项目的成本在根本上取决于项目的范围，即项目需要做什么和做到什么程度。从广度上说，项目范围越大，项目的成本就会越高；项目范围越小，项目的成本就会越低。从深度上说，项目需要完成的任务越复杂，项目的成本就会越高，而项目的任务越简单，项目的成本就会越低 。

（5）项目管理水平对成本的影响。管理水平对项目成本的影响是显而易见的，较高的管理水平可以有效地节约成本。控制好项目体现在预算和计划的准确性高，减少了更新计划的风险，也就减少了成本，在项目的实施和管理方面能很好地控制项目，避免很多问题，而且一旦遇到紧急问题，还可以及时有效地处理并且节省很多成本。

（6）人力资源对成本的影响。软件项目最主要的生产力是人，因此，考虑项目计划和估算的时候，并不能像安排机器设备一样，机械地对人员进行简单计算。软件开发人员的素质、经验、掌握知识的不同，在工作中表现出很大的差异，直接影响着软件的质量与成本。

6.2 项目估算方法

对于一个大型软件项目，由于其项目本身的复杂性，参与开发的人员众多，而且子问题的要求、难度都有所区别，因此软件项目的成本估算是一件很复杂的事情，必须建立相应的估算模型，按照一定的方法、技术来进行估算。但无论采取哪种估算模型，当一个问题过于复杂时，可以把它进一步分解，直到分解的子问题容易解决为止，即首先估算每一个子问题的成本，并加以综合，最后得到整个软件项目的成本估算量。

估算方法有很多，大致分为基于分解技术的估算方法和基于经验模型的估算方法两大类。基于分解技术的方法包括功能点估算法、特征点估算法、对象点估算法、代码行估算法、MARK Ⅱ等；基于经验模型的方法包括 IBM 模型、COCOMO 模型、Putnam 模型等。

6.2.1 构造性成本模型（Constructive Cost Model，COCOMO）

COCOMO 模型最早由 Boehm 于 1981 年提出的，是利用加利福尼亚的一个咨询公司的大量项目数据推导出的一个成本模型，是一个最精确、最易于使用的、基于模型的成本估算方法，通常称为 COCOMO81。Boehm 在 1994 年又发表了 COCOMO Ⅱ模型。实践证明，使用 COCOMO 模型估算软件的开发成本与实际成本相差不到 20%，进度相差不到 46%，已经成为世界上使用最广泛、估算最准确的模型之一。

COCOMO 模型是层次模型，按详细程度分为三级。基本 COCOMO 模型，是一个静态单变量模型，它用一个已经估算出来的源代码行数 L 为自变量的函数来计算软件开发工作量；中级 COCOMO 模型，是一个静态多变量模型，它在用 L 作为自变量的函数来计算软件开发工作量的基础上，再使用成本因素来调整工作量的估算结果；详细 COCOMO 模型，包括了中级 COCOMO 模型的所有特性，并结合成本因素对软件开发过程中的每一个步骤的影响进行评估。

在 COCOMO 模型中，软件开发项目分成三类：

（1）组织型开发项目。组织型项目相对较简单，通常对此类软件的开发要求不严格。

开发人员经验丰富，对软件开发目标理解充分，对软件使用环境很熟悉，程序规模一般不大（少于 5 万行代码）。

（2）嵌入型开发项目。嵌入式软件要求在紧密联系的硬件、软件和操作的限制条件下运行，通常与某种复杂的硬设备紧密结合在一起，对接口、数据结构、算法等要求较高，软件规模任意。例如，大而复杂的事务处理系统、大型指挥系统、航天控制系统等。

（3）半独立型开发项目。该类软件的要求介于上述两种软件之间，但软件规模和复杂性都属于中等以上，代码最大可达 30 万行。

1. 基本 COCOMO 模型

$$\mathrm{MM} = a(\mathrm{KDSI})^b$$

$$\mathrm{TDEV} = c\mathrm{MM}^d$$

其中，MM 为开发工作量（度量单位为人月），TDEV 为所需的开发时间（度量单位为月），DSI 是项目的源代码行估计值，不包括程序中的注释和文档，KDSI=1000DSI。a、b、c、d 指不同软件开发方式的值，均为常数，其取值如表 6-1 所示。

表 6-1　基本 COCOMO 模型参数

项 目 类 型	a	b	c	d
组织型	2.4	1.05	2.5	0.38
半独立型	3.0	1.12	2.5	0.35
嵌入型	3.6	1.20	2.5	0.32

2. 中级 COCOMO 模型

中级 COCOMO 模型以基本 COCOMO 模型为基础，并考虑了 15 种影响软件工作量的因素，通过工作量调节因子（EAF）修正对工作量的估算，从而使估算更合理。其公式如下：

$$\mathrm{MM} = a(\mathrm{KDSI})^b\,\mathrm{EAF}$$

其中，KDSI 是软件产品的目标代码行数，单位是千代码行，a，b 是常数，取值如表 6-2 所示。表 6-3 给出了影响工作量的因素及其取值，每个调节因子 F_i 的取值分为很低、低、正常、高、极高 5 个级别，正常情况下 F_i=1；当 15 个 F_i 选定后，可得

$$\mathrm{EAF} = \prod_{i=1}^{15} F_i$$

表 6-2　中级 COCOMO 模型参数

软 件 类 型	a	b
组织型	3.2	1.05
半独立型	3.0	1.12
嵌入型	2.8	1.20

表 6-3　调节因子取值表

工作量因素 F_i		很　低	低	正　常	高	很　高	极　高
产品因素	软件可靠性	0.75	0.88	1.00	1.15	1.40	
	数据库规模		0.94	1.00	1.08	1.16	
	产品复杂性	0.70	0.85	1.00	1.15	1.30	1.65
硬件因素	执行时间限制			1.00	1.11	1.30	1.66
	存储限制			1.00	1.06	1.21	1.56
	虚拟机易变性		0.87	1.00	1.15	0.30	
	环境周转时间		0.87	1.00	1.07	1.15	
人员因素	分析员能力		1.46	1.00	0.86		
	应用领域实际经验	1.29	1.13	1.00	0.91	0.71	
	程序员能力（软硬件结合）	1.42	1.17	1.00	0.86	0.82	
	虚拟机使用经验	1.21	1.10	1.00	0.90	0.70	
	程序语言使用经验	1.41	1.07	1.00	0.95		
项目因素	现代程序设计技术	1.24	1.10	1.00	0.91	0.82	
	软件工具的使用	1.24	1.10	1.00	0.91	0.83	
	开发进度限制	1.23	1.08	1.00	1.04	1.10	

3. 详细 COCOMO 模型

详细 COCOMO 模型的估算公式与中级 COCOMO 模型相同，并按分层、分阶段的情况给出其工作量影响因素分级表。针对每一个影响因素，按模块层、子系统层、系统层，有 3 张工作量因素分级表，供不同层次的估算使用。每一张表中又按开发的不同阶段给出。

如软件可靠性在子系统层的工作量影响因素分级如表 6-4 所示。

表 6-4　工作量影响因素分级表

阶段 / 可靠性级别	需求和产品设计	详 细 设 计	编程及单元测试	集 成 测 试	综　　合
很低	0.80	0.80	0.80	0.60	0.75
低	0.90	0.90	0.90	0.80	0.88
正常	1.00	1.00	1.00	1.00	1.00
高	1.10	1.10	1.10	1.30	1.15
极高	1.30	1.30	1.30	1.70	1.40

6.2.2　自底向上的估算法

自底向上的估算方法是将待开发的软件细分，分别估算每一个子任务所需要的开发工作量，然后将它们加起来，得到软件的总开发量。这是一种常见的估算方法。

这种方法的优点是对每个部分的估算工作交给负责该部分工作的人来做，所以估算较为准确。缺点是其估算往往缺少各项子任务之间相互联系所需要的工作量，还缺少与软件开发有关的系统级工作量（配置管理、质量管理和项目管理等），所以估算往往偏低，必须用其他方法进行校验和校正。

在使用自底向上的估算法时，需要计算容许的变化范围。三点估算法常用来进行成本估算和工期估算。为了计算花费的时间和成本，在估算过程中加入最好和最坏的情况，然后预测出一个平均值。以工期估算为例，对每项工作的工期给出三种预估值：最可能时间、最乐观时间和最悲观时间，然后加权平均，计算出其计划时间。

- 最可能时间 T_m：根据以往的经验，这项工作最有可能用多长时间完成。
- 最乐观时间 T_o：当一切条件都顺利时该项工作所需时间。
- 最悲观时间 T_p：在最不利条件下，该项工作需要的时间。

那么计划时间 T_e 的计算公式如下：

$$T_e=(T_o+4\times T_m+T_p)/6$$

$$\text{标准差}=(T_p-T_o)/6$$

例如，某公司的某项目即将开始，项目经理估计该项目 10 天即可完成，如果出现问题耽搁了也不会超过 20 天，最快 6 天即可完成。根据三点估算法，该项目的历时为 11 天，该项目历时的估算标准差为 2.3 天。

6.2.3 自顶向下的估算法

自顶向下的估算方法的思想是从项目的整体出发，进行类推。估算人员参照以前完成的项目所耗费的总成本，来推算将要开发的软件的总成本，然后按比例将它按阶段、步骤和工作单元分配到各开发任务中去，再检验它是否能满足要求。

这种方法的优点是对系统级工作的重视，所以估算中不会遗漏系统级的诸如集成、用户手册和配置管理之类的事务的成本估算，且估算工作量小、速度快。它的缺点是对项目中的特殊困难估计不足，估算出来的成本盲目性大，有时会遗漏被开发软件的某些部分。

虽然自顶向下的估算法被广泛地使用，但是由于软件项目本身的不确定性和高度的定制化性使得这种估算往往很不准确。由于技术的发展和客户的需求各不相同，许多软件项目根本没有可以作为估算参考的项目例子。

类比估算法使用历史项目信息来预测当前项目的成本，它是自顶向下估算方法的一种类型。类比估算是将历史项目的实际成本作为当前项目的基础，根据当前项目的范围、规模和其他已知的变量来估算当前项目的成本。一般在有类似的历史项目数据、信息不足时或者在合同期和市场招标时采用此方法。其基本步骤如下。

（1）整理出项目功能列表和实现每个功能的代码行；

（2）标识出每个功能列表与历史项目的相同点和不同点，特别要注意历史项目做得不好的地方；

（3）通过步骤（1）和步骤（2）得出各个功能的估计值；

（4）产生规模或工作量估计。

采用类比估算法往往还要解决可重用代码的估算问题。估计可重用代码量的最好办法就是由程序员或系统分析员详细地考查已存在的代码，估算出新项目可重用的代码中需重新设计的代码百分比、需重新编码或修改的代码百分比以及需重新测试的代码百分比。根据这三个百分比，可用下面的公式计算等价新代码行：

等价代码行 =[（重新设计代码百分比 + 重新编码代码百分比 + 重新测试代码百分比）/3] × 已有代码行

例如，有2万行代码，假设40%需要重新设计，60%需要重新编码，80%需要重新测试，那么其等价的代码行可以计算为：

$$[(40\%+60\%+80\%)/3]\times 20\,000=12\,000$$

也就是说，重用这2万行代码相当于编写12 000行代码的工作量。

6.3 估算工作量的方法

软件项目估算永远不会是一门精确的科学，但将良好的历史数据与系统化的技术结合起来能够提高估算的精确度。软件项目工作量的估算，应将从软件计划、需求分析、设计、编码、单元测试、集成测试到验证测试整个开发过程所花费的工作量，作为工作量测算的依据。工作量估算的方法比较多，使用什么样的生命周期模型，对使用何种工作量估算方法有很大影响。使用面向对象的开发技术与使用传统的开发技术，在工作量的估算上显然应采用不同的方法。

软件工作量估算的结果是项目任务的人力和需时。在工作量估算时，度量的任务需时是以任务元素、子任务、项目任务为单位（也称为单位任务）的需时，它是计算成本、制定进度计划的依据。在进度估算时，单位任务的需时又是时间进度计划安排的基本数据来源。

6.3.1 项目成本估算方法

目前，用于软件项目的工作量和成本估算的方法有很多，大多数估算工作量的方法都需要估算软件的规模。估算出软件规模，就可以估算软件项目的工作量了。对软件规模的估算要从软件的分解开始，软件项目的设计有一个分层结构，这一分层结构就对应着工作分解结构（Work Breakdown Structure，WBS）。一般来说，WBS越细，对软件规模的估算就越准确。有了工作分解结构之后，还必须定义度量标准用以对软件规模进行估算。常用的软件度量标准有两种：代码行估算法和功能点估算法。

1. 代码行（Lines of Code，LOC）估算法

代码行是从软件程序量的角度定义项目规模。LOC指所有可执行的源代码行数，包括可交付的工作控制语言语句、数据定义、数据类型声明、等价声明、输入 / 输出格式声明等。使用代码行作为规模单位的时候，要求功能分解足够详细，而且有一定的经验数据，采用不同的开发语言，代码行可能不一样。

某软件公司统计发现该公司每一万行 Java 源代码形成的源文件约为 250kB。某项目的源文件大小为 3.75MB，则可以估计出该项目源文件代码行大约为 15 万行，该项目累计投入工作量为 240 人月，每人月费用为 10 000 元（包括人均工资、福利、办公费用等），则该项目中单位 LOC 的价值为：

（240×10 000）/150 000=16 元 /LOC

该项目的人月均编码行数为：

150 000/240=625LOC/ 人月

代码行估算是在软件规模度量中最早使用也是最简单的方法。它的优点在于：代码是所有软件开发项目都有的“产品”，而且很容易计算代码行数。代码行估算的缺点是在项目早期，需求不稳定、设计不成熟和实现不确定的情况下很难准确地估算代码量；代码行数并不能正确反映一项工作的难易程度以及代码的效率，而且编码一般只占系统开发工作量的 10% 左右；代码行的数量往往要依赖于所使用的编码语言和个人的编码风格，高水平的程序员往往用短小精悍的代码来解决项目问题，而水平一般的程序员往往使用冗长的代码。

2. 功能点（Function Point，FP）估算法

功能点估算法是在需求分析阶段基于系统功能的一种规模估算方法，依据对软件功能点和软件复杂性的评估结果，估算软件系统的规模。功能点估算法最初是由 IBM 的 Albrech 于 1979 年提出的，近几年已经在应用领域被认为是主要的软件规模估算方法之一。

相对于传统代码行估算法，功能点估算法更侧重于从业务的视角来分析软件的规模大小。功能点分析得出的软件功能点数代表的是软件的逻辑规模，而代码行估算法估计得出的软件代码行数反映的是软件的物理规模。

在功能点估算法中，任何一个软件都被看作是由以下 5 种功能点组成的。

- 外部输入（External Input，EI）：计算每个用户输入，向软件提供面向应用的数据。输入不同于查询，后者单独计数。
- 外部输出（External Output，EO）：计算软件向用户的输出（报表、荧幕、出错信息等），向用户提供面向应用的信息。报表内的单个数据项不单独计数。
- 外部查询（External Inquiry，EQ）：一个查询即是一次联机输入，它导致软件以联机输出方式产生某种实时回应。每一个不同的查询都要计算。
- 内部逻辑文件（Internal Logical File，ILF）：计算每个逻辑的主文件，即数据的一个逻辑组合，它可能是大型数据库的一部分或是一个独立的文件。
- 外部界面文件（External Interface File，EIF）：计算机器可读的全部界面，如磁带或磁盘上的数据文件，利用这些界面可以将信息从一个系统传送到另一个系统。

其中 ILF 和 EIF 属于数据类型的功能点，EI、EO、EQ 属于人机交互类型的功能点。

利用功能点估算法估算软件规模的步骤如下：

（1）计算功能点数，首先要计算未调整的功能点数（unadjusted function point count，UFC），即确定EI、EO、EQ、ILF和EIF的个数。

（2）确定各功能点的复杂程度。三种处理EI、EO、EQ的复杂程度通常是用该处理中使用文件个数（通常对应为数据库表数）以及用到的文件中的项目数（通常对应为数据库表的字段数）来度量的，复杂程度与文件数和项目数成正比，即用到的文件数约多，项目数越多，复杂程度就越高。评价EI的复杂度如表6-5所示。

表6-5 EI的复杂度

项目数	0—1	2	>2
1—4	低	低	中
5—15	低	中	高
>15	中	高	高

评价EO、EQ的复杂度如表6-6所示。

表6-6 EO、EQ的复杂度

项目数	0—1	2—3	>3
1—5	低	低	中
6—19	低	中	高
>19	中	高	高

（3）文件ILF、EIF的复杂程度通常是用该文件的记录种类数和项目数来度量的，记录种类越多，项目数越多，复杂程度就越高。评价ILF、EIF的复杂度如表6-7所示。

表6-7 ILF、EIF的复杂度

项目数	1	2—5	>5
1—19	低	低	中
20—50	低	中	高
>50	中	高	高

（4）确定了复杂程度后，要对每种复杂程度的处理和文件赋予权值，以便计算出相应的功能点数。例如：EI处理中复杂度为高时，其权值为6，也就是说每个该种处理可以计算为6个功能点（6FP），加权因子值如表6-8所示。

表6-8 加权因子值

要素	低	中	高
EI	3	4	6
EO	4	5	7
EQ	3	4	6
ILF	7	10	15
ELF	5	7	10

一般可以采用下面的公式计算出系统的未调整功能点数 UFC：

$$UFC = \sum 各复杂度等级的信息域数量 \times 加权值$$

（5）计算调整后的功能点数。通过度量 14 种系统基本特性对软件规模的影响程度来对未调整的功能点数进行调整，这 14 种基本特性如表 6-9 所示。

表 6-9　系统基本特性

F_i	特　性	F_i	特　性
F_1	数据通信	F_8	在线升级
F_2	分布式数据处理	F_9	复杂数据处理
F_3	性能	F_{10}	安装简易程度
F_4	频繁使用的配置	F_{11}	多重站点
F_5	备份和恢复	F_{12}	易于修改
F_6	在线数据输入	F_{13}	复用性
F_7	易操作性	F_{14}	界面友好性

每项系统基本特征的影响程度（DI）的取值范围都是 0 ～ 5，如表 6-10 所示。

表 6-10　影响程度的取值范围

取 值 范 围	描　述	取 值 范 围	描　述
0	没有影响	3	平均影响
1	偶有影响	4	较大影响
2	轻微影响	5	严重影响

依次对 14 项系统基本特性进行取值，然后根据以下公式计算出综合影响程度 DI：

$$DI = \sum F_i$$

技术复杂性因子 TCF 由以下公式计算：

$$TCF = 0.65 + DI \times 0.01$$

DI 的值在 0 ～ 70 之间，所以 TCF 的值在 0.65 ～ 1.35 之间。

最后，根据未调整功能点数和技术复杂性因子计算出功能点数 FP，公式如下：

$$FP = UFC \cdot TCF$$

（6）根据功能点进行软件规模估算。功能点估算法对项目早期的规模估算很有帮助，能保持与需求变化的同步，但加权调整需要依赖个人经验。一般的做法是，在早期的估计中使用功能点，然后依据经验将功能点转化为代码行，再使用代码行继续进行估计，功能点度量在以下情况下特别有用：

- 估计新的软件开发项目；
- 应用软件包括很多输入输出或文件活动；
- 拥有经验丰富的功能点估计专家；
- 拥有充分的数据资料，可以相当准确地将功能点转化为代码行。

最后，为了给估算模型确定工作量和进度，提供合适的规模输入，还需要将功能点按照一定的条件转换为软件代码行，如表 6-11 所示。

表 6-11　功能点到代码行的转换表

语　　言	代 码 行 /FP
C	128
C++	53
VB	29
Java	46
VC++	34

代码行估算法和功能点估算法之间的区别和关系如下：

- 功能点估算法常用在项目开始或项目需求基本明确时使用，这时进行估算，其结果的准确性比较高，假如这个时候使用代码行估算法，则误差会比较大。
- 使用功能点估算法无需懂得软件使用何种开发技术，代码行估算法与软件开发技术密切相关。
- 功能点估算法是从用户角度进行估算，代码行估算法则是从技术角度进行估算。
- 通过一些行业标准或企业自身度量的分析，功能点估算法是可以转换为代码行的。

在项目刚开始的时候进行功能点估算可以对项目的范围进行预测，在项目开发的过程中由于需求的变更和细化可能会导致项目范围的蔓延，计算出来的结果会与当初估计的不同，因此在项目结束时还需要对项目的范围情况进行估算，这个时候估算的结果才能最准确地反映项目的规模。

3. IBM 模型

IBM 模型是在 1977 年由 Walston 和 Felix 等人在 IBM 联合系统分部负责的 60 个项目的数据基础上，运用最小二乘法拟合得到的模型，其计算公式如下：

$$E=5.2 \cdot L^{0.91}$$

$$D=4.1 \cdot L^{0.36}$$

$$S=0.54 \cdot E^{0.6}$$

$$\mathrm{DOC}=49 \cdot L^{1.01}$$

其中 L 是源代码行数（以 KLOC 计），E 是工作量（以 PM 计），D 是项目持续时间（以月计），S 是人员需要量（以人计），DOC 是文档数量（以页计）。

IBM 模型是静态单变量模型。在此模型中，一般一条机器指令为一行源代码。一个软件的源代码行数不包括程序注释、作业命令、调试程序在内。对于非机器指令编写的源程序，如汇编语言或高级语言程序，应转换成机器指令源代码行数来考虑，转换系数如表 6-12 所示。

表 6-12　转换系数表

语　　言	转 换 系 数
简单汇编	1
宏汇编	1.2—1.5
FORTRAN	4—6
PL/I	4—10

具体转换可以用下面等式来实现：

转换系数 = 机器指令条数 / 非机器语言执行步数

如一个规模为 10KDSI 的嵌入型软件，使用 IBM 模型进行计算：

$$E = 5.2\times 10^{0.91}=42.27（人月）$$

$$D = 4.1\times 10^{0.36}=9.84（月）$$

$$S = 0.54\times 42.27^{0.6}=5.1（人）$$

6.3.2　工期估算方法

为了制订项目进度计划，必须将项目各项活动分布在时间表上，形成进度表。项目进度表的制作需要计划项目每一个活动的开始时间和结束时间，项目活动的历时也叫工期。进度表通过活动的相关资源和工期估算来构建，工期估算直接关系到各项活动、各个模块网络时间的计算和完成整个项目任务所需要的总时间。

项目活动工期估算常使用类比估算法和德尔菲法。当项目信息足够时，使用类比估算法比较好，而当获得的项目信息有限时，可以采用德尔菲法。

德尔菲法是一种专家评估技术。在没有历史数据的情况下，这种方法适用于评定过去与将来、新技术与特定程序之间的差别。德尔菲法由多位专家进行估算，这样就避免了单独一位专家的偏见，但专家“专”的程度及对项目理解的程度是工作中的关键点，这种方法对决定其他方法的输入（包括加权因子）时特别有用，所以在实际应用中，一般将德尔菲法和其他方法结合起来使用。

德尔菲法是基于以下假设与条件提出的：

- 如果许多专家基于相同假定独立地做出了相同估算，则该估算多半是正确的。
- 必须确保专家针对相同的正确的假定进行估算工作。

德尔菲法的基本步骤如下：

（1）组织者发给每位专家一份软件系统的规格说明和一张记录估算值的表格，请专家估算。

（2）专家详细研究软件规格说明后，对该软件提出 3 个规模的估算值。

- 最小值 a_i。
- 最可能值 m_i。
- 最大值 b_i。

（3）组织者对专家表格中的答复进行整理，计算每位专家的平均值

$$E_i=（a_i+4\times m_i+b_i）/6$$

然后计算出期望值：

$$E=（E_1+E_2+\cdots+E_n）/n$$

（4）综合结果后，再组织专家无记名填表格，比较估算偏差，并查找原因。

（5）上述过程重复多次，最终可以获得一个多数专家共识的软件规模。

德尔菲法的优点是不需要历史数据，非常适合新项目的估算；缺点是专家的判断有时并不准确，在专家本身技术水平不够时会有误判。

在常规的软件项目中，一般都使用类比估算法和专家估算法相结合的方法，这样估算比较准确和可靠。如果软件项目有高度的不确定性时，也可以采用三点估算法来进行工期估算。

本章总结

成本管理是软件项目的薄弱环节，许多软件的成本都超过了原来的预算，软件项目经理必须充分认识成本管理的重要性。项目规模成本估算是项目规划的基础，也是项目成本管理的核心。通过成本估算方法，分析并确定项目的估算成本，并以此为基础进行项目成本预算和计划编排，开展项目成本控制等管理活动。

估算方法分为基于分解技术的估算方法和基于经验模型的估算方法两大类。分解技术需要划分出主要的软件功能，然后估算实现每一个功能所需的程序规模或人月数。经验模型需要根据经验导出的公式来预测工作量和时间。

课后练习

一、简答题

1. 软件开发成本估算方法有哪些？

2. 何谓类比估算法？它适用什么情况？

3. 影响软件开发成本的因素有哪些？

4. 简述代码行估算法和功能点估算法之间的区别和关系。

5. 某项目经理正在进行一个信息系统项目的估算，他采用Delphi的成本估算方法，邀请3位专家估算，第一个专家给出2万元、5万元、8万元的估算值；第二个专家给出2万元、4万元、6万元的估算值；第三个专家给出3万元、6万元、9万元的估算值，计算这个项目成本的估算值是多少？

二、在线测试题

扫码书背面的防盗版二维码，获取答题权限。

▼

第7章 软件项目的质量管理

案例故事　　**质量——第一生命**

1985年，青岛电冰箱总厂生产的瑞雪牌电冰箱（海尔的前身），在一次品质检查时，库存不多的电冰箱中有76台不合格，按照当时的销售行情，这些电冰箱稍加维修便可出售。但是，厂长张瑞敏当即决定，在全厂职工面前，将76台电冰箱全部砸毁。当时一台冰箱800多元钱，而职工每月平均工资只有40元，一台冰箱几乎等于一个工人两年的工资。当时职工们纷纷建议：便宜处理给工人。

张瑞敏对员工说："如果便宜处理给你们，就等于告诉大家可以生产这种带缺陷的冰箱。今天是76台，明天就可能是760台、7600台……因此，必须解决这个问题。"

于是，张瑞敏决定砸毁这76台冰箱，而且是由责任者自己砸毁。很多职工在砸毁冰箱时都流下了眼泪，平时浪费了多少产品，没有人去心痛；但亲手砸毁冰箱时，才感受到这是一笔很大的损失，痛心疾首。通过这种非常有震撼力的场面，改变了职工对质量标准的看法。

海尔集团1984年创立于青岛。创立以来，海尔坚持以用户需求和产品质量为中心驱动企业持续健康发展，从一家资不抵债、濒临倒闭的集体小厂发展成为全球最大的家用电器制造商之一。2016年海尔全球营业额预计实现2016亿元，同比增长6.8%，利润实现203亿元，同比增长12.8%，利润增速是收入增速1.8倍。海尔近十年收入复合增长率达到6.1%，利润复合增长率达到30.6%。利润复合增长是收入复合增长的5倍。互联网交易产生交易额2727亿元，同比增长73%，包含海尔产品以及社会化的B2B、B2C业务。2017年年报显示，公司全年实现收入1592.54亿元，增长33.68%；实现归母净利润69.26亿元，增长37.37%。2018年，青岛海尔正式入围《财富》世界500强。2019年9月1日，2019中国战略性新兴产业领军企业100强榜单在济南发布，海尔集团公司排名第38位。

质量是企业的第一生命力，也是项目的第一生命力。在软件项目中，软件质量直接关乎项目成败，因此软件质量管理的作用和意义尤为重要。

>>> 7.1　质量管理概述

软件质量是软件项目成功三要素之一，且成本和时间这两个要素工作的保证也需要以质量的保证为基础。当今社会越来越多的系统依赖于软件，软件的不正确运行可能导致灾难性的后果。低质量的软件像定时炸弹一样，随时可能引起危害，而且低质量的产品需要增加后期的成本，即使是很小的缺陷也可能引起难以预料的后果。例如，“千年虫”问题，虽然只是一条语句的问题，却带来了极大的麻烦和损害，并为此付出了巨大的代价。可见软件质量是软件产品和软件组织的生命线，软件质量管理是稳定这条生命线的标尺。

1. 定义

质量管理是指：确定质量方针、目标和职责并在质量体系中通过质量计划、质量控制、质量保证和质量改进使其实施的全部管理职能的所有活动。质量管理涉及一切质量因素，也涉及质量管理的手段与方针，是一项有计划的系统活动。实际上，质量管理主要就是监控项目的可交付产品和项目执行过程，以确保它们符合相关的要求和标准，同时确保不合格项能够按照正确方法或者预先规定的方式处理。对于软件项目，良好的项目管理过程是取得令人满意的项目成果、项目产品或者服务的保证。

2. 发展过程

软件质量管理是从 20 世纪 50 年代开始的，并随着现代工业的发展逐步形成、发展和完善，也是科技进步、社会发展、市场需求变化的结果。其主要目的包括：最经济、最有效地开发、设计、生产用户最满意的产品和服务。表 7-1 给出了软件质量管理的发展过程，可见软件质量管理从开始到现在经历着一个从程序设计、程序系统再到软件工程的时期。

表 7-1 软件质量管理发展过程

发展时期	年代	成品	开发组织方式	开发技术特点	发展阶段特点
程序设计	20 世纪 50 年代末期	程序	个体	个人设计、个人使用、手工技巧、无维护观念、无系统化方法	以产品为中心的质量检验和统计质量控制阶段
程序系统	20 世纪 70 年代末期	软件	项目设计组、软件作坊	程序设计理论深入、模块化、自顶向下、逐步求精、不重视维护问题	以顾客为中心的质量保证阶段
软件工程	至今	软件产品	软件机构（软件工厂）	结构化设计理论和方法、面向对象方法、快速原型技术	强调持续改进的质量管理阶段

3. 管理水平

软件质量的 4 种不同管理水平如下：

（1）检查。通过检验保证产品的质量，符合规格的软件产品为合格品，否则为次品，次品不能出售。这个层次的特点是独立的质量工作，质量是质量部门的事，是检验员的事。通过检验产品知识判断产品质量，不检验工艺流程、设计和服务等，不能提供产品质量。这种管理水平处于初级阶段，相当于“软件测试早期的软件质量控制”。

（2）保证。质量目标通过软件开发部门来实现，开始定义软件质量目标、质量计划，保证软件开发流程的合理性、流畅性和稳定性。软件度量工作很少，软件客户服务质量暂时还不明确，设计质量不明确。相当于初期的“软件质量保证”。

（3）预防。软件质量以预防为主，以过程管理为重，把质量的保证工作重点放在过程管理上，从软件产品需求分析、设计开始，就引入预防思想，面向客户特征，大大降低质量的成本，相当于成熟的“软件质量保证”。

（4）完美。以客户为中心，贯穿于软件开发生产周期全过程，全员参与、追求卓越，相当于“全面软件质量管理”的作用。

7.2　软件质量管理计划

7.2.1　软件的质量

1. 定义

根据 ISO 8402 的规定，软件质量是指：对用户在功能和性能方面需求的满足、对规定的标准和规范的遵循以及正规软件某些公认的应该具有的本质。ANSI/IEEE Std 729-1983 对软件质量的定义：与软件产品满足规定的和隐含的需求能力有关的特征或者特性的全体。

软件质量反映了以下几方面的问题：

（1）软件需求是度量软件质量的基础，不满足需求的软件就不具备质量。

（2）不遵循各种标准中定义的开发规则，软件质量就得不到保证。

（3）只满足明确定义的需求，而没有满足应有的隐含需求，软件质量也得不到保证。

上述软件质量的定义中的需求都包含了明确定义的和隐含的需求。明确定义的需求是指在合同环境中明确提出的需求或者需要，包括合同、标准、规范、图纸、技术文件中做出的明确规定；隐含的需求需要识别和确定，具体讲是指顾客或者社会对产品或者服务的期望，或者是指人们公认的、不言而喻的、不需要做出规定的需求。例如，数据库系统必须满足存储数据的功能。隐含的需求往往容易被忽视，因此在控制一个产品的质量的过程中必须关注这些隐含的需求并给予应有的验证。

2. 软件质量模型

质量需求是由对质量特征的明确目标决定的，人们通常采用软件质量模型来描述影响软件质量的质量特征。一个好的软件产品质量模型可以帮助项目经理生产出符合标准的软件产品。目前，比较常见的质量模型有 Boehm 模型、McCall 模型和 ISO 9126 模型。

（1）Boehm 模型。Boehm 等人于 1976 年首次提出软件质量模型，他们认为软件产品的质量基本上可以从软件的可使用性、软件的可维护性和软件的可移植性 3 方面进行考虑。Boehm 等人将软件质量分解为若干层次，对于最低层的软件质量概念再引入数量化的指标，从而得到软件质量的整体评价。Boehm 软件质量模型如图 7-1 所示。

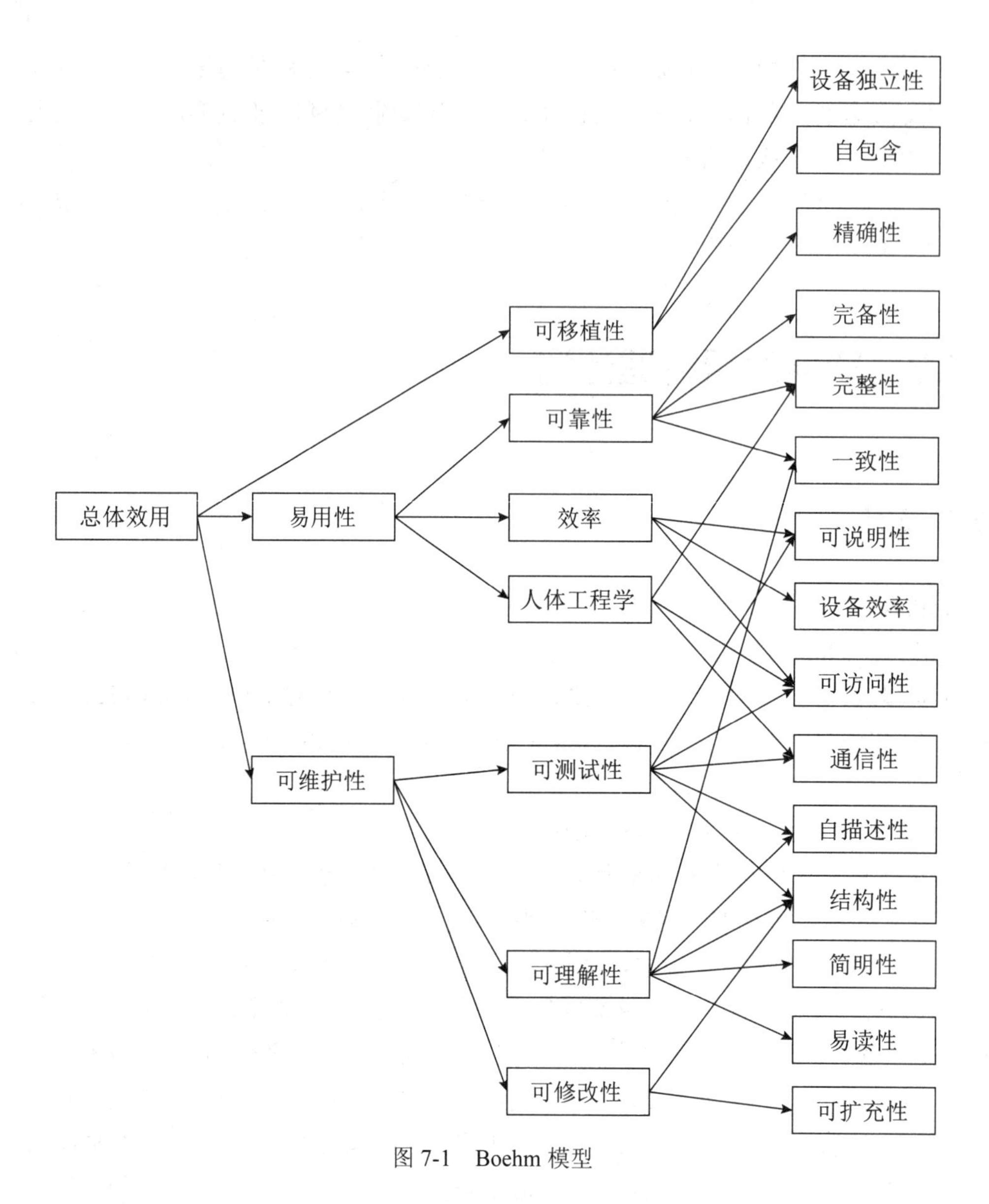

图 7-1　Boehm 模型

Boehm 模型从系统交付后涉及的不同类型的用户进行考虑。第一种用户是初始顾客，系统做了顾客期望的事情，顾客对系统非常满意；第二种用户是要将软件移植到其他硬件系统下使用的客户；第三种用户是维护系统的程序员。这三种用户都希望系统是可靠有效的。Boehm 模型反映了对软件质量的全过程理解，即软件做了用户要它做的、有效地使用系统资源、易于用户学习和使用、易于测试和维护。

（2）McCall 模型 McCall 等人于 1977 年提出了新的软件质量层次模型与度量 -McCall 模型，这是比较成熟，也是最早和应用最多的质量模型之一。McCall 模型中，质量要素集中在软件产品的三个重要方面：操作特性（产品运行）、承受可改变能力（产品修正）和新环境适应能力（产品转移）。McCall 模型如图 7-2 所示。

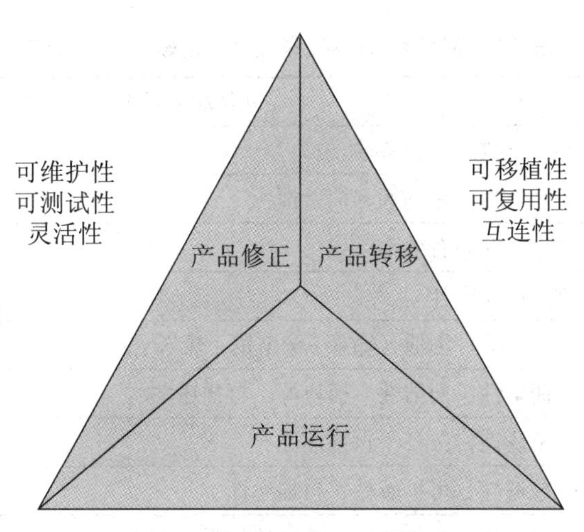

图 7-2　McCall 模型

McCall 模型的软件质量概念基于 11 个质量特征之上，并且被分成三组：

①软件产品运行质量特征如下：

正确性：在预定环境下，软件满足设计规格说明及用户预期目标的程度。

可靠性：软件按照设计要求，在规定时间和条件下不出故障、持续运行的程度。

效率：为了完成预定功能，软件系统所需的计算机资源的数量。

完整性：避免软件或者数据受到偶然的，或者有意地破坏、改动或者遗失的能力。

可用性：用户学习、使用软件以及为软件准备输入和解释输出所需的工作量。

②软件产品修正质量特征如下：

可维护性：为满足用户新的要求，或者当环境发生了变化，或者运行中发现了新的错误时，对一个已经投入运行的软件进行相应诊断和修改所需的工作量。

灵活性：修改或者改进一个已经投入运行的软件所需的工作量。

可测试性：测试软件以确保其能够执行预定功能所需的工作量。

③软件产品转移指令特征如下：

可移植性：将一个软件系统从一个计算机系统或者环境移植到另一个计算机系统或者环境中运行时所需的工作量。

复用性：一个软件或者软件的部件能够再次用于其他应用的程度。

互联性：指连接一个软件和其他系统所需的工作量。

McCall 模型的软件质量特征反映了顾客对软件的外部看法，对这些质量特征直接进行度量是很困难的，这些质量特征必须转化为开发者可以理解、可以操作的内部特征——软件质量准则，具体内容如表 7-2 所示。McCall 模型使用这些评价准则，对反映质量特征的软件属性进行分级，分级范围从 0 级（最低）到 10 级（最高），以此来估计软件质量特征的值。

表 7-2　McCall 软件质量模型中的软件质量准则

质量特征	软件质量标准
正确性	可追溯性、一致性、完备性
可靠性	容错性、一致性、精确性、简单性
效率	执行有效率、存储有效率
完整性	访问控制、访问审计
可用性	可操作性、培训、沟通、输入\输出量、输入\输出率
可维护性	一致性、简单性、简洁性、模块性、自描述性
可测试性	简单性、模块性、工具、自描述性
灵活性	模块性、普遍性、可扩展性、自描述性
可移植性	模块性、自描述性、机器无关性、软件系统无关性
复用性	普遍性、模块性、软件系统无关性、机器无关性、自描述性
互连性	模块性、通信通用性、数据通用性

（3）ISO 9126 模型。目前，最常用的是 1991 年发布的 ISO/IEC 9126《软件质量特征与产品评价》标准，标准将质量模型分为：内部质量模型、外部质量模型和使用中质量模型。内部和外部质量模型如表 7-3 所示，包含 6 个特性和 21 个子特性。

①内部质量。在规定条件下使用时，软件产品满足需求的能力的特性，其被视为在软件开发过程中（例如，需求开发、软件设计、编写代码阶段）产生的中间软件产品的质量。了解产品的内部质量，就可以预计最终产品的质量。

②外部质量。在规定条件下使用时，软件产品满足需求的程度。外部质量被视为在预定的系统环境中运行时，软件产品可能达到的质量水平。

③使用中质量。在规定的使用环境下，软件产品使特定用户在达到规定目标方面的能力，其反映的是从用户角度看，软件产品在适当系统环境下满足其需求的程度。

ISO 9126 软件质量模型中的 6 个质量特征定义如下：

①功能性：与软件所具有的各项功能及其规定的性质有关的一组属性。

②可靠性：软件按照设计要求，在规定时间和条件下出故障，持续运行的程度。

③可用性：根据规定用户或隐含用户的评估所做出的关于与使用软件所需要的努力程度有关的一组属性。

④效率：在规定条件下，与软件性能级别和所使用资源总量之间的关系有关的一组属性。

⑤可维护性：与对软件进行修改的难易程度有关的一组属性。

⑥可移植性：与一个软件从一个环境转移到另一个环境运行的能力有关的一组属性。

表 7-3 ISO 9126 软件质量模型中的 21 个子特性

质量特征	资料子特征	描述
功能性	适用性	为完成指定任务，软件具备适当功能的相关特性
	准确性	软件能够得到正确或相符的结果或者效果的相关特性
	互操作性	软件具备的能够和一些特定系统进行交互的特性
	符合性	使软件服从有关的标准、约定、法规及类似规定的特性
	安全性	软件具备的能够阻止对层序及数据的非授权故意或意外访问的能力的相关特性
可靠性	成熟性	与由软件的缺陷造成的实效的频率有关的特性
	容错性	在软件出错或者界面误用情况下，维持指定的性能水平的能力的相关特性
	可恢复性	在故障发生后，重新建立其性能水平并恢复直接受影响数据的能力，以及为达到此目的所需的时间和努力相关的特性
可用性	可理解性	与用户为理解逻辑概念及其应用所付出的努力相关的特性
	易学性	与用户为学习其应用所付出的努力相关的特性
	易操作性	与用户为操作和控制软件所付出的努力相关的特性
效率	时间行为	与软件执行功能时和处理、回应时间及吞吐率相关的特性
	资源行为	与软件执行功能所需的资源的量和时间相关的特性
可维护性	可分析性	与为诊断缺陷、失效原因或标识待修改的部分所需努力相关的特性
	易修改性	与进行修改、排错或者适应环境变换所需努力有关的相关特性
	稳定性	与修改软件后出现不可预期结果的风险相关的特性
	可测试性	为测试修改的软件所费努力程度相关的特性
可移植性	易安装性	与在指定环境下安装软件所需努力相关的特性
	可替换性	在软件的运行环境中可被其他软件替代或者替代其他软件的可能性和相关的特性
	适应性	软件运行在不同的环境中，应不需采取除软件本身设计时考虑之外的其他处理就能够适应环境的相关特性
	一致性	软件与可移植相关的标准、规范一致的相关特性

7.2.2 软件质量管理要求

1. 概述

软件质量管理涉及软件产品质量、软件过程质量和软件质量的改进。

所谓软件产品质量是指，在确定客户需求的时候，不仅包括产品的功能需求，而且包括其质量约束。这些质量约束既是体现、验证软件产品质量的标准，也是软件质量管理最终的目标。

软件产品的最终目标是为了保证软件产品质量，而只有保证软件开发过程质量才有可能保证软件产品质量。因此，设计与所有软件质量有关的过程时，必须考虑质量需求。

软件质量改进指的是，软件产品的质量可以通过持续改进的迭代过程来改进，这个过程需要很多并发过程的管理控制、协调和反馈，这些过程包括：软件生命周期过程、缺陷的检测、消除和预防过程以及质量改进过程。产品的质量与创建产品的过程的质量有直接关系，质量改进的理论与概念与软件工程有关。PDCA模型是应用最广泛的质量改进模型：

计划：识别改进的机会并计划改进。

实施：在小范围实施改进。

检查：利用数据分析改进的结果，确定改进是否有成效。

改进：如果小范围的改进有效，则进一步在较大范围内进行改进，并继续评估改进结果，如果改进失败，重新开始新的循环。

要保证整个组织中的所有软件产品的质量，保证组织的过程质量与质量改进成为必不可少的条件。但是，尽管软件过程质量管理是为了保证软件产品的质量，并不是说只要保证了过程质量就能够保证产品的质量。产品质量取决于技术质量，包括：需求的质量、设计方案的质量以及编码实现的质量等。技术质量又取决于进行开发工作的人员的技术能力、职业道德、对软件质量的承诺以及组织与项目的质量文化、软件过程质量管理等。软件质量改进是保证软件产品质量持续稳定地提高的必要措施。

2. 软件质量管理要求

为保证软件质量管理活动的质量，需要做到以下几点要求：软件质量管理必须经过计划；质量计划必须明文规定；软件质量管理活动必须在软件需求活动时期或者更早就开始进行；质量管理小组必须独立；质量管理小组成员必须经过培训；必须有适当的经费支持质量管理。

3. 软件质量管理成本

质量管理需要花费成本，质量管理成本主要涉及以下几方面的投入：

（1）培训费用。培训费用与质量管理体系、质量管理的深入程度相关。例如，有的公司实施CMM（capability maturity model），则每个项目都需要进行质量管理培训，每次过程改进也要在整个组织进行培训。

（2）设备成本。质量管理需要相应的设备，例如，存储相关文档的服务器、测试设备、测试工具，还有用于质量度量、过程改进分析的工具等都属于质量管理的设备成本。

（3）人力成本。投入品质管理的所有工作量都是质量管理的人力成本，包括软件质量保证组的人力成本、测试工作的人力成本、各种技术检查与评审等的人力成本。

（4）其他质量管理成本。除上述成本外的成本，如质量认证的费用、质量奖金等。

7.2.3 软件质量管理步骤

1. 主要过程

质量管理主要过程是质量计划、质量保证和质量控制。

（1）质量计划。软件质量计划过程是确定项目应该达到的质量标准，以及决定如何满足质量标准的计划安排和方法。合适的质量标准是质量计划的关键。只有做出精确的质量计划，才能够指导项目的实施，做好质量管理。作为质量管理最终责任承担者的项目经理，只有制定好每个任务的验收标准，才能够严格把好每一个质量关，同时了解项目的进度情况。有关制定质量计划的主要依据、方法等请参阅第 3 章质量计划部分内容。

（2）质量保证。质量保证是指：为了提供信用，证明项目将会达到有关质量标准，而开展的有计划、有组织的工作活动，是贯穿整个项目生命周期的系统性活动，经常性地针对整个项目质量计划的执行情况进行评估、检查与改进等工作，向管理者、顾客或者其他相关人员提供信任，确保项目质量与计划保持一致。质量保证的职责是确保过程的有效执行，监督项目按照指定过程进行项目活动。同时，审计软件开发过程中的产品是否按照标准开发。质量保证通常由质量保证部门或者有类似名称的组织单位提供。这种保证可以向项目管理小组和组织提供内部质量保证，或者向客户和其他未介入项目工作的人员提供外部质量保证。

质量保证的要点如下：

第一，在项目进展过程中，定期对项目各方面的表现进行评价。

第二，通过评价来推测项目最后是否能够达到相关的质量指标。

第三，通过质量评价来帮助项目相关的人建立对项目质量的信息。

质量保证的主要活动是项目产品审计和项目执行过程审计：

①项目产品审计过程是根据质量保证计划对项目过程中的工作产品进行质量审查的过程。质量保证管理者首先依据相关的产品标准从使用者的角度编写产品审计要素。然后根据产品审计要素对提交的产品进行审计，同时记录不符合项，将不符合项与项目相关人员进行确认。接下来质量保证管理者根据确认结果编写产品审计报告，同时向项目管理者及相关人员提交产品审计报告。例如，可以对需求文档、设计文档、源代码、测试报告等产品进行产品审计。

②项目执行过程审计是对项目质量管理活动的结构性复查，是对项目执行过程进行检查，确保所有活动遵循规程进行。过程审计的目的是确定所得到的经验教训，从而提高组织对这个项目或者其他项目的执行水平。过程审计可以是有进度计划的或者随机的，可以由训练有素的内部审计师进行，或者由第三方（如质量体系注册代理人员）进行。

（3）质量控制。质量控制是确定项目结果与质量标准是否相符，同时确定消除不符的原因和方法，控制产品质量，及时纠正缺陷的过程。质量控制是对阶段性的成果进行检测、验证，为质量保证提供参考依据。质量控制的方法有及时评审、走查、测试、趋势分析、缺陷跟踪等。

在软件项目质量管理中，质量管理总是围绕着质量保证过程和质量控制过程两方面进行，这两个过程互相作用，在实际应用中还可能会发生交叉。

2. 相关活动

除了软件质量计划、质量保证和质量控制外，软件质量管理过程还包括以下活动：

（1）确定软件质量需求。确定软件质量需求是软件质量管理活动的基础，在定义软件产品时就应该开始讨论软件质量需求，在需求确认时需要包括对软件质量需求的确认。确定软件质量需求需要用到需求、设计、质量等多方面的技术，即将需求分析、技术方案、技术能力、质量特征、度量等各方面因素综合考虑，并需要给出优先级，以及给出尽可能明确、量化的质量目标。

（2）软件质量度量。软件质量度量包括过程质量度量、产品质量度量以及软件维护度量。度量是衡量产品质量需求，即软件质量特征的依据，也是衡量过程质量的依据。

（3）与软件质量管理相关的一些支持活动，如软件配置管理、文档、问题解决计划等。

7.2.4 软件质量管理评审

1. 概述

评审是一种质量保证的机制，是借助一组人员来检查软件系统或者相关文档并发现错误的一个过程。软件代码、测试计划、配置管理程序、过程标准以及用户手册文档等都需要进行评审。软件项目评审是软件项目质量管理的重要组成部分，对加强软件项目管理具有重要意义。

软件项目中的常用评审类型：

（1）设计或者程序检查。该类评审用于发现设计或者代码中的详细错误，并且检查设计和代码是否遵循了标准。

（2）管理评审。该类评审是为软件项目的整个进度管理过程提供信息，它既是过程评审也是产品评审，主要关系项目成本、计划和进度。管理评审是重要的项目检查点，在这些检查点上，经常会做一些关于项目将来开发计划或者产品生存能力的决策，因此管理评审也是软件项目评审中比较重要的。

（3）质量评审。质量评审目的是对产品组件或者文档进行技术分析，从而发现需求、设计、编码和文档之间的错误或者不统一的地方，以及是否遵循了质量标准或者质量计划中的其他质量属性等质量问题。

2. 评审的作用

软件质量评审是软件项目管理过程中的过滤器，被用于软件开发过程的多个不同点上，起到发现错误的作用。评审起到的作用是“净化”分析、设计和编码过程中产生的软件工作产品。在软件开发的各个阶段都需要进行评审，因为在软件开发的各个阶段都可能产生错误，如果不及时发现并纠正，其影响和潜在危害会不断扩大，甚至导致最后的开发失败。质量评审是项目质量管理过程中的最后一个阶段，通过质量评审，可以最终检验项目是否达到项目的要求，或者说是否满足有关项目目标描述的要求。

3. 评审方法和技术

较为正式的评审方法有同行评审、走查和会议审查，在软件开发过程中，各种评审方法需要根据实际项目情况灵活应用。

（1）同行评审。在软件团队里，一对一的合作伙伴之间互相审查对方的工作成果，帮助对方找出问题的审查方法称为同行审查或者互为复审。由于两个人的工作内容和技术比较接近，设计人员较少，复审效率较高也较灵活。

（2）走查。走查主要强调对评审的对象要从头到尾检查一遍，比同行评审更严格一些。但由于走查的方法在审查前缺乏计划，参与审查的人员没有做好充分的准备，所以对于表面问题容易发现，而隐藏较深的问题却不容易发现。走查也常用于产品基本完成之后，由市场人员和产品经理来完成，以发现产品中介面、操作逻辑、用户体验等方面的问题。

（3）会议审查。会议审查是一种系统化、严密的集体评审方法。一般包括制订计划、准备和组织会议、跟踪和分析结果等。当面对最可能产生风险的工作成果时，最好采用这种最为正式的评审方法。例如，软件需求分析报告、系统架构设计和核心模块的代码等。

（4）检查表。在实际评审过程中不仅要采用合适的评审方法，还要选择合适的评审技术。检查表是一种常用的质量保证手段，也是正式技术评审的必要工具。例如，缺陷检查表列出容易出现的典型错误，作为评审的一个重要组成部分，帮助评审员找出评审的对象中可能的缺陷，从而使评审不会错过任何可能存在的隐患，也有助于审查者集中精力在可能的错误来源上，提高评审效率。

制定检查表需要注意以下事项：不同类型的评审对象应该编制不同的检查表；根据以往积累的经验收集同类评审的常见缺陷，按缺陷的类型进行组织，并为每一个缺陷类型指定一个标识码；基于以往的软件问题报告和个人经验，按照各种缺陷对软件影响的严重性和发生的可能性从大至小排列缺陷类型；以简单的问句的形式（回答是 / 否）表达每一种缺陷，检查表不宜过长；根据评审对象的质量要求，对检查表中的问题做必要的增、删、修改和前后次序调整。

（5）场景分析。场景分析技术多用于需求文档评审，按照用户使用场景对产品 / 文档进行评审，使用这种评审技术很容易发现遗漏和多余的需求。对于需求评审，场景分析法比检查表更能发现错误和问题。

4. 评审阶段

质量评审不需要对每个系统组件都进行详细的研究，质量评审更关心组件之间交互的检验，以及组件和文档是否满足了用户的需求。质量评审各个阶段如图 7-3 所示。

评审小组应该包括项目组成员，评审小组规模不宜过大。项目组成员可以为评审小组带来系统界面的很多重要信息，而且还有利于避免产生信息遗漏。

评审过程的第一个阶段是选择评审成员。首先，选择三四人组成评审小组主评审人员，负责评审与检查需要评审的文档。评审小组的其他人员需要有明确的分工和工作，这些成员主要关心那些影响其工作的重要部分。在评审期间，评审组成员可以随时发表评论。评审过程的第二个阶段是分发要评估的对象及其相关的文档。这些分发材料必须在评审之前发放，以方便评审人员有时间阅读并理解文档。技术评审本身应该相对较短，并且要使文档作者与评审小组一起评审文档，评审小组需要指派一名组内成员作为主席负责组织评审。另外还需要一人负责记录评审中的所有决策。至少应该有一个评审小组成员是资深设计者，可以负责做出重要的技术决策。完成评审后需要通知项目开发人员，并完成相应的评审表格。评审小组主席负责确定需要的变化，评审评议分为：

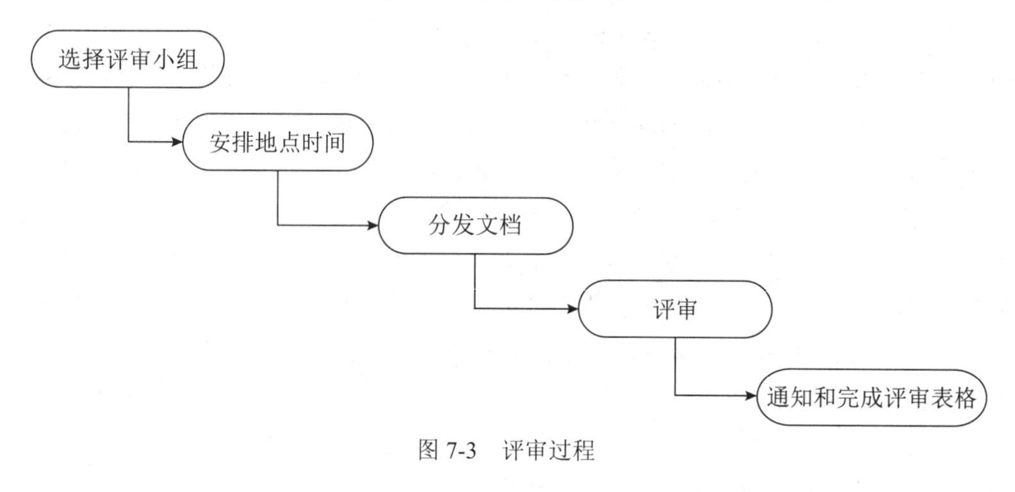

图 7-3　评审过程

（1）不采取行动。评审中发现一些不正常情况，但是评审小组确定这不是很关键的，而且处理这些问题成本很高，并且不采取行动也不会对项目产生重大影响。

（2）修整。评审过程中发现错误，并且是必须进行改进的，安排由设计人员或者文档编写人员来纠正这些错误。

（3）重新考虑总体设计。设计与系统的其他部分发生冲突，在这种情况下，必须要进行改变，甚至重新考虑总体的设计。这种改变一般都需要由评审主席与工程师开会来重新讨论，做出这些改变的成本可能比较高。

5. 评审注意事项

明确自己的角色和责任；熟悉评审内容，为评审做好准备，做细做到位；在评审会上关注问题，针对问题阐述观点，而不针对个人；可以分别讨论主要的问题和次要的问题；在会议前或者会议后可以就存在的问题提出自己的建设性意见；提高自己的沟通能力，采取适当的、灵活的表述方式；对发现的问题要跟踪到底。

7.3　软件项目质量控制和缺陷预防

7.3.1　软件质量管理体系

质量体系是一个企业质量管理系统的规范，是企业长期遵循和需要重复实施的文件。质量体系内容的核心是建立、执行和维护软生产过程，以保证最终生产出的软件产品达到用户综合的质量要求。质量体系具有较强的标准性，可以参照一定的标准实施，如 ISO、CMM 等标准。

1. ISO 9000 系列标准

最早进入国内的质量标准是 ISO 系统，在软件方面主要使用 ISO 9000 系列标准。在 ISO 9000 的术语中，对质量体系的描述：组织结构、责任、工序、工作过程及具体执行质量管理所需的资源，即质量体系是为实施质量管理所需的组织结构、程序、过程和资源，它们之间的关系如图 7-4 所示。

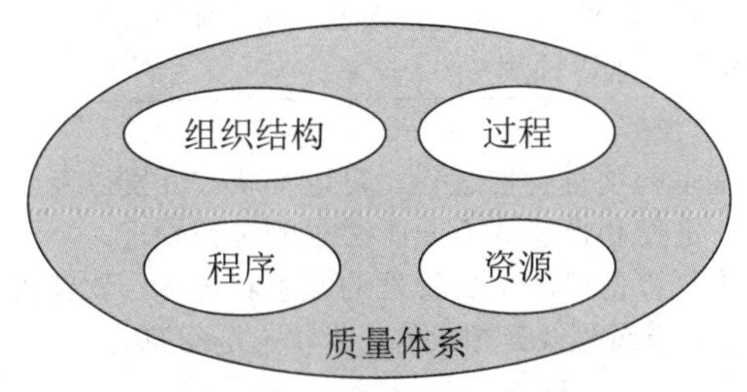

图 7-4 质量体系图示

ISO 9000 是一个完整的标准体系，定义了供应商设计和交付的一个质量产品的能力所需要的所有元素。ISO 9002 涵盖了对供应商控制设计和开发活动所认为重要的质量标准。ISO 9003 用于证明供应商在检视和测试期间检测和控制产品不一致性的能力。ISO 9004 描述和 ISO 9001、ISO 9002 和 ISO 9003 相关的质量标准，并提供了一个完整的质量检查表。

ISO 9000 的八大质量管理原则如下：

（1）以客户为中心。软件公司应该理解客户当前和未来的需求，满足客户需求并争取超过客户的期望。

（2）统一的宗旨、明确方向和建设良好的内部环境。所创造的环境能使员工充分参与实现公司目标的活动，设立方针和可以证实的目标，建立以质量为中心的企业环境。

（3）全员参与。充分调动公司全体员工的积极性，充分发挥他们的才干为公司带来效益。

（4）将相关的资源和活动作为过程来进行管理。建立、控制和保持文档化的过程，清楚地识别过程外部 / 内部的客户和供方。

（5）系统管理。针对制定的目标，识别、理解并管理一个由互相联系的过程所组成的体系，有助于提高公司的有效性和效率。

（6）持续改正。通过管理评审，内外部评审以及纠正 / 预防措施，持续地改进质量体系的有效性。

（7）以事实的决策依据。有效的决策都是建立在对数据和信息进行合乎逻辑和直观的分析基础上的。

（8）互利的供求关系。公司和客户方之间保持互利的关系，可以增进两个组织创造价值的能力。

2. CMM

软件能力成熟度模型CMM为软件组织提供了一个指导性的管理框架，模型把软件开发能力按其软件开发过程完善程度分为5级，描述每级软件开发过程的基本特点，明确各级关键过程领域。CMM模型5个成熟等级简要说明如表7-4所示。

表7-4　CMM模型5个成熟等级说明

过程能力等级	特　　点	关键过程领域
Ⅰ级（初始级）	软件开发过程是特定的，只有很少的工作过程是经过严格定义的，软件过程经常被改变，软件质量不稳定，进度、费用等难以预测	
Ⅱ级（可重复级）	建立了基本的项目管理过程，可进行软件开发以及跟踪成本、进度和性能等方面所必须的过程管理。能够提供可重复以前成功项目管理的经验和环境，软件需求、软件开发过程及其相应的技术状态是受控的	需求管理 软件项目 软件项目跟踪和监督 软件分包合同管理 软件质量保证 软件配置管理
Ⅲ级（已确定级）	软开发活动的过程在管理活动、技术活动和支持活动等方面都已经文档化、规范化。所有项目或者产品的开发和维护都在这个规范化的体系基础上进行定制。软件项目的成本、进度、质量以及过程是受控的，软件质量具有可追溯性	组织过程焦点 组织过程定义 培训大纲 综合软件管理 软件产品工程 组织协调 同行专家评审
Ⅳ级（已管理级）	运用度量方法和数据，可以对软件产品和开发过程实施定量的分解和控制	定量的过程管理 软件质量管理
Ⅴ级（优化级）	通过建立开发过程的定量反馈机制，不断产生新的思想、采用新的技术来不断地改进和优化软件开发过程	缺陷预防 技术改变管理 过程改变管理

3. 六西格玛方法

六西格玛管理方法的重点是将所有的工作作为一种流程，采用量化的方法分析流程中影响质量的因素，找出最关键的因素加以改进从而达到更高的客户满意度。六西格玛管理方法的中心思想是，如果你能“测量”一个过程有多少个缺陷，就可以有系统地分析出怎样消除它们和尽可能地接近“零缺陷”。希格玛在质量管理领域被用来衡量每百万产品的缺陷率。六西格玛可以解释为每一百万个机会中有3.4个出错的机会，即合格率为99.999 66%。六西格玛一般执行当年就会见效，执行两三年会有明显效果。六西格玛水平不是马上就能达到的，需要时间和过程，一般需要执行五年左右。

7.3.2　软件项目质量控制和实施

软件质量控制是通过监控软件开发过程与结果，确保软件质量，即在软件开发过程的若干关键点上进行软件项目跟踪和监控，根据软件项目计划来跟踪和审查软件的完成情况和成果，并根据实际完成情况和成果纠正偏差和调整项目计划。

1. 软件质量控制活动

软件质量控制包括对过程质量和产品质量的控制，主要是对过程质量的监控以及一些跟踪点的软件工作产品的质量控制。例如，开发是否遵循过程标准，在设计检查或者设计评审中设计方案是否满足设计要求，一旦发现过程问题和产品缺陷，需要有适当的解决措施并跟踪解决问题和修正缺陷。

软件质量控制的主要目的是发现和消除软件产品的缺陷。发现缺陷是通过评审和测试之类的质量控制活动实现的，这类活动包括：需求评审、设计评审、代码走查、单元测试、集成测试、系统测试以及验收测试等。消除缺陷则是通过开发人员修正缺陷实现的，另外，严格的质量控制会使开发人员对制造缺陷产生压力，因而会尽力自觉减少缺陷的产生。

2. 软件质量控制方法

（1）缺陷跟踪。软件中不可能完全没有缺陷，如果对软件缺陷跟踪和管理，对于最终的软件质量有关键意义。缺陷跟踪指的是，记录和跟踪有关缺陷从发现到解决过程的工作。缺陷跟踪从需求阶段开始，一直持续到维护阶段结束。需要跟踪的缺陷是在其他质量控制活动中发现的缺陷，如针对已经提交的软件产品进行技术评审、技术检查、测试等活动中发现的缺陷。缺陷跟踪需要逐个缺陷地加以追踪，也要在统计的水平上进行，包括统计未改正的缺陷总数、已经改正的缺陷百分比、改正一个缺陷的平均时间等指标。

缺陷跟踪管理的意义在于确保每一个被发现的缺陷都能够被解决（可能是指缺陷被修正，可能是指项目组成员达成一致的不做处理的意见）。软件缺陷跟踪管理过程中收集的缺陷数据对评估软件系统的质量、测试人员的业绩、开发人员的业绩等提供了量化的参考指标，也为软件企业进行软件过程改进提供了必要的案例积累。缺陷跟踪管理过程中获得的缺陷数目分布趋势，还可以帮助软件公司来决策软件产品的最佳发布时机。

缺陷管理机制中需要对缺陷进行描述，通常描述的缺陷信息包括如下内容：

①缺陷 ID。分配给每一个缺陷的唯一的 ID 号，可以根据该号搜索、查看该缺陷的处理情况。

②缺陷状态。标准了缺陷的待修正、待评审、待验证、关闭等状态信息。

③缺陷标题。简要说明缺陷的类型及内容。

④缺陷严重程度。测试人员给出的缺陷严重程度估计，可以是致命的、严重的、一般的、建议的等。

⑤缺陷紧急程度。测试人员给出的测试处理优先级。

⑥缺陷提交人。发现此缺陷的测试人员，最好附有联系方式，以便缺陷处理人员进行确认。

⑦缺陷提交日期。

⑧缺陷所属。指缺陷所在的模块或者是缺陷所属的开发文档的名称。

⑨缺陷解决人。指由谁来进行缺陷的解决，明确是需求分析人员、设计人员还是程序

编码人员。

⑩缺陷解决时间。项目组负责人返回的缺陷预计处理时间。

⑪缺陷处理人。由谁来确认缺陷已经得到了修正。

⑫缺陷处理最终时间。

⑬缺陷处理结果。

⑭缺陷确认人。由谁来确认缺陷已经解决了。

⑮缺陷确认时间。指缺陷修复的确认工作完成时间。

⑯缺陷确认结果。指确认软件缺陷的修正工作是否有效。

以上内容需要根据实际项目情况进行选择，另外，还应该对缺陷的特征做出详细的描述，对某些缺陷的描述应该包含必要的附件。

（2）技术检查。技术检查是由技术专家或者开发人员来检查别人完成的工作，技术检查一般由开发团队带领，质量小组在检查过程中的角色是确保检查过程中出现的缺陷被密切跟踪并完成修改。技术检查是前面介绍的评审活动中检查活动的一种，技术检查的步骤如下：

①通知与传递。软件产品的作者通知检查者可以进行检查了，并需要向检查组领导对软件产品做出一些说明，以便检查领导决定检查内容和出席检查会议的成员。

②准备。检查人员检查软件产品，可以使用历史项目的缺陷报告错误清单等作为辅助工具。

③检查会议。检查人员检查完软件产品后，由作者、检查领导、检查人员、记录员共同召开检查会议，讨论软件产品及其检查结果。

④检查报告。会后，由检查小组整理检查报告，包括检查会议时间、小组成员、作者、检查内容、检查量、缺陷发现数目与种类、检查结果等。检查报告要求置于变更控制之下。

⑤修改工作。如果检查结果是要求修改，作者或者其他人需要进行缺陷修正，修正后的产品还需要经过技术检查，检查通过才可以宣告该软件产品正式通过技术检查。

（3）源代码追踪。源代码追踪是利用开发工具的调试器，一行行追踪代码的执行情况，主要由程序员来进行。程序员的编码质量是软件质量的重要部分，编码质量一方面体现在编码规范，另一方面体现在代码的缺陷率、运行效率等。降低代码缺陷率的一个主要方法是源代码追踪。

（4）测试。软件测试是软件质量控制中的关键活动，软件测试是软件检验与有效性验证的一部分。随着测试工程的发展，目前的测试是一个全过程的测试，包括开发过程前期的静态测试、单元测试、集成测试和系统测试等。

7.3.3 软件项目缺陷的预防

在软件项目中，任何与用户需求不符合的地方都是缺陷，作为衡量软件质量的重要指标，人们希望缺陷越少越好。软件开发过程中在很大程度上依赖于发现和纠正缺陷的过程，一旦缺陷被发现之后，需要经过软件过程控制，但是这一过程并不能降低太多的成本，而且大量缺陷的存在也将带来大量的返工，对项目进度、成本造成严重的影响。因此，如何最大限度地避免缺陷，即开展缺陷预防的活动，防止在开发过程中引入缺陷尤为重要。

缺陷预防要求在开发周期的每个阶段实施根本原因分析，为有效开展缺陷预防活动提供依据。通过对缺陷的深入分析可以找到缺陷产生的根本原因，从而确定这些缺陷产生的根源和这些根源存在的程度，找出对策、采取措施消除问题的根源，防止将来再次发生同类问题。

可以采用以下手段预防缺陷：

（1）从流程上进行控制，避免缺陷的引入，也就是定义或者制定规范的、行之有效的开发流程来减少缺陷。例如，加强软件各阶段的评审活动，包括需求规格说明书评审、设计评审、代码评审、测试用例评审等，对每个环节进行控制，杜绝缺陷，保证每个环节的质量，力求最终保证整体产品的质量。

（2）采用有效的工作方法和技巧来减少缺陷，即提高软件工程师的设计能力、编码能力和测试能力，使每个工程师采用有效的方法和手段进行工作，有效地提高个体和团队的工作质量，力求最终保证整体产品的质量。

7.4 软件项目质量度量

软件项目质量度量是伴随着整个开发过程中的软件质量管理进行的，即从软件开发开始就已经开始进行软件质量度量。质量度量不仅帮助量化地衡量产品质量，也为过程质量管理提供决策辅助，同时为质量改进提供分析基础。

软件度量主要包括 3 部分：项目度量、产品度量和过程度量。各部分内容如下：

项目度量的对象有规模、成本、工作量、进度、生产力、风险、顾客满意度等。

产品度量以质量度量为中心，包括对功能性、可靠性、易用性、效率、可维护性、可移植性等的度量。

过程度量主要针对成熟度、管理、生命周期、生产率、缺陷植入率等进行度量。

7.4.1 度量的要素

实施软件度量，主要通过 3 个基本要素——数据、图表和模型来体现度量结果。

1. 数据

数据是关于事物或者事项的记录，是科学研究最重要的基础。由于数据的客观性，它被用于许多场合。研究数据就是对数据进行采集、分类、录入、存储、统计分析、统计检验等一系列活动。数据分析是在大量实验数据的基础上，通过数学处理和计算，揭示产品质量和性能指标与众多影响因素之间的内在关系。

2. 图表

图表可以清楚地反映出复杂的逻辑关系，具有直观清晰的特点。图表的作用如下：

（1）图表有助于培养思考的习惯，可以直观地弥补文字解释可能存在的缺陷。

（2）图表有助于沟通交流。项目管理者需要和顾客、企业员工和项目组成员沟通，需要阐述项目的目标、资源、限制、要求、作用、日程、问题点等，在这种沟通过程中，如果能娴熟地使用图表，将降低沟通成本，提升沟通效率。

（3）图表有助于明确清晰地说明和阐述内容。软件过程中的用例、作业流程、概要设计等经常以图表的方式加以说明和阐述。

3. 模型

模型是为了某种特定的目的而对研究对象和认识对象所进行的一种简化的描述或者模拟，表示对现实的一种假设，说明相关变量之间的关系，可作为分析、评估和预测的工具。数据模型通过高度抽象与概括，建立起稳定的、高档次的数据环境。模型的作用就是使复杂的信息变得简单易懂，使我们容易洞察复杂的原始数据背后的规律，并能够有效地将系统需求映射到软件结构上去。

7.4.2 度量的标准

软件度量标准是与软件系统、过程或者文档相关的任何测量。例如，表示产品规模的代码行、交付产品报告的错误数等。软件度量标准可以分为控制度量标准和预测度量标准两类。控制度量标准是用来控制软件过程的。例如，成本扩大、时间延迟和磁盘使用等。对这些度量标准的测量可以用来提炼项目计划过程。预测度量标准是用来测量产品属性的，这些属性可以预测相关产品的质量。例如，产品文档的可读性可以通过估计索引产品手册来预测，软件构件的可维护性可以通过测量它的复杂度来预测等。实际上，很多需要度量的属性，很难直接进行测量，可能需要经过假设或者转换，建立我们能够直接测量的事物与需要测量的事物之间的关系，通过间接的方式实现度量。

预测度量标准可以基于以下假设：

我们能够准确地测量软件的一些属性；在可以测量的事物与我们想知道的产品行为属性之间存在一定的关系；这种关系是可以理解的，已经确认了的，并且能够通过公式或者模型表示出来。

数据收集与数据分析之间应该尽量衔接紧密，不宜相隔久远。产品数据应该作为组织资源的一部分来维护，并且当数据对特定的项目来说已经没有用时，项目的所有历史记录也还应该继续维护。

本章总结

质量是产品的固有属性，软件质量管理是软件项目管理的重要内容。本章首先阐述了质量管理内容及基础知识，接下来分别从软件质量管理要求、步骤和评审三方面对软件质量管理计划进行讨论；然后在介绍软件质量管理体系的基础上，重点阐述了软件项目质量控制和缺陷预防；最后从质量要素、质量标准两方面讨论了软件项目质量度量的相关内容。

课后练习

一、简答题

1. 简述质量保证的主要活动，以及质量保证的要点。
2. 简述质量保证与质量控制的关系。
3. 简述质量管理的基本原则和目标。
4. 简述制订项目质量计划包含的主要活动。
5. 简述制订项目质量计划工作的输入与输出。

二、在线测试题

扫码书背面的防盗版二维码，获取答题权限。

第8章
软件项目风险管理

案例故事　H公司投标风险控制

H公司为某省某运营商建立一个商务业务平台，并采用合作分成的方式。也就是说，所有的投资由H方负担，商务业务平台投入商业应用之后运营商从所收取的收入中按照一定的比例跟H分成。

同一时间，平台有两个软件公司（H公司）和（C公司）一起进行建设，设备以及技术均独立，也就是说同时有两个平台提供同一种服务，两个平台分别负责不同类型的用户。

整个项目进行了10个月，并经历了一个月试用期之后，准备正式投入商业应用的第一天，运营商在没有任何通知的情况下，将该商务业务平台上所有的用户都转到了H公司竞争对手C公司的平台上去了，也就是停止使用H公司的商务业务平台。

整个项目H公司投资超过两百万元，包括软、硬件，以及各种集成、支持、差旅费用等。现在H公司所有的设备被搁置但不能搬走，并没有被遗弃，运营商口头声称还会履行合同，按照原来的分成比例给H分成。但是H公司无法得知每个月的使用情况、用户多少，所以根本无法知道他们究竟应该拿到多少分成。因此，运营商的口头承诺根本如同鸡肋。

案例分析：

类似本案例这种结局的项目很多，风险管理不再只是纸上谈兵，而应有具体的量化评估体系以及风险应对对策。由此可见，国内企业在项目管理的实施上还没有深入。有很多是整体环境和管理层的问题，但项目经理也具有不可推卸的责任。

第一，国内企业对项目管理的实施很浅薄：一个普遍现象就是购买所谓专业的项目管理软件来进行项目管理，以为这样就可以解决一切问题，就很专业和规范。但企业本身的管理体系和软件的项目管理思想格格不入，没有很好地融合，在这种背景下的项目管理充其量也就是定期搞个报表哄哄领导。一旦项目出现任何风险就会岌岌可危。

第二，项目管理体系不健全：由于企业管理层对项目管理知识的匮乏，导致公司没有一个比较健全的项目管理体系，正是因为缺乏项目生存环境，所以项目经理们在实施项目的时候四处碰壁、无可奈何。当然这并不是为项目经理推脱责任，这个道理就好像外企的职业经理人空降后全都夭折了一样。别忘了项目经理的权利最重要，项目经理没有决策权，做什么都白做。

第三，项目管理的量化时代迟迟没有到来：这个案例的直接原因就是风险管理的缺乏，如果有一个好的风险预警体系，这种问题应该很早能预料到，并能够增加一些防范措施。我们现在所谓的风险管理只是象征性地列个风险列表，没有一个很好的量化和评估过程，基本只是个文档。所以这样的管理都是些面子工程。项目经理的职责是跟踪监控，如果没有具体的数据，所谓的监控只能沦为例行公事。

其实，导致这种状况的原因可能还有更深层次的外部因素，比如国内企业目前基本是以市场为导向，而中国处于一种市场经济的发展阶段，市场化并不成熟，各种因素导致了企业为了市场而急于求成，本来就缺乏规范管理的企业就更谈不上项目管理了。

当然，种种原因不足以说明项目管理就不能进行了。在这个案例中，项目经理负有不可推卸的责任，风险列表中是否已经识别到了这种合同风险或市场风险呢？如果识别到了，是否采取过什么沟通手段和措施？也许项目经理没有根本解决这个问题的权利，但有努力挽救这种结局的责任和义务。若要避免类似的情况发生，应采取如下措施：

首先，项目的风险管理应该在项目实施之前就应该做好，准备好风险出现时的应急措施。任何项目都可能存在风险性，如何圆满处理和化解风险才是项目经理在管理项目时应该考虑的。

其次，项目经理如果在与运营商谈项目时就参与进入的话，项目经理就有不可推卸的责任，因为项目经理应该知道项目各方的权责利问题，尽可能把项目风险把握在自己可控范围之中，并且符合一定的法律依据。

最后，“合作分成”这样的搭建平台的方式本身就具有很大的风险性，但是现在工作中这种合作方式又普遍存在，这样就要求项目经理应该具有很强的自我保护的法律意识，在签署项目合作协议时，应该规范合作各方的权责利，规避项目风险。

目前，风险管理被认为是 IT 软件项目中减少失败的一种重要手段。当不能很确定地预测将来事情的时候，可以采用结构化风险管理来发现计划中的缺陷，并且采取行动来减少潜在问题发生的可能性和影响。风险管理意味着危机还没有发生之前就对它进行处理，这就提高了项目成功的机会并减少了不可避免风险所产生的后果。

8.1　软件项目风险概述

所谓“风险”，是指将来可能发生、但是不期望发生或不在计划内的事件。风险的最大特征是不确定性。通过一定的方法，可以评估特定时期内风险发生的概率。另外，那些对项目有重要影响的事件才可以作为风险考虑，因为它们有可能造成工作量、成本的增加，项目的工期延误等。风险对项目的影响可以通过一定积极有效的措施得以缓解，甚至实现消除。

软件项目风险是指在软件开发过程中遇到的预算和进度等方面的问题，以及这些问题对软件项目的影响。软件项目风险会影响项目计划的实现，如果项目风险变成现实，就有可能影响项目的进度，增加项目的成本，甚至使软件项目不能实现。如果对项目进行风险管理，就可以最大限度地减少风险的发生。但是，目前国内的软件企业不太关心软件项目的风险管理，结果造成了软件项目经常性的延期、超过预算，甚至失败。成功的项目管理一般都对项目风险进行了良好的管理。因此，任何一个系统开发项目都应将风险管理作为软件项目管理的重要内容。

8.2 风险的认识和分析

项目开发的方式不可能保证开发工作一定成功，都会有一定的风险，这就需要进行项目风险分析。在进行项目风险分析时，重要的是要量化不确定的程度和每个风险相当的损失程度，为实现这一点就必须要考虑以下问题：

要考虑未来，什么样的风险会导致软件项目失败？

要考虑变化，在用户需求、开发技术、目标、机制及其他与项目有关的因素的改变将会对按时交付和系统成功产生什么影响？

必须解决选择问题，应采用什么方法和工具，应配备多少人力，在质量上强调到什么程度才满足要求？

这些潜在的问题可能会对软件项目的计划、成本、技术、产品的质量及团队的士气产生负面的影响。风险管理就是在这些潜在的问题对项目造成破坏之前对其进行识别、处理和排除。

在项目管理中，建立风险管理策略以及在项目的生命周期中不断控制风险是非常重要的，风险管理包括四个相关阶段，每个阶段间的关系如图 8-1 所示。

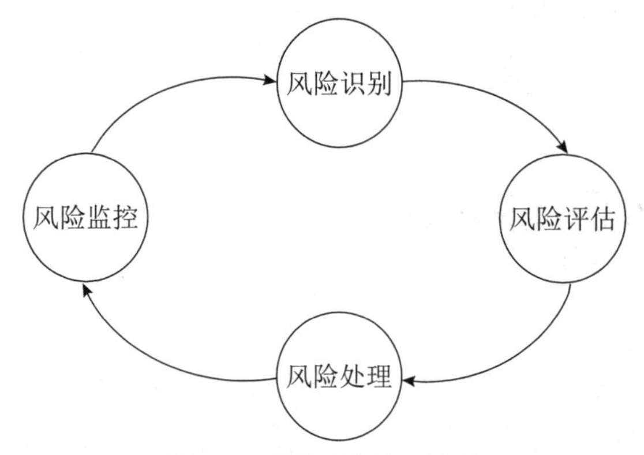

图 8-1　项目风险管理过程

1. 风险识别

识别风险的常用方法有专家调查法、故障树分析（fault tree analysis，FTA）等。

2. 风险评估（分析）

对已识别的风险要进行估计和评价，风险估计的主要任务是确定风险发生的概率与后果，风险评价则是确定该风险的经济意义及处理的费 / 效分析，常用的方法有：外推法、蒙特卡罗模拟法等。

外推法是进行项目风险评估和分析的一种十分有效的方法，它分为前推、后推和旁推三种类型。前推法是根据历史的经验和数据推断出未来事件发生的概率及其后果。如果历史数据具有明显的周期性，可据此直接对风险做出周期性的评估和分析；如果在历史记录中看不出明显的周期性，可用曲线或分布函数来拟合这些数据进行外推，使用此法时必须注意历史数据的不完整和主观性。后推法是在手头没有历史数据可供使用时所采用的一种方法，由于工程项目的一次性和不可重复性，所以在项目风险评估时常用后推法。后推是把未知的事件及后果与已知事件与后果联系起来，把未来风险事件归结到有数据可查的造成这一风险事件的初始事件上，从而对风险做出评估和分析。旁推法是利用类似项目的数据进行外推，在充分考虑新环境各种变化的基础上，用某 项目的历史记录对新的类似项目可能遇到的风险进行评估和分析。这三种外推法已广泛运用于项目风险评估和分析中。

蒙特卡罗模拟法（Monte-Carlo）又称统计试验法或随机模拟法。该法通过对工程项目各风险变量的统计试验、随机模拟各风险变量间的动态关系，以决定工程项目的不确定问题。蒙特卡罗法的模拟步骤如下：

（1）确定输入变量及其概率分布（对于未来时间通常用主观概率估计）；

（2）通过模拟试验，独立地随机抽取各输入变量的值，并使所抽取的随机数值符合既定的概率分布；

（3）建立数学模型，按照研究目的编制程序计算各输出变量；

（4）确定模拟次数以满足预定的精度要求，以逐渐积累的较大样本来模拟输出函数的概率分布。

蒙特卡罗法借助人们对未来事件的主观概率估计及计算机模拟，解决用数学分析方法求解的动态系统复杂问题，已成为工程项目（特别是大型工程项目）风险分析的主要工具之一。

项目风险估计与评价的方法还有很多，如风险当量法、等风险图法、灰色理论系统等，总之这些理论和方法各有所长，项目风险分析时必须根据项目实际情况进行选择。

3. 风险处理

一般而言，风险处理有如下三种方法。

（1）风险控制法，即主动采取措施避免风险、消灭风险、中和风险或采用紧急方案来降低风险。

（2）风险自留，当风险量不大时企业可以非理性或理性地主动承担风险。

（3）风险转移。

4. 风险监控

包括对风险发生的监督和对风险管理的监督，前者是对已识别的风险源进行监视和控制；后者是在项目实施过程中监督人们认真执行风险管理的组织和技术措施。

每个步骤所使用的工具和方法详见表8-1。

表8-1　风险管理过程中使用的工具和方法

风险管理步骤	使用的工具方法
风险识别	头脑风暴、面谈、Delphi法、核对表、SWOT技术
风险评估（分析）	外推法、蒙特卡罗模拟法
风险处理	风险控制法、风险自留、风险转移
风险监控	核对表、定期项目评估、挣值分析

项目风险管理实际上就是贯穿在项目开发过程中的一系列管理步骤，其中包括风险识别、风险估计、风险管理策略、风险解决和风险监控，它能让风险管理者主动"攻击"风险，进行有效的风险管理。

在软件项目管理中，应该任命一名风险管理者，该管理者的主要职责是在制订与评估规划时，从风险管理的角度对项目规划或计划进行审核并发表意见，不断寻找可能出现的任何意外情况，试着指出各个风险的管理策略及常用的管理方法，以随时处理出现的风险，风险管理者最好是由项目主管以外的人担任。

8.2.1　风险的识别

风险识别就是企图采用系统化的方法，识别某特定项目已知的和可预测的风险。识别风险是系统化地识别已知的和可预测的风险，在可能时避免这些风险，并在必要时控制这些风险。

1. 风险分类

软件项目风险体现在以下四个方面：需求、技术、成本和进度。根据风险内容，可以将软件项目开发中常见的风险分为如下几类：

（1）产品规模风险。有经验的项目经理都知道，项目的风险是直接与产品的规模成正比的。与软件规模相关的风险因素有：

①估算产品的规模的方法（LOC或代码行，FP或功能点，程序或文件的数目）；

②产品规模估算的信任度；

③产品规模与以前产品规模平均值的偏差；

④产品的用户数；

⑤复用的软件有多少；

⑥产品的需求改变多少。

（2）需求风险。很多项目在确定需求时都面临着一些不确定性和混乱。当在项目早期容忍了这些不确定性，并且在项目进展过程当中得不到解决，这些问题就会对项目的成功造成很大威胁。如果不控制与需求相关的风险因素，那么就很有可能产生错误的产品或者拙劣地生产产品。每一种情况都会导致不良的结果。与客户相关的风险因素有：

①需求已经成为项目基准，但需求还在继续变化；

②需求定义欠佳，而进一步的定义会扩展项目范畴；

③不断变化需求或添加额外需求；

④产品定义含混的部分比预期需要更多的时间；

⑤在进行需求分析过程中，客户的参与度不够；

⑥缺少有效的需求变化管理过程，对需求的变化缺少相关分析。

（3）计划编制风险内容如下：

①计划、资源和产品定义全凭客户或上层领导口头指令，并且不完全一致；

②计划是优化的，是“最佳状态”，但计划不现实，只能算是“期望状态”；

③计划基于使用特定的小组成员，而那个特定的小组成员其实指望不上；

④产品规模（代码行数、功能点、与前 产品规模的百分比）比估计的要大；

⑤完成目标日期提前，但没有相应地调整产品范围或可用资源；

⑥涉足不熟悉的产品领域，花费在设计和实现上的时间比预期的要多。

（4）组织和管理风险。尽管管理问题制约了很多项目的成功，但是不要因为风险管理计划中没有包括所有管理活动而感到惊奇。在大部分项目里，项目经理经常是写项目风险管理计划的人，并且大部分人都不希望在公共场合暴露自己的弱点。然而，这类问题可能会使项目的成功变得更加困难。如果不正视这些棘手的问题，它们就很有可能在项目进行的某个阶段影响项目。定义了项目追踪过程并且明确项目角色和责任，就能处理以下风险因素：

①计划和任务定义不够充分：由管理层或市场人员进行技术决策，导致计划进度缓慢，计划时间延长；

②低效的项目组结构降低生产率；

③管理层审查决策的周期比预期的时间长；

④预算削减，打乱项目计划；

⑤管理层作出了打击项目组织积极性的决定或不切实际的承诺；

⑥缺乏必要的规范，项目所有者和决策者分不清，导致工作失误与重复工作；

⑦非技术的第三方的工作（预算批准、设备采购批准、法律方面的审查、安全保证等）时间比预期的延长。

（5）人员风险内容如下：

①为先决条件的任务（如培训及其他项目）不能按时完成；

②开发人员和管理层之间关系不佳，导致决策缓慢，影响全局；

③缺乏激励措施、士气低下，降低生产能力；

④某些人员需要更多的时间适应还不熟悉的软件工具和环境；

⑤项目后期加入的新开发人员，需进行培训并逐渐与现有成员沟通，从而使现有成员的工作效率降低；

⑥由于项目组成员之间发生冲突，导致沟通不畅、设计欠佳、界面出现错误和额外的重复工作；

⑦不适应工作的成员没有调离项目组，影响了项目组其他成员的积极性；

⑧没有找到项目急需的具有特定技能的人。

（6）开发环境风险内容如下：

①设施未及时到位；

②设施虽到位，但未配套齐全，如没有电话、网线、办公用品等；

③设施拥挤、杂乱或者破损；

④开发工具未及时到位；

⑤开发工具不如期望的那样有效，开发人员需要时间创建工作环境或者切换新的工具；

⑥新的开发工具的学习期比预期的长，内容繁多。

（7）客户风险内容如下：

①客户对于最后交付的产品不满意，要求重新设计和重做；

②客户的意见未被采纳，造成产品最终无法满足用户要求，因而必须重做；

③客户对规划、原型和规格的审核决策周期比预期的要长；

④客户没有或不能参与规划、原型和规格阶段的审核，导致需求不稳定和产品生产周期的变更；

⑤客户答复的时间（如回答或澄清与需求相关问题的时间）比预期长；

⑥客户提供的组件质量欠佳，导致额外的测试、设计和集成工作，以及额外的客户关系管理工作。

（8）产品风险内容如下：

①开发额外不需要的功能（镀金），延长了计划进度；

②严格要求与现有系统兼容，需要进行比预期更多的测试、设计和实现工作；

③要求与其他系统或不受本项目组控制的系统相连，导致无法预料的设计、实现和测试工作；

④在不熟悉或未经检验的软件和硬件环境中运行所产生的未预料到的问题；

⑤开发一种全新的模块将比预期花费更长的时间；

⑥依赖正在开发中的技术将延长计划进度。

（9）设计和实现风险内容如下：

①设计质量低下，导致重复设计；

②一些必要的功能无法使用现有的代码和库实现，开发人员必须使用新的库或者自行开发新的功能；

③代码和库质量低下，导致需要进行额外的测试，修正错误或重新制作；

④过高估计了增强型工具对计划进度的节省量；

⑤分别开发的模块无法有效集成，需要重新设计或制作。

（10）过程风险内容如下：

①进程比预期的慢；

②前期的质量保证行为不真实，导致后期的重复工作；

③太不正规（缺乏对软件开发策略和标准的遵循），导致沟通不足，质量欠佳，甚至需重新开发；

④过于正规（教条地坚持软件开发策略和标准），导致过多耗时于无用的工作；

⑤向管理层撰写进程报告占用开发人员的时间比预期的多；

⑥风险管理粗心，导致未能发现重大的项目风险。

（11）相关性风险。许多风险都是因为项目的外部环境或因素的相关性产生的。不能很好地控制外部的相关性，因此缓解策略应该包括可能性计划，以便从第二资源或协同工作资源中取得必要的组成部分，并且觉察潜在的问题。与外部环境相关的因素有：

①客户供应条目或信息；

②内部或外部转包商的关系；

③交互成员或交互团体依赖性；

④经验丰富人员的可得性；

⑤项目的复用性。

在进行具体的软件项目风险识别时，可以根据实际情况对风险分类。但简单的分类并不总是行得通的，某些风险根本无法预测。在这里，借鉴一下美国空军软件项目风险管理手册中指出的如何识别软件风险的方法。这种识别方法要求项目管理者根据项目实际情况标识影响软件风险因素的风险驱动因子，这些因素包括以下方面：

①性能风险：产品能够满足需求和符合使用目的的不确定程度。

②成本风险：项目预算能够被维持的不确定程度。

③支持风险：软件易于纠错、适应及增强的不确定程度。

④进度风险：项目进度能够被维持且产品能按时交付的不确定程度。

每一个风险驱动因子对风险因素的影响均可分为四个影响类别——可忽略的、轻微的、严重的及灾难性的。

2. 风险识别的方法

（1）头脑风暴：项目成员、外聘专家、客户等各方人员组成小组，根据经验列出所有可能的风险，根据风险预测和风险识别的目的和要求，由专家组通过会议形式让大家畅所欲言，而后对各位专家的意见进行汇总，得出最后的结论。

（2）专家访谈：向该领域专家或有经验人员了解项目中会遇到哪些困难；

（3）历史资料：通过查阅类似项目的历史资料了解可能出现的问题；

（4）检查表：将可能出现的问题列出清单，可以对照检查潜在的风险；

（5）评估表：根据历史经验进行总结，通过调查问卷方式判别项目的整体风险和风险的类型。

从上面几点看，都涉及了公司或组织内的资料收集和积累，这其实就是知识管理的部分工作内容。

风险识别的一个具体方法是建立风险清单，清单上列举出在任何时候可能碰到的风险，最重要的是要对清单的内容随时进行维护、更新风险清单，并向所有的成员公开，应鼓励项目团队的每个成员勇于发现问题并提出警告。建立风险清单的一个办法是将风险输入缺陷追踪系统中，建立风险追踪工具。缺陷追踪系统一般能将风险项目标示为已解决或尚待处理的状态，也能指定解决问题的项目团队成员，并安排处理顺序。风险清单给项目管理提供了一种简单的风险预测技术，表8-2是一个风险清单的示例。

表8-2 风险清单示例

风　　险	类　　别	概　　率	影　　响
资金将会流失	商业风险	40%	0.25
技术达不到预期效果	技术风险	30%	0.25
人员流动频繁	人员风险	60%	0.75

在风险清单中，风险的概率值可以由项目组成员个别估算，然后加权平均得到一个有代表性的值，也可以通过先做个别估算而后求出一个有代表性的值来完成。对风险产生的影响可以对影响评估的因素进行分析。一旦完成了风险清单的内容，就要根据概率进行排序，高发生率、高影响的风险放在上方，依次类推。项目管理者对排序进行研究，并划分重要和次重要的风险，对次重要的风险再进行一次评估并排序。对重要的风险要进行管理。从管理的角度来考虑，风险的影响及概率是起着不同作用的，一个具有高影响且发生概率很低的风险因素不应该花太多的管理时间，而高影响且发生率从中到高的风险以及低影响且高概率的风险，应该首先列入管理考虑之中。在这里，需要强调的是如何评估风险的影响，如果风险真的发生了，它所产生的后果会对三个因素产生影响：风险的性质、范围及时间。风险的性质是指当风险发生时可能产生的问题。风险的范围是指风险的严重性及其整体分布情况。风险的时间是指主要考虑何时能够感到风险及持续多长时间。可以利用风险清单进行分析，并在项目进展过程中迭代使用。项目组应该定期复查风险清单，评估每一个风险，以确定新的情况是否引起风险的概率及影响发生改变。这个活动可能会添加新的风险，删除一些不再有影响的风险，并改变风险的相对位置。

风险清单是关键的风险预测管理工具，清单上列出了在任何时候碰到的风险名称、类别、概率及该风险所产生的影响。其中，整体影响值可对四个风险因素（性能、支持、成本及进度）的影响类别求平均值（有时也采用加权平均值）。

8.2.2 风险的分析

在风险识别并对辨识出的风险进行进一步的确认后可进行风险分析。风险分析，又称风险预测或风险估算，常采用两种方法分析每种风险：一种是估算风险发生的可能性或概率，另一种是分析如果风险发生时所产生的后果。风险分析的目的是估计风险发生的概率和对项目的影响力，识别项目的重大风险并进行重点管理。风险发生概率可以用数学模型、统计方法和人工估计进行分析，从实际工作来看人工估计是比较直接的方法。风险的影响力是指风险发生后对项目的工作范围、时间、成本、质量的影响。风险管理的重点目标就是那些发生概率大并且影响力大的事件，即假设某一风险出现后，分析是否有其他风险出现，或是假设这一风险不出现，分析它将会产生什么情况，然后确定主要风险出现的最坏情况，如何将此风险的影响降低到最小，同时确定主要风险出现的个数及时间。一般来讲，风险管理者要与项目计划人员、技术人员及其他管理人员一起执行以下四种风险活动：

（1）建立一个标准（尺度），以反映风险发生的可能性。

（2）描述风险的后果。

（3）估计风险对项目和产品的影响。

（4）确定风险的精确度，以免产生误解。

进行风险分析时，最重要的是量化不确定性的程度和每个风险可能造成损失的程度。量化方法有以下两种。

（1）定性评估：将发生概率和影响力分成 3 ～ 5 级，如 VL、L、M、H、VH（分别为“非常小”“小”“中等”“高”和“非常高”等），通过相互比较确定每个事件的等级，然后通过分布图识别风险。

（2）评分矩阵：将发生概率和影响力用 0 ～ 1 之间的一个数字描述，然后找出那些“概率 影响力”乘积较大的事件。

由最熟悉系统的人评估每个风险的发生概率，然后保留一份风险评估审核文件。评估损失的概率要比评估损失大小更具有主观性。许多实践方法可以提高主观评估的准确度，主要有以下方法：

1. 德尔菲法（Delphi 法）

德尔菲是古希腊传说中神圣之地，城中的阿波罗神殿可以预测未来。德尔菲法是根据有专门知识的人的直接经验，对研究问题进行判断预测的方法，也称专家调查法。这种方法是由美国著名的兰德咨询公司于 20 世纪 50 年代发明并在 60 年代首先应用于预测领域。德尔菲法是美国兰德公司的 O. 赫尔墨和 N. 达尔基首先提出的，最先用来研究美国空军委托的一个典型的风险识别问题：若苏联对美国发动核袭击，其袭击目标将选在什么地方？后果如何？运用德尔菲法要注意以下问题：一是问题要集中，有针对性，各个问题要组成有机整体，问题要按登记排队，先简后繁，先综合后局部；二是要避免在考虑问题时出现诱导现象，避免专家的意见向小组意见靠近，避免迎合大众的观点：三是要避免组合事件。若一个事件包含两方面，一方面专家同意；另一方面反对，这样会使得专家无法回答。德尔菲法有如下三个特点。

（1）反馈性：表现在多次作业，反复、综合、整理、归纳和修正，有组织、有步骤地进行。调查采用书面填写调查表的方式。被调查的专家之间互相匿名，因而可以减少少数“权威”

人士的意见对其他人的影响。

（2）匿名性：参与的专家之间相互匿名，避免心理干扰影响，排除专家的各种人为因素，只通过他们头脑中的数据资料和经验，经过分析、判断和计算，确定出理想的结果。调查表收回整理后，将结果反馈给各位专家，为专家提供了解他人意见和修改自己意见的机会，并无损于自己的威信。

（3）统计性：对各位专家提出的意见进行统计，再取平均数或中位数统计出量化结果，使结果更加合理、准确。

德尔菲法的一般步骤如下。

第一步：提出要求，以书面形式通知选定的专家和专门人员，其中选择专家是关键。专家一般都是掌握专门领域知识和技能的人。人数一般在 8 ～ 20 人，并提供专家所需的足够资料。

第二步：专家收到材料，通过自己的知识和经验，来写出自己对未来发展的预测，并说明理由和依据，再以书面的形式交回。

第三步：主持单位或领导小组根据专家的意见加以归纳整理，对不同的结果分别说明依据和理由（根据匿名专家的意见）分别交给各专家，要求对其做出修改或补充。

第四步：专家接到第二次通知后，对各种意见及其依据和理由分别进行分析，并再次进行修改，提出自己的意见和理由依据。如此往复的归纳整理，直到意见基本一致。具体的修改次数要根据实际需要而定，其应用流程如图 8-2 所示。

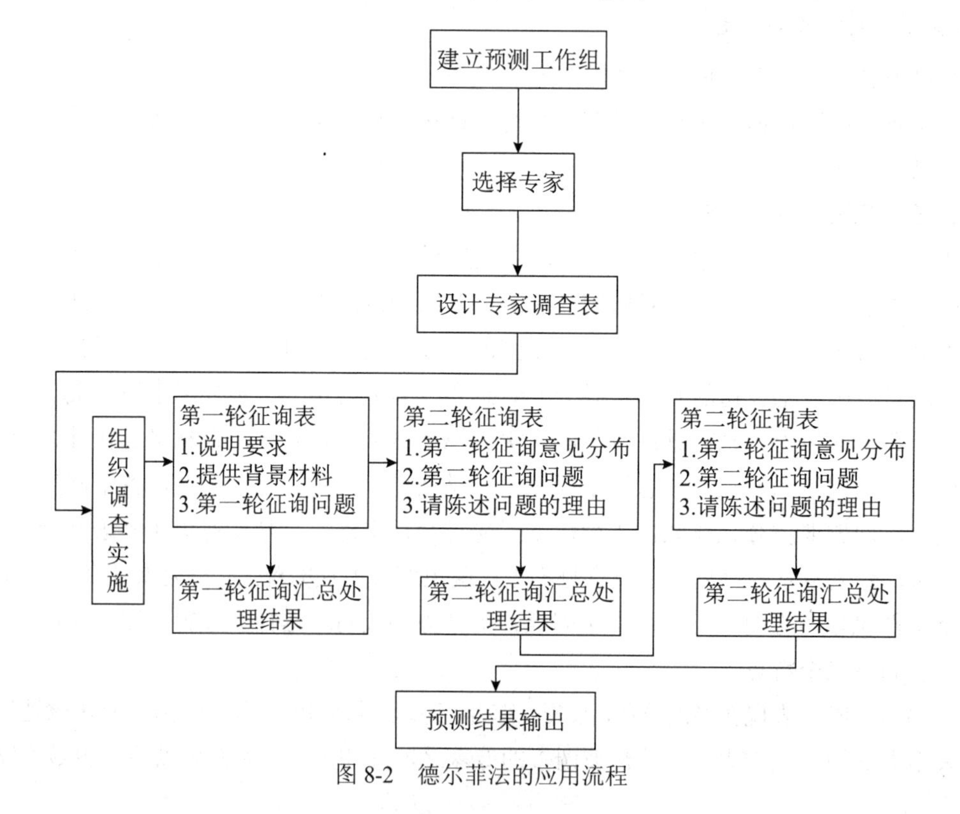

图 8-2　德尔菲法的应用流程

德尔菲法的缺点在于：受预测者主观影响较大，有取得小组一致意见的趋势但又无法说明为什么该意见是正确的，比较保守，不利于新思想的产生。

2. 故障树分析（FTA）

故障树分析（FTA）是风险分析的一种方法，可进行定量和定性的分析。这里仅就故障树分析方法进行简单介绍。

1）故障树分析中使用的符号

故障树是一种特殊的倒立树状逻辑因果关系图，用表示事件的符号、逻辑门符号描述系统中各种事件之间的因果关系。逻辑门的输入事件是输出事件的“因”，逻辑门的输出事件是输入事件的“果”。

（1）表示事件的主要符号如下（见图 8-3）：

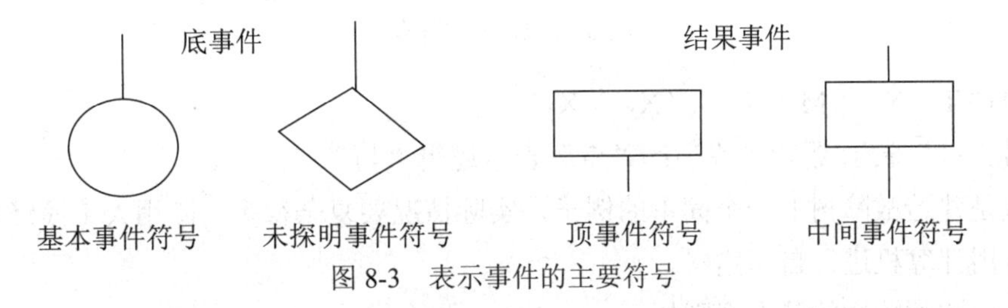

图 8-3　表示事件的主要符号

①底事件（导致其他事件的原因事件）包括“基本事件”（无须探明其发生原因的底事件）及“未探明事件”（暂时不必或不能探明其原因的底事件）

②结果事件（由其他事件或事件组合所导致的事件），包括“顶事件”（所关心的最后结果事件）及“中间事件”（位于底事件和顶事件之间的结果事件，它既是某个逻辑门的输出事件，同时又是别的逻辑门的输入事件），此外还有开关事件、条件事件等特殊事件符号。

（2）逻辑门符号：在故障树分析中逻辑门只描述事件间的因果关系。与门、或门和非门是三个基本门，其他的逻辑门如“表决门”“异或门”“禁门”等为特殊门。

2）故障树分析的步骤

（1）建造故障树。将拟分析的重大风险事件作为“顶事件”，“顶事件”的发生是由于若干“中间事件”的逻辑组合所导致，“中间事件”又是由各个“底事件”逻辑组合所导致。这样自上而下的按层次的进行因果逻辑分析，逐层找出风险事件发生的必要而充分的所有原因和原因组合，构成了一个倒立的树状的逻辑因果关系图。例如，对上述飞机例中的机翼重量这个风险事件进行分析：“重量”为顶事件，可能使飞机的速度达不到预期的要求；造成超重的原因可能是“材料”的问题，或“设计”未满足重量的预期值的要求；造成“设计”问题的原因（假设）是设计“人员”只注意靠增加发动机的能力来提高速度，未考虑重量的影响，而同时也未按设计控制“程序”的要求进行认真的评审、未能及时发现问题。“设计”即为中间事件，而“人员”“程序”及“材料”即为底事件。根据逻辑关系画出故障树如图 8-4 所示。

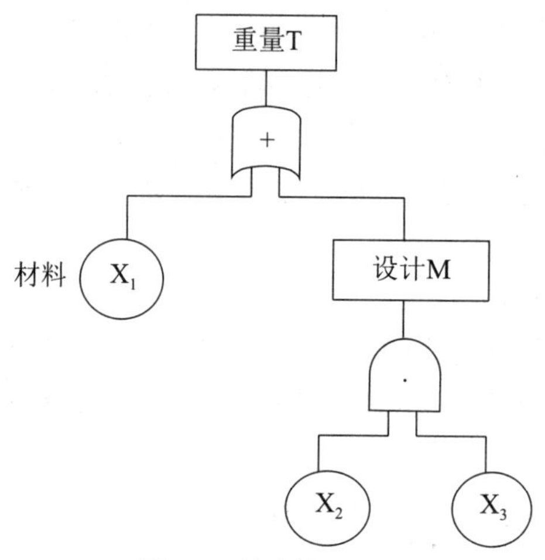

图 8-4　故障树（示例）

则事件 $T = X_1 \cup M = X_1 \cup (X_2 \cap X_3)$

符号“∪”表示 逻辑“或”；“∩”表示逻辑“与”

这只是建造故障树的一个简单的例子，实际情况要复杂得多。除用人工演绎建造故障树外还可用计算机进行自动建树。

人工建造故障树的基本规则如下：

- 明确建树的边界条件，确定简化系统图；
- 顶事件应严格定义；
- 故障树演绎过程首先寻找的是直接原因而不是基本原因事件；
- 应从上而下逐级建树；
- 建树时不允许逻辑门与逻辑门直接相连；
- 妥善处理共因事件。

（2）对故障树进行规范化、简化和模块分解：

①将建造好的故障树简化变成规范化故障树，“规范化故障树”是仅含底事件、结果事件及“与”“或”“非”三种逻辑门的故障树。

故障树的规范化的基本规则为

- 按规则处理未探明事件、开关事件、条件事件等特殊事件；
- 保持输出事件不变、按规则将特殊门等效转换为“与”“或”“非”门。

②按集合运算规则（结合律、分配律、吸收律、幂等律、互补律）去掉多余事件和多余的逻辑门。

③将已规范化的故障树分解为若干模块，每个模块构成一个模块子树，对每个模块子树用一个等效的虚设的底事件来代替，使原故障树的规模减少。可单独对每个模块子树进行定性分析和定量分析。然后，可根据实际需要，将顶事件与各模块之间的关系转换为顶事件和底事件之间的关系。

3）求故障树的最小割集并进行定性分析

“割集”指的是故障树中一些底事件的集合，当这些底事件同时发生时顶事件必然发生。若在某个割集中将所含的底事件任意去掉一个，余下的底事件构不成割集了（不能使顶事件必然发生），则这样的割集就是“最小割集”。最小割集是底事件的数目不能再减少的割集，一个最小割集代表引起故障树顶事件发生的一种故障模式。

第一，求最小割集。求最小割集的方法有“下行法”和“上行法”：

- 下行法的特点是根据故障树的实际结构，从顶事件开始，逐级向下寻查，找出割集。规定在下行过程中，顺次将逻辑门的输出事件置换为输入事件。遇到与门就将其输入事件排在同一行（布尔积），遇到或门就将其输入事件各自排成一行（布尔和），直到全部换成底事件为止。这样得到的割集再两两比较，划去那些非最小割集，剩下的即为故障树的全部最小割集。
- 上行法是从底事件开始，自下而上逐步地进行事件集合运算，将或门输出事件表示为输入事件的布尔和，将与门输出事件表示为输入事件的布尔积。这样向上层层代入，在逐步代入过程中或者最后，按照布尔代数吸收律和等幂律来化简，将顶事件表示成底事件积之和的最简式。其中，每一积项对应于故障树的一个最小割集，全部积项即是故障树的所有最小割集。

第二，定性分析。找出故障树的所有最小割集后，按每个最小割集所含底事件数目（阶数）排序，在各底事件发生概率都比较小，差别不大的条件下：

- 阶数越少的最小割集越重要；
- 在阶数少的最小割集里出现的底事件比在阶数多的最小割集里出现的底事件重要；
- 在阶数相同的最小割集中，在不同的最小割集里重复出现次数越多的底事件越重要。

例如，一个故障树有 4 个最小割集：

$\{X_1\}$，$\{X_2, X_5\}$，$\{X_3, X_5\}$，$\{X_2, X_3, X_4\}$

底事件 X_1 最重要，X_5 比 X_2、X_3 重要，X_4 最不重要；

底事件的重要程度依次为 X_1，X_5，X_2 或 X_3，X_4。

在数据不足的情况下，进行上述的定性比较，找出了顶事件（风险事件）的主要致因，定性的比较结果可指示改进系统的方向。

第三，定量分析。在掌握了足够数据的情况下，可进行定量的分析。

①顶事件发生概率（失效概率）的计算。在掌握了“底事件”的发生概率的情况下，就可以通过逻辑关系最终得到“顶事件”即所分析的重大风险事件的发生概率，用 P_f 表示，又称为“失效概率”。故障树顶事件 T 发生概率是各个底事件发生概率的函数，即：

$$P_f(T) = Q(q_1, q_2, \cdots, q_n) \tag{8-1}$$

工程上往往没有必要精确计算，采用近似的计算方法一般可满足工程上的要求。例如，当各个最小割集中相同的底事件较少且发生概率较低时，可以假设各个最小割集之间相互独立，各个最小割集发生（或不发生）互不相关，则顶事件的发生概率：

$$P_f(T)=1-\prod_{i=1}^{r}[1-P(K_i)] \tag{8-2}$$

式中 r 为最小割集数。

在飞机重量风险事件的例子中，假设底事件 X_1，X_2，X_3 的发生概率分别是 q_1，q_2 及 q_3，顶事件 T 的发生概率 P_f 为：

$$P_f=1-(1-q_1)(1-q_2 q_3) \tag{8-3}$$

②重要度的计算。故障树中各底事件并非同等重要，工程实践表明，系统中各部件所处的位置、承担的功能并不是同等重要的，因此引入“重要度”的概念，以标明某个部件（底事件）对顶事件（风险）发生概率的影响大小，这对改进系统设计、制定应付风险策略是十分有利的。对于不同的对象和要求，应采用不同的重要度。比较常用的有四种重要度，即结构重要度、概率重要度、相对概率重要度及相关割集重要度。

- 底事件结构重要度从故障树结构的角度反映了各底事件在故障树中的重要程度；
- 底事件概率重要度表示该底事件发生概率的微小变化而导致顶事件发生概率的变化率；
- 底事件的相对概率重要度表示该底事件发生概率微小的相对变化而导致顶事件发生概率的相对变化率；
- 底事件的相对割集重要度表示包含该底事件的所有最小割集中至少有一个发生的概率与顶事件发生概率之比。

定量的分析方法需要知道各个底事件的发生概率，当工程实际能给出大部分底事件的发生概率的数据时，可参照类似情况对少数缺乏数据的底事件给出估计值；若相当多的底事件缺乏数据且又不能给出恰当的估计值，则不适宜进行定量的分析，只进行定性的分析。

3. 关联图

关联图是用于分析事物因果关系的图，它是把几个问题和涉及这些问题的关系极为复杂的因素之间的因果关系用箭头连接起来形成的图，所关注的“问题”及相关的“原因”用□及⬭圈起来。关联图的形式比较灵活，例如，把应解决的问题安排在中央位置，从和它们最直接的原因开始（放在离“问题”最近的位置），将有关的因素各按因果关系排列在周围，形成一个“中央集中型”的关联图[见图8-5（a）]；把应解决的问题安排在右（或左）侧，按各因素的因果关系尽量从右向左（或从左向右）排列，形成一个“单向汇集型关联图”[见图8-5（b）]。

应用关联图的步骤：

（1）确定待分析的问题，提出与此问题有关的所有因素；

（2）用灵活的语言简明扼要地表示各主要因素；

（3）用箭头把因果关系有逻辑地表示出来；

（4）根据图形纵观和掌握全局，分析重要影响因素；

（5）针对重要影响因素拟订措施计划。

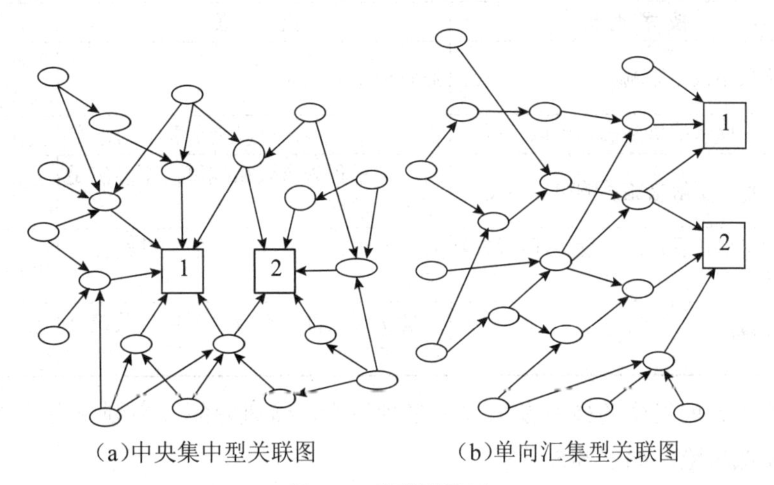

（a）中央集中型关联图　　（b）单向汇集型关联图

图 8-5　关联图示例

关联图用于风险分析时，“问题”即为待分析的“风险”，各相关因素（原因）即为风险事件的致因，从关联图可分析风险的主要致因及相互的关系。关联图特别适用于同时对多个问题（风险事件）的分析，有利于了解各风险事件、各风险致因之间的相互作用及影响，从而考虑综合的风险处理方案。

4. 专家的技术评估

选择熟悉项目每个风险区（如设计、试验、生产、保障服务）及产品工作分解结构中每个单元的风险问题的专家组成专家组，在进行风险辨识的基础上，评估风险事件的发生概率及其后果，确定风险等级及风险处理的优先级，这是一种可靠而实用的风险评估手段。

要进行专家评估，就必须制定统一的评价标准，即规定风险事件发生概率判据、后果判据及对两者的综合评定风险等级的综合判据，它是一种定性分析方法。

概率判据。将风险事件发生的概率分为 a、b、c、d、e 五个等级，各等级表示的含义如表 8-3 所示。

表 8-3　概率判据（示例）

等　　级	风险事件发生的可能性
a	极小可能发生
b	不大可能发生
c	很可能发生
d	极有可能发生
e	接近肯定发生

将风险一旦发生会造成的后果，分为 1、2、3、4、5 五个等级，各等级表示的含义如表 8-4 所示。

表 8-4　后果判据（示例）

等　级	设风险已成事实，会产生何种程度影响		
	技术性能	进　度	费　用
1	影响极小或无影响	影响极小或无影响	影响极小或无影响（无变化）
2	采取一些缓解措施影响可以接受	需要另增资源，可以满足要求的进度	变化 < 5%
3	采取重大缓解措施影响可以接受	对关键里程碑有轻微偏离，不能满足要求的进度	变化 5% ~ 6%
4	影响可以接受，但已没有任何缓解余地	对关键里程碑或受影响的关键路径有重大偏离	变化 7% ~ 10%
5	不能接受	不能实现关键节点或重要项目关键里程碑的进度	变化 > 10%

综合风险事件的发生的概率及后果的多种组合，将风险的大小划分为三个等级：高风险、中风险及低风险，如表 8-5 所示。

表 8-5　风险等级综合判据（示例）

等　级	说　明
高	可能有重大危害
中	有某种危害
低	影响轻微

专家组成员各自对每项风险进行评价、投票，汇总投票结果，反馈给专家组，组织专家讨论后再投票（可能需反复多次），最后得到基本一致的分析结果。

8.2.3　风险的识别结果

风险识别的成果包括以下内容：

1. 风险来源表

表中应列出所有的风险，罗列应尽可能全面。对于每一种风险来源，都要有文字说明，说明中一般要包括：

（1）风险事件的可能后果；

（2）对预期发生时间的估计；

（3）对该来源产生的风险事件预期发生次数的估计。

2. 风险分类或分组

风险识别之后，应该将风险进行分组或分类。例如，可将开发过程中的项目按照现场条件、及时提供完成的设计档、政府法律规章变化、技术和管理水平、实际工作量、劳资纠纷等进行分类。

3. 风险症状

风险症状就是风险事件的各种外在表现，如苗头、前兆等。

4. 对项目管理其他方面的要求

在分析识别过程中可能会发现项目管理其他方面的问题，需要完善和改进。

8.3　应对项目风险的措施

项目风险应对措施是指根据项目风险识别和度量的结果，针对可能的项目风险提出项目应对的措施，并制订项目风险应对计划的项目风险管理工作。经过项目风险识别和度量确定出的项目风险一般会有两种情况：一是项目整体风险超出了项目组织或客户能够接受的水平；二是项目整体风险在项目组织或客户可接受的水平之内。

对于这两种不同的情况，各自可以有一系列的项目风险应对措施。对于第一种情况，在项目整体风险超出项目组织或客户能够接受的水平时，项目组织或客户至少有两种基本的应对措施可以选择：一是当项目整体风险超出可接受水平很高时，由于无论如何努力也无法完全避免风险所带来的损失，所以应该立即停止项目或取消项目；二是当项目整体风险超出可接受水平不多时，由于通过主观努力和采取措施能够避免或消减项目风险损失，所以应该制定各种各样的项目风险应对措施并通过开展项目风险控制落实这些措施，从而避免或消减项目风险所带来的损失。

项目风险应对措施主要包括如下几种：

1. 项目风险规避措施

这是从根本上放弃项目或放弃使用有风险的项目资源、项目技术、项目设计方案等，从而避开项目风险的一类应对措施。例如，对于坚决杜绝不成熟的技术在项目中的实施就是一种项目风险规避的措施。

2. 项目风险遏制措施

这是从遏制项目风险引发原因的角度出发应对项目风险的一种措施。例如，对可能因项目财务状况恶化而造成的项目风险采取注入新资金的保障措施就是一种典型的项目风险遏制措施。

3. 项目风险转移措施

这类项目风险应对措施多数是用来对付那些概率小，但损失大（超出了承受能力）或者项目组织很难控制的项目风险。例如，通过购买工程一切险等保险的方法将工程项目的风险转移给保险商就属于风险转移措施。

4. 项目风险化解措施

这类措施从化解项目风险产生出发，从而控制和消除项目具体风险的引发原因。例如，对于可能出现的项目团队内部和外部的各种冲突风险，可以通过采取双向沟通、调解等各种消除矛盾的方法去解决，这就是一种项目风险的化解措施。

5. 项目风险消减措施

这类风险应对措施是对付无预警信息项目风险的主要应对措施之一。例如，对于一个工程建设项目，在因雨天而无法进行室外施工时，采用尽可能安排各种项目团队成员与设备从事室内作业的方法就是一种项目风险消减的措施。

6. 项目风险储备措施

这是应对无预警信息项目风险的一种主要措施，特别是对于那些潜在巨大损失的项目风险，应该积极采取这种风险应对措施。例如，储备资金和时间以对付项目风险、储备各种灭火器材以对付火灾、购买救护车以应对人身事故的救治等都属于项目风险储备措施。

7. 项目风险容忍措施

这是针对那些项目风险发生概率很小而且项目风险所能造成的后果较轻的风险事件所采取的一种风险应对措施。这是一种最常使用的项目风险应对措施，但是要注意必须合理地确定不同组织的风险容忍度。

8. 项目风险分担措施

这是指根据项目风险的大小和项目相关利益者承担风险的能力，分别由不同的项目相关利益主体合理分担项目风险的一种应对措施。这种项目风险应对措施多数采用合同或协议的方式确定项目风险的分担责任。

9. 项目风险开拓措施

如果组织希望确保项目风险的机会能得以实现，这就具有采用积极的风险措施，该项发现措施的目标在于通过确保项目风险机会的实现。这种措施包括为项目分配更多和更好的资源，以便缩短完成时间或实现超过最初预期的好质量。

10. 项目风险提高措施

这种策略旨在通过提高项目风险机遇的概率及其积极影响，识别并最大限度地发挥这些项目风险机遇的驱动因素，致力于改变这种项目风险机遇的大小，最终促进或增强项目风险的机会，以及积极强化其触发条件，提高其发生的概率。

此外，还有许多项目风险的应对措施，但是在项目风险管理中上述应对措施是最常用的。

8.3.1 风险应对的目标

风险应对是全面风险管理体系的重要组成部分，是企业风险管理基本流程中的重要环节，是防范控制风险和保证企业持续、健康、稳定发展的有效举措。风险应对工作是在评估出风险的基础上，通过在企业各个层面落实风险责任，明确企业的风险偏好和风险承受度，制定风险的解决方案，从根本上提高公司风险管理水平和风险防控能力，避免其他遭受重大损失、保障企业生产经营、战略目标的实现。

通过大力开展风险应对工作，主要实现以下 3 个目标：

（1）实现全面风险管理基本流程的有效落地运行，不断提升企业管控能力和水平，杜绝风险事件的发生，控制和减少一般风险事件的发生；

（2）确保公司风险得到有效管控，有效规避经济运行及发展中各种风险，增强其他持续发展能力；

（3）针对每一时期评估出的各类风险、公司层面风险和业务风险，制定相应的风险应对方案，确保公司潜在风险始终处于可控状态。

8.3.2　风险应对策略和方法

在项目风险管理中，存在多种风险管理方法与工具，软件项目管理只有找出最适合自己的方法与工具并应用到风险管理中，才能尽量减少软件项目风险，促进项目的成功。项目风险管理是指为了达到项日的目标，识别、分配、应对项目生命周期内风险的科学与艺术。项目风险管理的目标是使潜在机会或回报最大化，使潜在风险最小化。

根据风险管理策略，针对各类风险或每一项风险制定风险管理解决方案。风险管理应遵循如下策略：

1. 规避策略

风险规避有两种含义：一是指风险发生的可能性极大，后果极其严重又无计可施，于是主动放弃项目或改变项目目标的策略；二是通过变更项目计划，消除风险事件本身或风险产生的条件，从而保护项目目标免受影响的方法。具体内容如下：

（1）改变项目计划以消灭风险或保护项目目标免受影响，虽然不可能消灭所有风险，但对具体风险来说是可以避免的。

（2）某些风险可以通过需求再确认、获取更详细信息、增强沟通、增派专家等方法得以避免。

2. 转移策略

风险转移是设法将风险的结果连同对风险进行应对的权利转移给第三方。风险转移本身不能降低风险发生的概率，也不能减轻风险带来的损失的大小，只是将风险的损失的一部分转移给另一方，包括：（1）把风险的影响和责任转嫁给第三方，并不消灭风险；（2）通常要为第三方付费用作为承担风险的报酬，通常采用合同形式。

3. 缓解策略

缓解是设法将某一负面风险事件的概率或其后果降低到一种可以承受的限度。早期采取措施，降低风险发生的概率或风险对项目的影响，比在风险发生后再亡羊补牢要更为有效。但是，对照风险可能的概率和其后果，缓解的成本应是合理的，以谋求减低不利风险发生的可能性或影响程度。

4. 接受策略

风险接受就是项目小组将风险的后果自愿接受下来的办法。风险接受可以是主动和积极的，也可以是被动和消极的，前者是已经有了行动计划和应急方案，当风险事件发生时马上执行这些计划和方案；后者是并没有事先制订风险应对计划，而是在风险发生时，由项目小组再去采取行动，对付风险。具体内容如下：

（1）面对风险选择不对项目计划做任何改变；

（2）积极地接受：制订应急计划并在风险发生时执行，风险征兆应被监视。应急计划可以大大减少处理麻烦的费用；

（3）消极的接受：对于高风险的时间可以制订“退却计划”，改变工作范围；

（4）最常用的措施是风险储备（预留）：费用、资源时间。风险储备的多少取决于风险的概率、影响和可接受的风险损失。

近几年来软件开发技术、工具都有了很大的进步，但是软件项目开发超时、超支，甚至不能满足用户需求而根本没有得到实际使用的情况仍然比比皆是。软件项目开发和管理中一直存在着种种不确定性，严重影响着软件项目的顺利完成和提交，但这些软件风险并未得到充分的重视和系统的研究。直到20世纪80年代，Boehm比较详细地对软件开发中的风险进行了论述，并提出软件风险管理的方法。Boehm认为，软件风险管理指的是“试图以一种可行的原则和实践，规范化地控制影响项目成功的风险”，其目的是“辨识、描述和消除风险因素，以免它们威胁软件的成功运作”。

在此基础上，业界对软件风险管理的研究开始慢慢丰富起来，理论上对风险进行了一些分类，提出了风险管理的思路；实践上也出现了一些定量管理风险的方法和风险管理的软件工具。虽然业界对风险管理表现了极大的兴趣，做出了不少努力，但似乎很少开发项目的组织真正积极地在软件开发过程中使用风险管理的方法。1995年IWSED（International Workshop on Software Engineering Data）会议做出的调查显示：风险管理技术没有得到广泛应用的原因并不是大家不相信这种技术的实效性，而是对风险管理的技术和实践缺乏了解。因此，很有必要对风险管理进行研究，常见的风险管理模型有以下几种：

（1）Boehm模型。Boehm用公式RE=P(UO) · L(UO)对风险进行定义，其中RE表示风险或者风险所造成的影响，P(UO)表示令人不满意的结果所发生的概率，L(UO)表示糟糕的结果会产生的破坏性的程度。在风险管理步骤上，Boehm基本沿袭了传统的项目风险管理理论，指出风险管理由风险评估和风险控制两大部分组成，风险评估又可分为识别、分析、设置优先级3个子步骤，风险控制则包括制订管理计划、解决和监督风险3步。

Boehm思想的核心是十大风险因素列表，其中包括人员短缺、不合理的进度安排和预算、不断的需求变动等。针对每个风险因素，Boehm都给出了一系列的风险管理策略。在实际操作时，以十大风险列表为依据，总结当前项目具体的风险因素，评估后续进行计划和实施，在下一次定期召开的会议上再对这十大风险因素的解决情况进行总结，产生新的十大风险因素表，依此类推。十大风险列表的思想可以将管理层的注意力有效地集中在高风险、高权重、严重影响项目成功的关键因素上，而不需要考虑众多的低优先级的细节问题。而且，这个列表是通过对美国几个大型航空或国防系统软件项目的深入调查，编辑整理而成的，因此有一定的普遍性和实际性。但是它只是基于对风险因素集合的归纳，尚未有文章论述其具体的理论基础、原始数据及其归纳方法。另外，Boehm 也没有清晰明确地说明风险管理模型到底要捕获哪些软件风险的特殊方面，因为列举的风险因素会随着多个风险管理方法而变动，同时也互相影响。这就意味着风险列表需要改进和扩充，管理步骤也需要优化。

虽然其理论存在一些不足，但 Boehm 毕竟可以说是软件项目风险管理的开山鼻祖。在此之后，更多的组织和个人开始了对风险管理的研究，软件项目风险管理的重要性日益得到认同。

（2）CRM 模型。SEI（Software Engineering Institution）作为世界上著名的旨在改善软件工程管理实践的组织，也对风险管理投入了大量的热情。SEI 提出了持续风险管理管理模型 CRM（Continuous Risk Management）。

SEI 的风险管理原则是：不断地评估可能造成恶劣后果的因素；决定最迫切需要处理的风险；实现控制风险的策略；评测并确保风险策略实施的有效性。

CRM 模型要求在项目生命期的所有阶段都关注风险识别和管理，它将风险管理划分为 5 个步骤：风险识别、分析、计划、跟踪、控制。框架显示了应用 CRM 的基础活动及其之间的交互关系，强调了这是一个在项目开发过程中反复持续进行的活动序列。每个风险因素一般都需要按顺序经过这些活动，但是对不同风险因素开展的不同活动可以是并发的或者交替的。

（3）Leavitt 模型。SEI 和 Boehm 的模型都以风险管理的过程为主体，研究每个步骤所需的参考信息及其操作。而 Aalborg 大学提出的思路则是以 Leavitt 模型为基础，着重从导致软件开发风险的不同角度出发探讨风险管理。

1964 年提出的 Leavitt 模型将形成各种系统的组织划分为 4 个有趣的组成部分：角色、结构、技术和任务。这 4 个组成部分和软件开发的各因素很好地对应起来：角色覆盖了所有的项目参与者，如软件用户、项目经理和设计人员等；结构表示项目组织和其他制度上的安排；技术则包括开发工具、方法、硬件软件平台；任务描述了项目的目标和预期结果。Leavitt 模型的关键思路：模型的各个组成部分是密切相关的，一个组成部分的变化会影响其他的组成部分，如果一个组成部分的状态和其他的状态不一致，就会造成比较严重的后果，并可能降低整个系统的性能。将这个模型和软件风险的概念相对应，即一个系统开发过程中任何 Leavitt 组成成分的修改都会产生一些问题，甚至导致软件修改的失败。根据 Leavitt 模型，任何导致风险发生的因素都可以归结为模型中的组成部分，如技术及其可行性；或者归结为组成部分之间的联系，如程序开发人员使用某一技术的能力。因此，使用 Leavitt 模型从 4 个方面分别识别和分析软件项目的风险是极有条理性和比较全面的。在进行软件项目管理时，可以采用不同的方法对不同的方面进行风险管理。

Leavitt 模型实际上是提出一个框架，可以更加广泛和系统地将软件风险的相关信息组织起来。Leavitt 理论的设计方法和实现研究已经广泛应用于信息系统中，它所考虑的都是软件风险管理中十分重要的环节，而且简单、定义良好、适用于分析风险管理步骤。

本章总结

软件项目风险管理是软件项目管理的重要内容。在进行软件项目风险管理时，要识别风险，评估它们出现的概率及产生的影响，然后建立一个规划来管理风险。风险管理的主要目标是预防风险。软件项目风险是指在软件开发过程中遇到的预算和进度等方面的问题以及这些问题对软件项目的影响。软件项目风险会影响项目计划的实现，如果项目风险变成现实，就有可能影响项目的进度，增加项目的成本，甚至使软件项目不能实现。

如果对项目进行风险管理，就可以最大限度地减少风险的发生。但是，目前国内的软件企业不太关心软件项目的风险管理，结果造成软件项目经常性的延期、超过预算，甚至失败。成功的项目管理一般都对项目风险进行了良好的管理。因此，任何一个系统开发项目都应将风险管理作为软件项目管理的重要内容。

在项目风险管理中，存在多种风险管理方法与工具，软件项目管理只有找出最适合自己的方法与工具并应用到风险管理中，才能尽量减少软件项目风险，促进项目的成功。

软件项目的风险管理是软件项目管理的重要内容。在进行软件项目风险管理时，要识别风险，评估它们出现的概率及产生的影响，然后建立一个规划来管理风险。风险管理的主要目标是预防风险。

总之，在软件项目开发过程中，当对软件的期望很高时，一般都会进行项目风险分析、预测、评估、管理及监控等。通过风险管理可以使项目进程更加平稳，使企业获得很高的跟踪和控制项目的能力，并且增强项目组成员对项目如期完成的信心。风险管理是项目管理中很重要的管理活动，有效地实施软件风险管理是软件项目开发工作顺利完成的保障。

课后练习

一、简答题

1. 什么是风险规划？
2. 风险识别的作用是什么？
3. 风险识别的主要依据包括哪些？
4. 风险估计的主要内容包括？
5. 风险监控过程活动的主要内容包括？
6. 在项目管理中，风险管理包括哪几个相关阶段？

二、在线测试题

扫码书背面的防盗版二维码，获取答题权限。

第9章
软件项目的人力资源和沟通管理

案例故事　IBM的矩阵式管理

什么是IBM式矩阵？简单地说：任何一位IBM的现有或潜在客户，都至少有两个IBM人盯着你，一位来自IBM品牌事业群（硬件、软件、PC等），另一位则来自产业事业群（金融、交通、制造等）；而每一位IBM当地经理人，同样也有两个IBM主管盯着你，一位是地区主管，另一位则是品牌或产业的IBM总部主管。这套组织兵法的最大目的，就是不漏失任何一个客户的需要，而且当客户有了需要，IBM可以动用全球资源以最快速度来服务他。

1991—1993年，IBM连续3年亏损，亏损额高达80亿美元。1993年4月1日，郭士纳从埃克斯手中接过IBM权力之柄，担任董事长兼CEO。郭士纳进行了IBM组织变革，组织结构从产品导向型转变为客户导向型，如图9-1所示。这一新型组织结构的特点是通过客户导向型的“前端”完成产品以及“解决方案”的销售。而原有的IBM公司的个人计算机、服务器、软件和技术服务业务单元则成为解决方案销售人员的“后端”供应商。IBM引进了沿用至今的在业界被认为是成功典范的矩阵型组织结构。1994年年底，IBM获得了自20世纪90年代以来的第一次赢利——30亿美元。

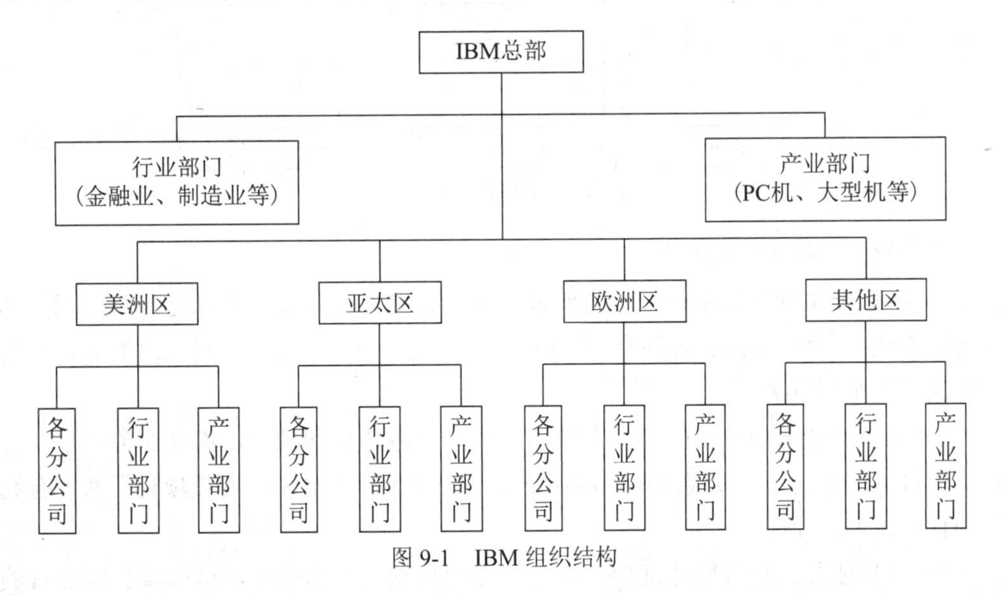

图9-1　IBM组织结构

9.1 项目团队组织结构

据统计，在软件开发项目中，项目失败有一个很主要的原因就是由于项目组织结构设计不合理，责任分工不明确、沟通不畅、运作效率不高造成的。项目组织结构的本质是反映组织成员之间的分工协作关系，设计组织结构的目的是更有效地、更合理地将企业员工组织起来，形成一个有机整体来创造更多的价值。每个企业中都有一套自身的组织结构，这些组织结构既是组织存在的形式，也是组织内部分工与合作关系的集中体现。常见的项目团队组织结构主要有三种类型：职能型、项目型和矩阵型。

1. 职能型组织结构

职能型组织结构是目前最普遍的项目组织形式，是按照职能以及职能的相似性来划分部门而形成的组织结构形式。这种组织具有明确的等级划分，每一个员工都有一个明确的上级。职能型组织结构如图9-2所示。

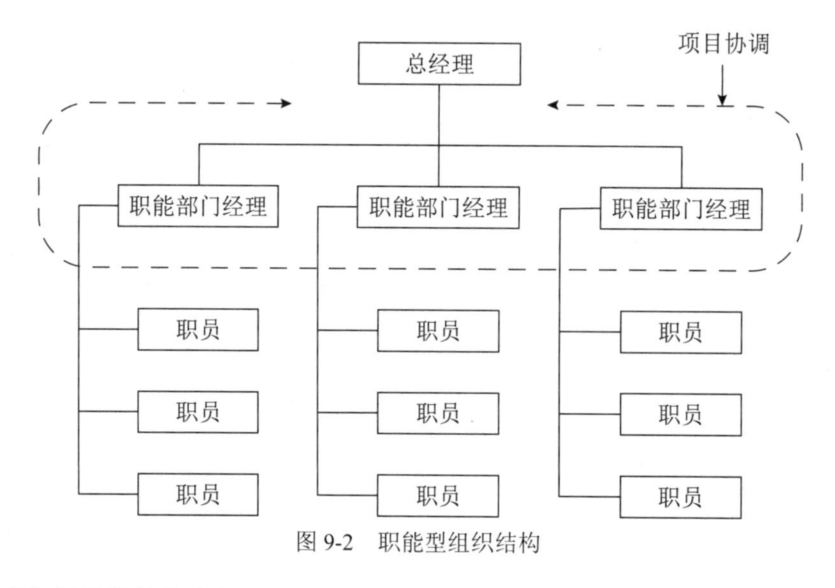

图9-2　职能型组织结构

职能型组织结构的优点如下：

（1）各职能主管可以根据项目需要调配人力、物力等资源，可以充分发挥职能部门的资源集中优势。职能部门内部的技术专家在本部门内可以为不同项目同时服务、节约人力，提高了资源利用率。

（2）同一职能部门内部的专业人员可以相互交流知识和经验，提高业务水平，有助于解决项目的技术问题。职能部门还能保证不会因为项目成员更换而使项目中断，有利于保持项目的技术连续性。

（3）项目成员来自各职能部门，不用担心项目结束后的去向，可以减少因项目的临时性而给项目成员带来的不确定性。

职能型组织结构的缺点如下：

（1）由于各职能部门只负责项目的一部分，又没有一个对整个项目负责的强有力的权利中心，所以各职能部门之间的沟通交流、团结协作将变得更加困难。

（2）当职能部门的利益和项目的利益发生冲突时，职能部门往往会优先考虑本部门的利益而忽视项目的利益。

（3）项目团队成员要受职能部门经理和项目经理的双重领导，项目经理对项目成员没有完全的权利，并且项目成员普遍会将项目的工作视为额外工作，对项目工作没有更多的热情，积极性也不高，这将对项目的质量与进度都会产生较大的影响。

2. 项目型组织结构

项目型组织结构就是将项目的组织独立于公司职能部门之外，由项目团队自己独立负责项目主要工作的一种组织管理模式。每个项目以项目经理为首，项目经理有高度的独立性，享有高度的权力。项目的行政事务、人事、财务等在公司规定的权限内进行管理。项目型组织结构如图 9-3 所示。

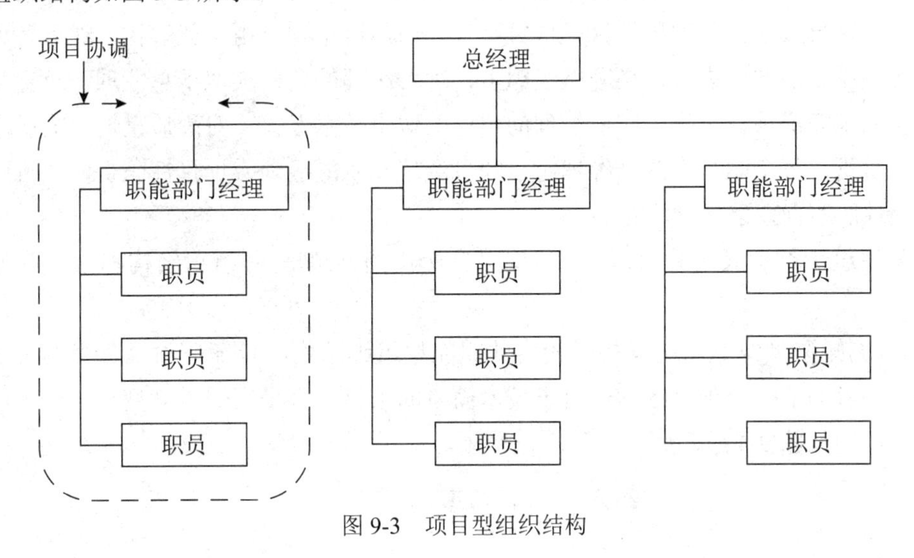

图 9-3　项目型组织结构

项目型组织结构的优点如下：

（1）项目经理对项目全权负责，项目成员对项目经理负责，避免了多重领导、权力集中，决策迅速。

（2）项目型组织以项目为中心，目标明确。能够对客户的需求做出及时回应，有利于项目的顺利完成。

（3）项目经理可以根据项目需要随意调动项目组织的内部资源或者外部资源，全面负责项目工作。

（4）项目型组织结构简单，项目成员直属于同一个部门，彼此之间的沟通变得更为简洁、快速，提高了沟通效率。团队成员工作目标单一，可以全身心地投入工作中，有利于团队精神的形成和发展。

项目型组织结构的缺点如下：

（1）由于项目型组织按项目设置机构、分配资源，相互之间资源不能共享，会造成一定程度的资源浪费。

（2）公司里各个独立的项目型组织处于相对封闭的环境之中，项目组之间缺少相互交流的机会，不利于企业技术水平的提高。

（3）在项目完成之后，项目成员或者被派到另一个项目中去，或者被解雇，对项目成员来说，缺乏工作的连续性和保障性，加剧了企业的不稳定性。

（4）项目经理容易各自为政，忽视企业整体利益，不利于企业领导整体协调。

3. 矩阵型组织结构

矩阵型组织结构是职能型组织结构和项目型组织结构的混合体，既具有职能型组织结构的特征又具有项目型组织结构的特征。参加项目的人员由各职能部门负责人安排，在项目工作期间，这些人员的工作内容服从项目团队的安排，但人员不独立于职能部门之外，是一种暂时的、半松散的组织形式，项目团队成员之间的沟通不需要通过职能部门领导，项目经理可以直接向公司领导汇报。项目结束之后，这个项目组也就解体，然后各个成员再回到各自原来的部门去。在矩阵型组织里，项目经理的角色类似于总经理，负责整合公司有关资源来完成项目目标。职能经理的角色类似于技术专家，对高质量地完成所承担的产品任务负责。每个职员有两个经理——项目经理和职能经理，项目性职责向项目经理汇报，职能性职责向职能经理汇报。

矩阵型组织结构又可分为弱矩阵型组织结构、平衡型矩阵组织结构和强矩阵型组织结构。

（1）弱矩阵型组织结构保持了较多的职能型组织结构的特征，项目负责人扮演的角色更像协调者而非一个项目经理。对于技术简单的项目适合采用弱矩阵型组织结构，弱矩阵型组织结构如图 9-4 所示。

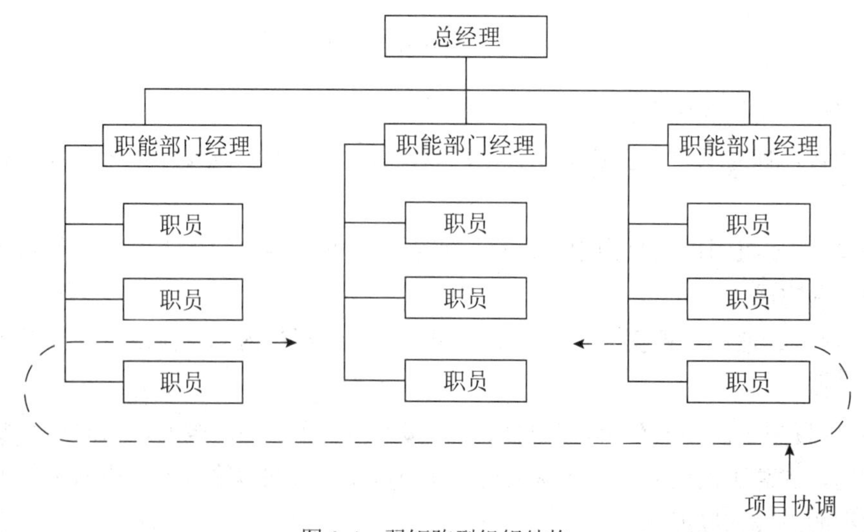

图 9-4　弱矩阵型组织结构

（2）平衡型矩阵组织结构是对弱矩阵型组织结构的改进，为强化对项目的治理，从职能部门参与本项目活动的成员中任命一名项目经理。项目经理被赋予一定的权力，对项目整体与项目目标负责，一旦项目结束，项目经理的头衔就随之消失。对于有中等技术复杂程度而且周期较长的项目，适合采用平衡型矩阵组织，平衡型矩阵组织结构如图 9-5 所示。

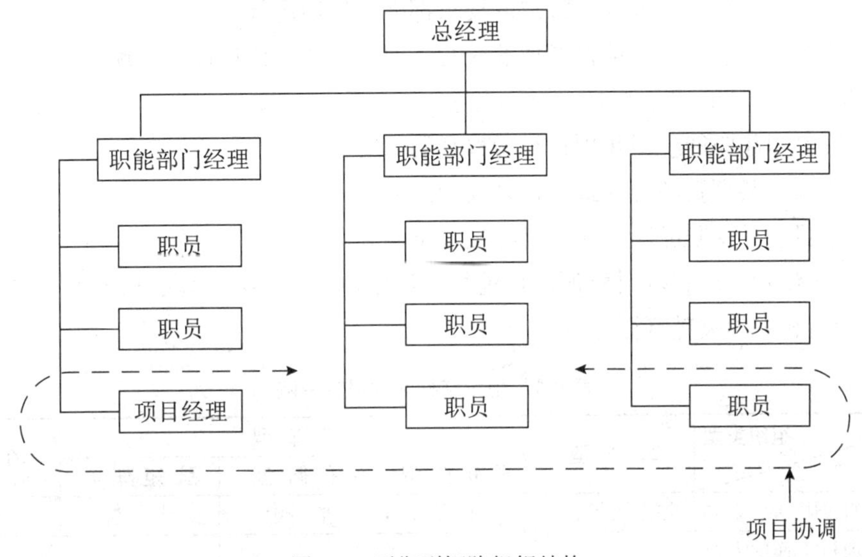

图 9-5　平衡型矩阵组织结构

（3）强矩阵型组织结构具有项目型组织结构的许多特点：拥有专职的、具有较大权限的项目经理以及专职的项目管理人员。对于技术复杂而且时间相对紧迫的项目，适合采用强矩阵型组织结构，强矩阵型组织结构如图 9-6 所示。

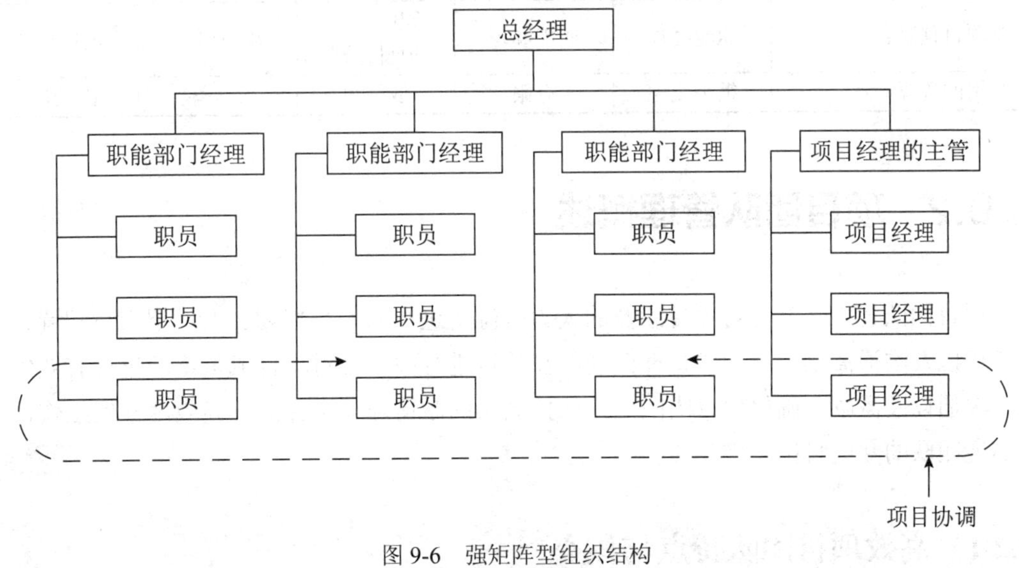

图 9-6　强矩阵型组织结构

矩阵型组织结构的优点如下：

（1）以项目为中心，有专职的项目经理负责整个项目。

（2）项目团队可以共享各个职能部门的资源。

（3）当项目结束后，项目成员可以回到原来的职能部门，减少了对项目结束后的顾虑。

（4）对公司内部的要求及对客户的要求都能迅速地进行回应。

（5）平衡了职能经理和项目经理的权利，保证系统总体目标的实现。

矩阵型组织结构的缺点如下：

（1）容易引起职能经理和项目经理权利的冲突。

（2）多项目共享资源会导致项目之间的冲突。

（3）项目成员受职能经理和项目经理双重领导。

项目组织结构对取得项目资源的可能性有所限制，表 9-1 列举了几种主要的项目组织结构中与项目相关的关键特征。

表 9-1　组织结构对项目的影响

组织类型 项目特征	职能型	矩阵型			项目型
		弱矩阵型	平衡型	强矩阵型	
项目经理的权限	很少或无	有限	低～中	中～高	高～所有
专职负责项目工作的人员在执行组织中的百分比	完全没有	0 ～ 25%	15% ～ 60%	50% ～ 95%	85% ～ 100%
项目经理的角色	兼职	兼职	专职	专职	专职
项目经理的一般头衔	项目协调人 项目负责人	项目协调人 项目负责人	项目经理 项目主管	项目经理 企划经理	项目经理 企划经理
项目管理行政人员	兼职	兼职	兼职	专职	专职
控制项目预算者	职能经理	职能经理	职能经理 项目经理	项目经理	项目经理
可利用的资源	很少或无	有限	低～中	中～多	多～所有

9.2　项目团队管理概述

项目团队管理主要是对项目涉及的人力资源所进行的人员规划、人员招聘与配置、绩效考核以及沟通激励等方面的管理活动。在项目进行中，要对项目成员不断进行有效的控制、沟通以及激励，确保项目团队始终保持高昂的激情与斗志并能够高效地开展工作，最终实现团队的共同目标。

9.2.1　高效项目团队特点与核心

项目团队是由为数不多的、相互之间技能互补的、具有共同信念和价值观、愿意为共同的目标而奋斗的成员组成的群体。团队成员可能来自不同的职能部门，成员之间通过相互的沟通与信任承担责任，为完成特定目标而相互协作。

1. 高效的项目团队特点

项目团队作为项目管理的主体，直接影响和制约着项目管理的最终效果。建设一支高效的项目团队，是实现项目管理目标的前提和保证。高效的项目团队具有以下特点：

（1）共同的目标。项目团队必须有一个明确的共同目标，这是任何团队成功运作的前提。有人说："没有行动的远见只能是一种梦想，没有远见的行动只能是一种苦役，远见和行动才是世界的希望。"团队目标是团队存在的理由，也能够为项目运行中的决策提供参考点，同时每个团队成员也都应该以团队目标作为自己的奋斗目标。

（2）合理分工与协作。项目团队中每个成员都应该明确自己的角色、权力、任务和职责，在目标明确之后，还必须明确各个成员之间的相互关系，这样将有助于团队的有效运作和项目目标的实现。如果每个人彼此隔绝，大家都埋头做自己的事情，就不会形成一个真正的团队。因为每个人的行动都会影响其他人的工作，所以团队成员都需要了解为实现项目目标而必须做的工作及其与其他人所承担的工作之间的关系。团队的不同角色必须要具备不同的个人能力，这样组合起来才能形成一个强有力的技能互补。

（3）高度的凝聚力。团队凝聚力，是团队对其成员的吸引力，成员对团队的向心力，以及团队成员之间的相互吸引力。一个失去凝聚力的团队，犹如一盘散沙，难以持续并呈现低效率的工作状态。与之相反的是，如果团队凝聚力较强，那么团队成员就会热情高涨、做事认真，并有不断的创新行为。因此，团队凝聚力也是实现团队目标的重要条件。团队凝聚力是一种无形的精神力量，是将一个团队的成员紧密联系在一起的纽带。团队的凝聚力来自于团队成员自觉的内在动力，来自于共识的价值观，是团队精神的最高体现。一般情况下，高团队凝聚力能带来高团队绩效。

（4）团队成员之间相互信任。团队成员之间相互信任是成员间合作行为的基础，一个团队的能力大小受到团队内部成员相互信任程度的影响。要取得成员间的相互信任，就要彼此坦诚，要多进行沟通与交流，彼此分享处理工作的经验和技能。成员之间要学会相互尊重，学会从他人的角度考虑问题。在一个有成效的团队里，成员之间要相互关心，承认彼此存在的差异，信任其他人所做的和所要做的事情。

（5）有效的沟通。高效的项目团队还需具备高效沟通的能力，沟通是团队协作完成工作的必要手段。信息的获取、成员间信息的沟通、知识的共享、相互间的理解和认知等都离不开成员间有效的沟通；而缺乏沟通则会使信息停滞、出现分歧、团队凝聚力下降。项目团队要依靠多种信息沟通管道实现有效的沟通，除了使用各种信息技术系统平台与通信手段外，也可以采用会议、座谈这种直接的沟通形式。沟通不仅是信息的沟通，更重要的是情感上的沟通。实践证明，团队成员之间相互了解越深入，团队建设得就越出色。因此，项目团队要确保成员之间能经常相互交流，并为促进团队成员间的社会化创造条件，团队成员也要努力创造这样的条件。

2. 项目团队的核心

软件项目成败的重要因素是人，项目团队的核心人员是项目经理。在一个项目立项后，各项工作推进之前，首先要挑选和任命项目经理，由项目经理来全权负责项目的重要事项，对项目进行合理的安排。项目经理的管理能力、组织和协调能力、经验水平、知识素养和领导艺术等综合素质都对项目的成败起着决定性的影响。项目经理的工作职责是制定计划、组织实施和控制项目。

（1）制订计划。项目经理要熟知软件项目的所有合同档，明确项目目标，并以此为基础制订基本的实施计划（成本、进度、质量），制订项目风险控制计划以及项目实施的基本准则和工作流程。在项目实施过程中，还要根据项目的实际进展情况在必要的时候调整各项计划方案。

（2）组织实施。项目经理要确定项目团队的组织结构，对项目中各职位的工作内容进行描述，对项目所需的人力资源进行规划并参与人员的招聘。定期对项目组织进行评价，必要的时候对项目组织结构及人员进行变动。

（3）控制项目。项目经理要实时监控项目的运行情况，对项目的整体进展情况保持了解，以避免或减少潜在问题的发生。监督项目的活动，使项目的进展与合同、计划及用户的要求保持一致。对成本、进度及质量进行监控，保证项目的顺利实施。

在项目实施过程中，项目经理负责管理的职责，所以就应该赋予其相应的权利。项目经理的职责和权利应该是平衡和对等的，担当的责任越大，赋予的权利就应该越大。在项目实际运行过程中，有很多由于项目经理得不到相应的授权而最终导致项目失败的案例。

项目经理的权利主要包括：

①项目团队的组建权。项目经理有权根据项目情况组建一支高效协同的项目团队，并具有人员选拔、考核、激励、处分甚至辞退的权利。

②项目实施的控制权。项目经理有权根据项目最终目标，控制项目进度和阶段性目标；有权利根据项目的进展情况，更改有限范围内的项目内容、目标甚至是成本和质量指标，但需要与上一级领导及时沟通，获得批准后方可执行。

③独立决策的权利。对于实现项目目标有重大关系的决策，可以在不违背企业重大战略目标的前提下独立决策，以抓住时机避免损失。

④项目资金的控制权。项目经理有权决定项目团队成员的利益分配，制定奖罚制度等，在财务制度允许的范围内，拥有费用支出和报销的权利。

9.2.2 团队成员的配合与共同进步

所谓团队协作，是指在团队的基础上，发挥团队精神、互补互助以达到团队的最大工作效率。团结协作是一切事业成功的基础，个人和集体只有依靠团结的力量，才能把个人的愿望和团队的目标结合起来，超越个体的局限，发挥集体的协作作用。

对于团队而言，团队协作的重要性主要体现在以下三个方面：

（1）团队协作有利于提高企业的整体效能。通过发扬团队协作精神，加强团队协作建设能进一步节省内耗。如果总是把时间花在怎样界定责任，应该找谁处理，让客户、员工团团转，这样就会减弱企业成员的亲和力，损伤企业的凝聚力。

（2）团队协作有助于企业目标的实现。企业目标的实现需要每一个员工的努力，具有团队协作精神的团队十分尊重成员的个性，重视成员的不同想法，激发企业员工的潜能，真正使每一个成员参与到团队工作中，风险共担、利益共享、相互配合，完成团队工作目标。

（3）团队协作是企业创新的巨大动力。人是各种资源中唯一具有能动性的资源。企业的发展必须合理配置人、财、物，而调动人的积极性和创造性是资源配置的核心，团队协作就是将人的智慧、力量、经验等资源进行合理的调动，使之产生最大的规模效益，即“1+1 ＞ 2”的效果。

9.2.3　培养团队协作能力的方法

（1）营造良好和谐的工作环境和人际关系。人性化的管理模式、积极宽松的工作环境，有助于员工的个人成长和团队建设。在相互交流中协调问题，在共同探讨中增进认识，把工作的主动性与前瞻性结合起来，把解决问题的针对性和实效性统一起来。这样不仅能够形成良好的工作氛围，也有利于提高工作效率。同事之间、上下级之间彼此应该多一些理解和宽容。在日常工作中既要有团结协作的意识，也要有克己容人的处世态度，让良好的人际关系渗透在日常工作和管理的每一个环节里，彼此理解、相互信任，这样才能增强凝聚力。

（2）建立畅通的沟通管道和信息反馈平台。真诚、平等的内部沟通是创造团队协作氛围的基础。项目经理要鼓励员工充分表达创意和建议，主动地和其他人进行沟通，提出自己的想法。但要确立沟通的原则是就事论事，绝不可以牵扯到其他方面。在对一些问题的认识上，能够容忍不同的观点以及不同的意见和诉求。信息资源的共享和情报的及时反馈与回应，有助于不同意见、不同观点在最终认识上达成一致和共识，有利于发现问题、解决问题，在实际工作中求大同存小异，也有利于个人性格互补和团队更好配合意识的形成。这就要求必须广开言路、集思广益，增加信息共享，这样才能更加深入了解企业团队的能力，发挥各自的才能和优势。

（3）开展集体活动和学习培训工作。培训学习的目的是要将形成的整体学习力，转化为企业团队意识和集体智慧，在实践中不断增长凝聚力和工作能力。共同学习能够在成员之间实现信息和资源共享；在学习中直接交流、讨论，可以加大信息交流量，拓展每个成员思维的深度与广度，同时也有利于培养团结互助的协作精神。学习是一个合作性的过程。个人的学习成果和能力只是一个方面，而企业团队的集体智慧要高于个人智慧，团队的成就要高于个人能力的总和。团队拥有整体合作、协调作战的行动能力。团队的集体凝聚力和有效转化的工作能力才是团队学习所追求的。参加集体活动，可以增强团结协作意识，进而产生协同效应。

（4）提升领导能力。团结，是一个领导班子的凝聚力和战斗力的象征，是一个领导班子良好整体形象的标志。项目经理的领导风格直接影响着团队的协作精神。榜样的力量是无穷的，中高层的表率作用胜于耳提面命式的说教。领导班子的团结和统一，中高层、各级管理层的齐心协力，有利于推动公司工作作风的良性发展，有利于核心力量和中坚力量的形成，有利于带领全体员工步调一致地完成各项工作，因此各级管理人员应提高领导艺术，大事有原则，小事显风格。原则、感情与共同的利益和目标，是维系一个企业团队的纽带，少了哪一条都不行。

（5）建立信任。美国管理者坚信这样一个简单的理念：如果连起码的信任都做不到，那么团队协作就是一句空话，绝没有落实到位的可能。团队是一个相互协作的群体，它需要团队成员之间建立相互信任的关系。信任是合作的基石，没有信任，就没有合作。现代社会的发展，使职业分工越来越细，一个人单打独斗的时代已经过去，越来越需要团队的合作。个人的能力再强，工作做得再出色，也不能离开团队合作。因此，团队成员只有相互信任、乐于分享，才能共同成长。

9.3 团队的激励管理方式

在管理学中，激励是指管理者促进、诱导下属形成动机，并引导其行为指向特定目标的活动过程。通俗地讲，激励就是调动人的热情和积极性。激励对于不同的人具有不同的含义，对一些人来说，激励是一种发展的动力，对另一些人来说，激励则是一种心理上的支持。

9.3.1 激励的必要性

国内外的实践证明，适当地运用激励机制并据此进一步研究改进生产环境、组织结构、管理方法、协调人际的关系，可以缓和劳资矛盾，形成“同舟共济”意识，齐心协力应付经济危机。从精神上、物质上引导员工充分发挥他们的劳动创造性和工作积极性，对于提高工作效率和工作效益，推进企业的可持续发展，有着极其重要的作用。

（1）可以挖掘员工的内在潜力。美国哈佛大学教授威廉·詹姆士研究发现，在缺乏激励的环境中，人的潜力只能发挥出 20% ～ 30%，如果受到充分的激励，他们的能力可发挥 80% ～ 90%。由此可见，激励是挖掘潜力的重要途径。激励就是创设满足职工各种需要的条件，激发员工的动机，使之产生实现组织目标的特定行为的过程。项目经理对成员进行激励，就是使成员的需求和愿望得到某种程度的满足，并引导成员积极地按组织所需要的方式行动。

（2）可以吸引组织所需的人才，并保持组织人员的稳定性。随着社会的发展，智力劳动的作用日益显著，组织内所拥有的各种专门人才的数量和质量对组织作用的发挥已经成为决定性的因素。因此，许多企业都在进行生产经营的同时，运用各种有效的激励方法来吸引人才，如支付高额报酬，提供良好的工作环境和生活条件，给予继续学习提高的机会等等。同时，管理者有效地运用各种激励方法，也可以消除职工的不满情绪，增加其安全感、满意感，增强组织的吸引力，保持组织内人员的稳定性。

（3）可以鼓励先进，鞭策后进。任何一个组织人员的表现都有好、中、差之分，对不同的人运用不同的激励方法，可以使先进的人受到鼓励，继续保持其积极行为，也可以使表现一般和较差的人受到鞭策，认识到自己的不足，从而主动改变自己的行为。

（4）可以使员工的个人目标与组织目标协调一致。个人目标是由个人需要所决定的，它往往与组织的目标和要求相矛盾。运用激励方法进行目标管理，让员工参与自身目标和组织目标的制定，在设置组织目标的时候尽可能地考虑个人目标，并把组织目标具体分解为个人目标，可以使个人目标和组织目标很好地结合起来。同时，运用激励方法，满足员工的合理需求，减弱或者消除其不合理要求，也可以调节员工的行为，使其与组织目标协调一致，更好地实现组织目标。

在项目团队中，要让项目成员充分地发挥出他们的才能去努力工作，就要把成员的“要我做”变成“我要做”，实现这种转变的最佳办法就是对员工进行激励。项目经理适当地运用激励，可以鼓舞士气，提高团队的效率；运用不当，也可适得其反，造成团队成员的妒忌和敌视，降低团队的凝聚力。所以在项目团队运行过程中，正确运用激励要遵守以下原则：

（1）激励要合理。这包含两层含义，一是激励的措施要适度，要根据所实现目标本身的价值大小确定适当的激励量；二是奖惩要公平。项目团队是在一种开放的环境中运行的，任何不公平的待遇都会影响成员的工作效率和工作情绪。成员取得同等的成绩，一定要获得同等层次的奖励；同样，成员犯同等的错误，也应受到同等层次的处罚。团队一定要在公平、公开、公正的前提下，以个人绩效为中心运用激励。

（2）激励要奖惩适度。奖励和处罚不适度都会影响激励效果。激励过重会使成员产生满足情绪，失去进一步提高自己的欲望；奖励过轻则起不到激励效果。惩罚过重会让成员失去对团队的认同，产生怠工的情绪；惩罚过轻会让成员轻视错误，达不到教育的目的。

（3）激励要及时。激励越及时，越有利于将人们的激情推向高潮，使其创造力连续有效地发挥出来。人总是期望在达到预期的成绩后，能都得到适当的报酬，包括奖金、表扬、晋升、荣誉等。如果只求成员做贡献，而不给予适当的报酬，时间一长，被激发出来的潜力会逐渐消退。所以团队必须使奖励与绩效相统一，及时恰当地运用激励机制，才能达到预期的目标。

（4）正激励与负激励相结合。正激励是对员工符合组织目标的期望行为进行奖励，负激励是对员工违背组织目标的非期望行为进行惩罚。正负激励都是必要而有效的，不仅作用于当事人，而且还会间接地影响周围其他人。

9.3.2 激励理论

激励理论认为，人的一切行为都是为了满足自己的某种需要，未满足的需要是激励的起点。按照研究激励侧面的不同与行为关系的不同，可以把激励理论归纳和划分为内容型激励理论、过程激励理论及综合激励模式理论等三种不同的类型。

1. 内容型激励理论

内容型激励理论是从研究人的心理需要而形成激励的基础理论，着重对激励诱因与激励因素进行研究。这种理论着眼于满足人们需要的内容，即：人们需要什么就满足什么，从而激起人们的动机。其代表理论有：马斯洛的需求层次理论、奥尔德弗的ERG理论、麦克利兰的成就需要理论、赫兹伯格的“激励－保健”双因素理论等。

（1）马斯洛的需要层次理论。马斯洛的需要层次理论将人的需要从低向高分为生理需要、安全需要、社交需要、尊重需要和自我实现需要五个层次，并认为只有较低层次的需要得到部分满足后，较高层次的需要才会成为行为的重要决定因素，而且并非所有人都一定会经历每个层次，经历层次一般受到人的不同需要和特定社会环境的不同而产生不同影响。从激励的角度来看，虽然不存在完全能获得满足的需要，但那些获得基本满足的需要就不再具有激励作用。根据马斯洛的需要理论，企业如果要想激励员工，就应清楚了解每个员工现在各处于需要层次的哪个水平上，然后采取不同的办法分别去满足他们各种不同的需要。马斯洛的需要层次理论如图9-7所示。

图9-7 马斯洛的需要层次理论

（2）奥尔德弗的ERG理论。马斯洛的需要层次理论被奥尔德弗概括成ERG理论，即生存（existence）、关系（relatedness）和成长（growth）理论。生存需要指的是全部的生理需要和物质需要，如吃、住、睡等，组织中的报酬，对工作环境和条件的基本要求等。这一类需要大体上和马斯洛的需要层次中生理和部分安全的需要相对应。关系需要指人与人之间的相互关系、联系的需要。这一类需要类似马斯洛需要层次中部分安全需要，全部社交需要，以及部分尊重需要。成长需要指一种要求得到提高和发展的内在欲望，是指人不仅要求充分发挥个人潜能、有所作为和成就，而且还有开发新能力的需要。这一类需要可与马斯洛需要层次中部分尊重需要及整个自我实现需要相对应。ERG 理论认为，各个层次的需要受到的满足越少，越为人们所渴望；较低层次的需要者越是能够得到较多的满足，则较高层次的需要就越渴望得到满足；如果较高层次的需要一再受挫者得不到满足，人们会重新追求较低层次需要的满足。

（3）麦克利兰的成就需要理论。麦克利兰提出的成就需要理论认为，人在生理和安全需要得到满足后就有成就需要、权力需要和社交需要三种最主要的需要。成就需要激励理论的主要特点包括：它更侧重于对高层次管理中被管理者的研究，研究的对象主要是生存、物质需要都得到相对满足的各级经理、政府职能部门的官员以及科学家、工程师等高级人才。

（4）赫兹伯格的双因素理论。赫兹伯格认为影响团队发展的部分消极因素仍然存在，对成员的激励还需进一步研究，于是提出了“激励－保健”双因素理论。赫兹伯格的双因素理论认为，带来工作满意的因素和导致工作不满意的因素是不相关的。因此，管理者若努力消除带来工作不满意的因素，可能会安抚员工，但不能激发他们的工作积极性。如公司政策、行政管理和监督方式、人际关系、地位、安全和生活条件等因素，这些因素被称为保健因素。那些能促进员工满意的因素被称为激励因素，如成就、认可、责任和晋升、成长等。因此，要想真正激励员工努力工作，就必须要去改善那些激励因素，这样才会增加员工的工作满意度。双因素理论强调管理者首先应该注意满足职工的“保健因素”，防止职工消极怠工，使职工不致产生不满情绪，同时还要注意利用“激励因素”，尽量使职工得到满足的机会。在缺乏保健因素的情况下，激励因素的作用也不大。赫兹伯格的双因素理论图如图 9-8 所示。

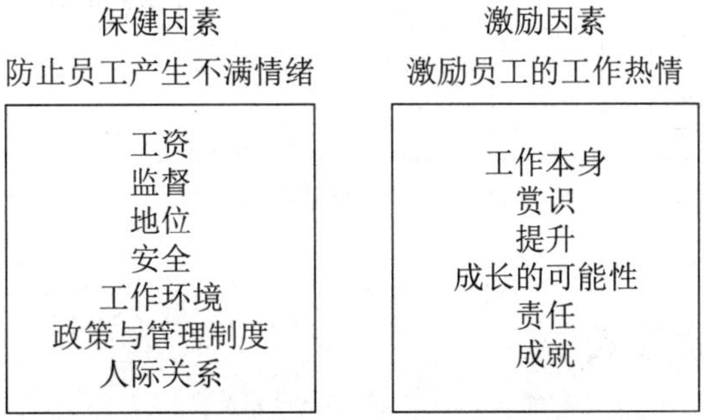

保健因素 防止员工产生不满情绪	激励因素 激励员工的工作热情
工资 监督 地位 安全 工作环境 政策与管理制度 人际关系	工作本身 赏识 提升 成长的可能性 责任 成就

图 9-8　赫兹伯格的双因素理论图

2. 过程激励理论

过程激励理论着重研究人的动机形成和行为目标的选择，主要包括：洛克的目标设置理论、弗鲁姆的期望理论、亚当斯的公平理论。

（1）目标设置理论。洛克的目标设置理论认为指向一个目标的工作意向是工作激励的主要源泉。也就是说，目标告诉员工需要做什么以及需要做出多大努力。设定的目标要满足四个条件：第一，目标必须明确并且具有挑战性；第二，员工参与目标设置；第三，目标实施过程中的反馈将有利于提高绩效；第四，员工对目标的承诺以及员工对实现目标的信心将会有利于绩效的提高。

（2）期望理论。弗鲁姆的期望理论认为，人之所以能够积极地从事某项工作，是因为这项工作或组织目标会帮助他们达成自己的目标，满足自己某方面的需求。因此，弗鲁姆认为某项活动对某人的激励作用取决于该活动结果给此人带来的价值以及实现这一结果的期望概率。当目标价值和期望值的乘积很高时，就会对受体产生巨大的激励。

（3）公平理论。亚当斯的公平理论认为当一个人获得了成绩并取得了报酬的结果之后，他不仅关心自己得到的绝对报酬，而且关心相对报酬，即报酬的公平性。亚当斯认为奖励与满足的关系，不仅在于奖励本身，还在于奖励分配的公平性上。因为人们会自觉或不自觉地将自己付出与所得的报酬和心目中的参照进行比较。

3. 综合激励理论

综合激励模式理论是由罗伯特·豪斯提出的，主要是将上述几类激励理论综合起来，把内外激励因素都考虑进去。内在的激励因素包括：对任务本身所提供的报酬效价；对任务能否完成的期望值以及对完成任务的效价。外在的激励因素包括：完成任务所带来的外在报酬的效价，如加薪、提级的可能性。综合激励模式表明，激励力量的大小取决于诸多激励因素共同作用的状况。综合激励模式理论如图9-9所示。

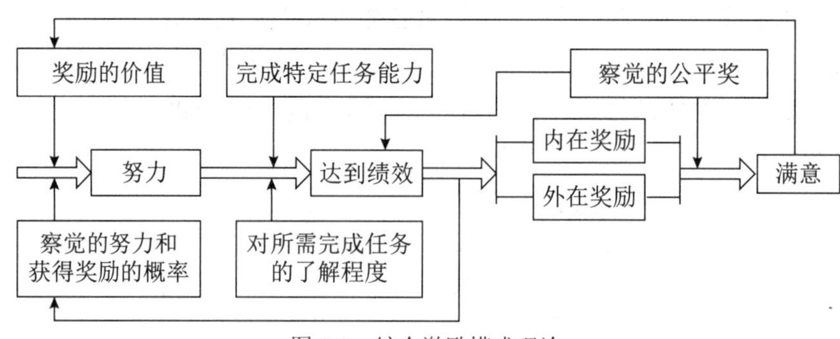

图9-9 综合激励模式理论

9.3.3 多元化激励方式

激励的最终目的是在实现团队预期目标的同时，也让团队成员实现其个人目标，即达到团队目标和个人目标在客观上的统一。激励是对员工需求的满足，员工的需求是多种多样的，所以激励的方式也是多种多样的。根据激励性质的不同，可把激励分为物质激励、环境激励、成就激励、能力激励和情感激励五种形式。

1. 物质激励

物质激励是指运用物质的手段使受激励者得到物质上的满足，从而进一步调动其积极性、主动性和创造性。物质激励的内容包括工资、奖金和各种福利，这是最基本的激励手段。物质激励是激励的主要模式，也是现今我国企业内部使用最普遍的一种激励方式。运用物质激励法，应遵循以下三个原则：

（1）物质激励应与相应制度结合起来。制度是目标实现的保障，因此，物质激励效应的实现也要靠相应制度的保障。企业应通过建立一套制度，创造一种氛围，使组织成员都能以最佳的效率为实现组织的目标多做贡献。

（2）物质激励必须公开公正。美国心理学家亚当斯在进行大量调查的基础上，发现一个人对他们所得的报酬是否满意不是只看其绝对值，而且要进行社会比较或历史比较，观察相对值。通过比较，判断自己是否受到了公平对待，会影响自己的情绪和工作态度。为了做到公正激励，必须对所有员工一视同仁，按统一标准奖罚，不偏不倚，否则将会产生负面效应。此外，必须反对平均主义，平均分配奖励等于无激励。

（3）物质激励应与精神激励相结合。物质激励并不否定精神激励的作用，因为即便是物质激励，其最终目的也是通过奖励将物质作用转化为精神力量，离开了这个转化，物质激励将失去意义和作用。

2. 环境激励

工作环境是吸引员工保留在公司以及激励员工敬业工作的重要因素。这里所说的工作环境不仅指物理环境，还包括工作中的生活环境，如工作环境中的氛围怎么样，员工觉得工作有意义吗，员工和其他人相处得怎样等。员工能在公司中呆多久，很大程度上取决于他们的工作环境。

企业创造一个良好的工作环境和生活环境，一方面可以直接满足员工的某些需要（如领导对员工的平等对待、尊重关心和信任；工作群体内人际关系的融洽；必要的物质条件，使员工能顺利开展工作；美化和清洁的工作环境，消除有害于健康和不安定因素等），从而使员工心情舒畅地工作；另一方面，良好的环境还可以形成一定的压力和规范，推动员工努力工作。可见，环境激励是十分重要的激励手段。

3. 成就激励

随着社会的发展，人们生活水平的提高，越来越多的人在选择工作时已经不仅仅是为了生存。特别是对知识型员工而言，工作更多是为了获得一种成就感。因此，成就激励成为员工激励的一种重要方式。根据作用不同，可以将其细分为组织激励、榜样激励、荣誉激励、绩效激励、目标激励和理想激励六个方面。

（1）组织激励。在企业组织的制度上为员工参与管理提供方便，这样更容易激励员工，提高工作的主动性。管理者首先要为每个岗位制定详细的岗位职责和权利，让员工参与到制定工作目标的决策中来。在工作中，让员工对自己的工作过程享有较大的决策权，这些都可以达到激励的目的。

（2）榜样激励。榜样激励主要有两条途径：一是树立先进的典型人物，以先进人物为榜样激励群众，应注意事迹的事实性和群众基础的广泛性。榜样的力量是无穷的，发挥榜样的激励作用能使中间带落后，推动各项工作的开展。在具有优秀企业文化的企业中，最受人敬重的是那些集中体现了企业价值观的企业模范人物。这些模范人物使企业的价值观“人格化”，他们是企业员工学习的榜样，他们的行为常常被企业员工作为仿效的行为规范。二是管理者自己身先士卒、率先垂范。管理者以身作则，对整个企业成员影响巨大。现代企业制度下的管理者在企业中居于独特的地位，既是企业的经营者又是企业的所有者，是企业的中坚力量。

（3）荣誉激励。所谓荣誉激励，就是为工作成绩突出的员工颁发荣誉称号，代表企业对这些员工工作的认可。让员工知道自己是出类拔萃的，以便激发他们的工作热情。从管理学看来，追求良好声誉或归于马斯洛的尊重和自我实现的需要。美国IBM公司有一个“百分之百俱乐部”，当公司员工完成他的年度任务，他就被批准为该俱乐部会员，他和他的家人被邀请参加隆重的集会。结果，公司的雇员都将获得“百分之百俱乐部”会员资格作为第一目标，以获取那份光荣。

（4）绩效激励。绩效激励是指为实现组织发展战略和目标，采用科学的方法，通过对员工个人或群体的行为表现、劳动态度和工作业绩以及综合素质的全面检测考核、分析和评价，充分调动员工的积极性、主动性和创造性的活动过程。对一个成员的最终评价，主要依据他的绩效。团队成员最关心的往往也是自己的绩效，所以在绩效考核工作结束后，让成员知道自己的绩效考评结果，将有利于成员清醒地认识自己，同时让成员清楚地知道团队对他工作的评价，也会对他产生激励作用。

（5）目标激励。目标激励就是通过确定适当的目标，来激发成员的动机、指导成员的行为。为那些工作能力较强的成员设定一个较高的目标，充分发挥目标的外在刺激作用，以调动成员的积极性、主动性和创造性。制定建立在职工需求基础上的鼓舞人心又切实可行的奋斗目标，既表明企业的努力方向，也代表职工对未来的憧憬和追求，能得到全体职工的认同。企业共同奋斗目标的方向感、使命感和职工个人理想目标的荣誉感、追求感融为一体，能够形成激励职工奋发进取的内在动力，职工就会把企业的需求，转化为个人的需求，充分发挥主人翁的自觉性、创造性，进而敬业、勤业、乐业，拼搏奋斗、无私奉献。

（6）理想激励。每位员工都有自己的理想，如果他发现自己的工作是在为自己的理想而奋斗，就会焕发出无限的热情。因此，管理者应该了解员工的理想，并努力将公司的目标与员工的理想结合起来，实现公司和员工的共同发展。

4. 能力激励

为了更好地顺应竞争趋势，每个人都有发展自己能力的需求，具体可以通过以下两种途径来满足员工这方面的需求：

（1）培训激励。培训激励对青年人尤为有效。通过培训，可以提高员工实现目标的能力，为承担更富挑战性的工作及提升到更重要的岗位创造条件。通过培训，能够使员工在思想上和行为上与公司的战略发展高度统一。通过培训，让员工认同企业文化，处处以企业的核心价值观为导向。当然，在对员工进行专业技能的培训同时，还要进行其他方面的培训，使他们成为企业的复合型人才。

（2）工作激励。工作激励是一种直接激励，就是让工作过程本身使人感到有兴趣、有吸引力，从而调动职工的工作积极性。特别在解决了温饱问题之后，员工更关注工作本身是否有吸引力、在工作中是否有无穷的乐趣、在工作中是否会感受到生活的意义；工作是否具有创造性、挑战性；工作内容是否丰富多彩、引人入胜；工作中能否取得成就、获得自尊、实现自我价值等。

5. 情感激励

所谓情感激励，是指领导者与其下属工作人员建立起一种亲密友善的情感关系，以情感沟通和情感鼓励作为手段，调动员工的工作积极性，从而达到提高工作效率的目的。在进行感情激励时，管理者可以通过交谈等语言激励方式与员工沟通，了解员工的想法、状况，从而对症下药，改善关系，也可以通过非语言形式，如动作、手势、姿态等激励员工。无论采取何种方式，管理者本人要具备积极的情绪，还要使自己处于一种情感移入状态，与被管理者达成情感共融。

9.3.4 绩效激励管理方式

1. 个体激励

目前，绩效考核已经成为企业管理的核心环节之一，越来越多的企业采用绩效考核制度来激励员工的潜能。绩效考核是企业在既定的战略目标下，运用特定的标准和指标，对员工过去的工作行为及取得的工作业绩进行评估，并运用评估的结果对员工将来的工作行为和工作业绩产生正面引导的过程和方法。考核的主要内容包括工作过程中表现出来的业绩、工作能力、工作态度，并用评价结果来判断被考核者是否胜任其工作岗位。绩效考核的最终目的在于确认和鼓励被考核者的工作成就，改进被考核者的工作方式，提高其工作效益，检验绩效考核方法的有效性及其对员工的激励作用。

绩效考核应遵循以下原则：

（1）公开性原则。以让被考评者了解考核的程序、方法和时间等事宜，提高考核的透明度。

（2）客观性原则。以事实为依据进行评价与考核，避免主观臆断和个人情感因素的影响。

（3）开放沟通原则。通过考核者与被考评者沟通，解决被考评者工作中存在的问题与不足。

（4）差别性原则。对不同类型的人员进行考核的内容要有区别。

（5）常规性原则。将考核工作纳入日常管理，成为常规性管理工作。

（6）发展性原则。考核的目的在于促进人员和团队的发展与成长，而不是惩罚。

（7）立体考核原则。增强考核结果的信度与效度。

（8）及时反馈原则。便于被考评者提高绩效，以及考核者及时调整考核方法。

一个系统、科学、合理的绩效考核可以提高激励机制的正效应，能够有效地激励员工依附于企业，努力完成工作目标，实现企业的最终目标和使命。

林肯公司通过把报酬和绩效相联系，成功地激励了工人，公司上下2300名工人都参与了这项公司的激励计划。林肯电气的激励体系是独树一帜的，体系中最具特点的三条制度就是：计件工资制、高额的奖金和分红以及就业保障。全体员工，除了公司董事长和总裁以外，都享受年度分红，公司董事长和总裁的报酬是按销售的百分比计算的，如果销售下降，他们就首当其冲降低报酬。一个委员会对每项工作进行评估，然后选出一种公平的每小时的最低报酬率。林肯公司还实行计件制，工人可以根据他所生产的产品的多少来获得相应的酬劳。公司的所有工作岗位都有报酬范围，这样工作能力强的人可以达到他所在的工作岗位的报酬高点。每六个月，公司总裁都要亲自审核这2300项奖励等级。这项制度50多年来一直沿用至今，年终奖金平均达到基本报酬的95.5%。换句话说，员工因为年终分红的好处，年收入普遍翻一番。

2. 团队激励

团队的兴起使得激励层次由个体扩大到整体，同时个体和团队相结合的激励方式成为激励发展的一种趋势。与团队激励相比，个体激励的主要表现方式之一是个体薪酬与绩效相挂钩，但这种激励是基于个体绩效比较容易衡量，能够与其他人的工作成果划分开来，而且个体只对自己所做的工作负责。但是，随着企业生产中产品、服务的知识含量越来越高，个体的劳动成果难以从集体产品中分离出来。例如，一个软件应用开发团队，在软件开发过程中集中了集体的智慧，很难确定地说哪个个体对产品的研制起了多大的作用。

团队激励方式最早是在1938年由约瑟夫·F·斯坎伦提出，最初的思想是以一种群体报酬的方式表现出来的。团队激励是以团体整体作为对象来进行激励的一种激励方式，目的是通过合作来实现组织的目标。美国通用公司较早就开始在团队中采用群体报酬这种团队激励方式。在国内，一些高科技企业和科研机构也大量采用团队激励方案来奖励对某一领域课题的研究人员。例如，某通信公司对可视电话从研发到批量生产的课题研究，采用按时间长短给予不同奖励的方案，使该课题小组仅半年时间就完成了课题。团队激励方式的大量出现丰富了激励方式的内容，并使得企业在考虑对个体进行激励的同时也将个体所在的群体或团队作为激励的对象，从而起到进一步激励个体的目的。

从劳动性质考虑，团队激励适用这样一类人群：他们的工作高度分工又必须紧密合作，需要通过彼此之间的配合来完成某项工作，每个人的工作只是整个工作流程的一部分，但最终工作结果反映的是所有人的劳动。对这类人进行团队激励更有助于增进彼此之间的协作，共同来完成整个工作。企业中的流程团队就属于这类群体。团队激励还适用于另一类群体：他们需要从所有团队成员的智慧中萃取出高于个人智力的团队智力来完成某项具有创造性的工作，他们之间技能上的互补、思想上的启发和彼此间的信任是组成团队的基础，对这类人群采用团队激励可以更好地发挥集体智慧，促进彼此之间知识的交流与信息的共享。企业中的研发团队中就属于这类群体。

9.3.5　情感激励方式

罗勃·康克林曾说过："如果你希望某人为你做某些事，你就必须用感情，而不是智慧，谈智慧可以刺激他的思想，而谈感情却能刺激他的行为，如果你想发挥你的说服力，就必须好好处理一个人的感情问题。"科学运用情感激励，可以有效调节人的认知方向和行为方式，进而充分调动员工的责任心和积极性，发挥其最大的主观能动性。

IBM 拥有几十万名员工，其中一半以上是大学毕业生。IBM 公司没有工会，但每个员工都能全心全意地为公司工作尽忠职守，从不懈怠，因为 IBM 公司制定了一套让员工充分施展才华、发挥作用的完整措施。IBM 公司推行"开门制"，公司设立一条非同寻常的开明规定：任何职工如果感到自己受到了不公平的待遇，可以向主管经理投诉，如果得不到满意的答复，还可以越级上诉，直到问题圆满解决为止。IBM 公司非常注意发挥员工的才能，如果员工对本职工作不感兴趣，公司可以为其更换工作。如果员工在工作中出了差错，公司也尽量创造机会使其改正，从不采取解雇员工的消极手段处理问题。正因如此，IBM 公司的每位员工都对公司产生了忠心耿耿、忘我工作的热情。IBM 公司实行的是终身雇佣制，消除了职工的后顾之忧，使职工具有安全感和归属感。IBM 公司取消了计件工资的计酬办法。它不相信所谓绝对的工作标准，而只期望每位员工都尽心尽力，这使员工保持了本身的尊严，使公司内的工作气氛非常民主。乐观、热诚、进取是 IBM 公司多年来形成的企业精神。正是靠这种精神的支撑，IBM 公司获得了一个又一个的胜利。

由此可见，情感激励已成为企业人力资源管理中用以激励员工的重要手段。情感激励中运用的方式主要有参与激励、工作激励和言行激励。

（1）参与激励。情感激励就是以情动人、以情感人，以此获得下属的信任和追随，参与激励作为情感激励的一个细小分支，在企业的情感激励策略中起着举足轻重的作用。参与激励即领导者把员工放在主人的位置上，尊重他们、信任他们，让他们在不同层次、不同深度上参与决策，吸取他们的正确意见。其最终目的是使员工感觉到被需要，把个人目标和企业目标有机地结合起来，两者实现共同发展。参与激励作为一种情感激励方式，其重心是调动员工的工作积极性，发挥员工的主人翁意识，让其对企业产生归属感，将自身利益与企业利益有机地结合起来，实现共同发展。

（2）工作激励。赫兹伯格的双因素理论中提道："使员工对工作满意的重要激励因素为工作本身。"由此可见，工作激励是情感激励中不可缺少的一个重要环节。管理者要想在工作上有效地激励员工，那就需要做到以下几点：①使工作变得有趣，它的具体做法包括工作内容和工作环境的改变。②使工作与员工个人兴趣爱好相结合，一个人只有在自己感兴趣的职位上才能发挥自己最大的创造性和主观能动性。③适度施压，压力就是动力，对企业与个人来说都是一样，无论何时，都不应缺失压力。在企业中，为了使员工能出色地完成任务，就需要领导者在合适的时机对员工施加适度的压力。工作激励方式旨在发挥员工的主观能动性，学会在工作中寻求快乐、满足以及归属感。

（3）言行激励。企业中管理者通过他的言行来影响员工的个人发展以及企业的整体发展。管理者可以采用三种形式来完成对员工的激励。①表率激励。这属于领导特质中的人格魅力模型。它主要是通过管理者身先士卒、清正廉洁的模范行为激励员工克服困难、创造奇迹。②给予支持。通过让管理者对员工实行授权激励和信任激励来达成。授权激励即企业管理者把部分权力下放，让员工大胆行使授予的权力，独立自主地去完成任务。这一行为的结果是让员工产生受权心理。根据美国企业管理者斯普蕾查的观点："受权心理是员工内在工作动力的源泉"。因此，授权激励可以调动员工的工作热情，发挥团队最大的成就。另外，可以通过给予信任来完成激励。管理者对员工工作的支持与信任，能激发员工的潜力，提高激励的有效性。③给予关怀，对员工的思想、工作、生活等方面给予关怀和照顾。言行激励对企业、个人的发展都起着至关重要的作用。

9.4 与管理层以及客户关系的处理

人在职场难免会有各种各样的问题，包括：如何处理同事的关系、如何处理与领导的关系以及如何处理与客户的关系等。这些问题一旦处理不好就会给领导和同事留下不好的印象，严重时还会丢掉工作。

9.4.1 与管理层关系处理的方式

与管理层建立良好的人际关系，可以得到管理层的信赖，赢得同事更多的拥戴，满足心理需要和发展需要，也可以提高工作能力和水平。

在与领导相处过程中要注意以下几点：

（1）尊重领导。要尊敬领导，维护领导的权威，对领导的尊敬不仅是对领导个人的尊重，也是对组织纪律、原则的尊重。尊重不是虚伪的吹捧。尊重和吹捧最大的本质区别就在于尊重是发自内心的，吹捧是虚伪的。在马斯洛的需要层次理论中，得到尊重的需要排在了较高的层次上，任何人都需要得到尊重，领导更是需要得到尊重。因为尊重是提高领导威望，增强领导控制力和驾驭能力，保证工作顺利开展的精神力量。

（2）服从领导。下属要服从组织的安排、听从领导的调遣。但是在服从的同时务必要做到不盲从，是非原则要分清，当领导的决定可能造成严重后果时，应主动向其陈述利害关系，不可听之任之，一味坐视纵容。

（3）多请示、多汇报。请示汇报，也是对领导尊重的一种表现。工作中遇到问题时，要及时请示领导，得到领导的指导和帮助，可以提高效率，也可以减少失误。但是，请示不等于依赖，不能事事都去找领导，应该大胆的工作，有主见的工作。

（4）主动做事而不越权。对工作要积极主动，敢于直言，善于提出自己的意见。在处理同领导的关系上要克服两种错误认识：一是领导说啥是啥，好坏没有自己的责任；二是自恃高明，对领导的工作思路不研究、不落实，甚至另搞一套、阳奉阴违。当然，下属的积极主动、大胆负责是有条件的，要有利于维护领导的权威，维护团体内部的团结，在某些工作上不能擅自超越自己的职权。

（5）要正确对待领导的批评。下属因为犯错而遭到领导的批评时，不要觉得丢脸，甚至因此怀恨在心，而应端正心态，把领导的训斥视为对自己的培养与教育。批评是一种财富、一种动力，没有批评就没有进步。要把领导的批评当作是一种鞭策自己的力量，并在今后的工作中改正缺点、获得进步。下属只有真正认识到这一点，才可能在领导的批评中产生前进的信念和动力，努力上进，做出更大的成绩，从而也才能真正获得领导的重视和信任。

9.4.2　客户关系的维系

客户关系的维系是指企业通过努力来巩固及进一步发展与客户长期、稳定关系的动态过程和策略，其目标就是要实现客户的忠诚，特别是要避免优质客户的流失，实现优质客户的忠诚。在传统的销售活动中，有些公司只重视吸引新客户，而忽视保持现有客户，使公司将管理重心置于售前和售中，造成售后服务中存在的诸多问题得不到及时有效的解决，从而使现有客户大量流失。然而公司为保持销售额，则必须不断补充“新客户”，如此不断循环，这就是著名的“漏斗原理”。公司可以在一周内失去 100 个客户，而同时又得到另外 100 个客户，从表面看来销售业绩没有受到任何影响，而实际上为争取这些新客户所花费的宣传、促销等成本显然要比保持老客户昂贵得多，从公司投资回报程度的角度考虑是非常不经济的。如今，在买方市场情况下，产品同质化程度越来越高，同时，由于科学技术的飞速发展，产品本身的生命周期也在缩短，很多公司推出的营销策略和手段也大同小异，消费者已变得相当理智，所以对客户进行维护和售后的服务非常必要。

公司维护客户关系的常用方法如下：

（1）建立客户数据库，和客户建立良好关系。企业用来维系客户关系的重要方式就是与客户进行感情交流。只有同客户建立良好的人际关系，才能博取信任，为业务良性发展奠定坚实的基础。日常的拜访、节日的真诚问候、婚庆喜事、过生日时的一句真诚祝福，都会使客户深为感动。交易的结束并不意味着客户关系的结束，在售后还须与客户保持联系，以确保他们的满足持续下去。由于客户更愿意和与他们类似的人交往，他们希望与企业的关系超过简单的售买关系，因此企业需要快速地和每一个客户建立良好的互动关系，为客户提供个性化的服务，使客户在购买过程中获得产品以外的良好心理体验。

（2）真诚待人。真诚才能将业务关系维持长久。同客户交往，一定要树立良好形象，“以诚待人”，这是中华民族几千年来的古训。业务的洽谈、售后服务等也都应从客户利益出发，以客户满意为目标调整工作，广泛征求客户意见，考虑其经济利益，处理客户运作中的难点问题，取得客户的信任，从而产生更深层次的合作。

（3）尊重客户。每个人都需要尊重，都需要获得别人的认同。对于客户给予的合作，我们一定要心怀感激，并对客户表达出你的感谢。而对于客户的失误甚至过错，则要表示出你的宽容，而不是责备，并立即共同研究探讨，找出补救和解决的方案。这样你的客户才会从心底里感激你。比如，在与客户商谈价格时，若客户而选择了其他价格更便宜的供应商，我们应该给予尊重，并争取下次合作的机会。

（4）信守原则。一个信守原则的人最会赢得客户的尊重和信任。因为客户也知道，满足一种需要并不是无条件的，而必须是在坚持一定原则下的满足。只有这样，客户才有理由相信你在推荐产品给他时同样遵守了一定的原则，他们才能放心与你合作和交往。比如，适当地增加某些服务是可以接受的，但损害公司、客户甚至别人利益的要求绝不能答应。因为当你在客户面前损害公司或别人的利益时，他会担心自身的利益也正在受到威胁。又如，在处理品质异议问题时，产品如果真的出现了质量问题，我们应该勇于承担责任，帮客户处理好问题，并表示最真诚的歉意，这样才能让客户重新相信我们，才敢与我们长期合作。

（5）业务以质量取胜。没有质量的业务是不能长久的。过硬的质量是每项工作的前提。这就要求充分理解客户需求，以良好的服务质量、业务水平满足客户，实现质量和企业利润的统一。

（6）不要忽视让每笔生意来个漂亮的收尾。当你与客户的合作告一段落，是不是就此终结了呢？也许这是大部分业务员的处理方式，但事实证明这是一个巨大的错误。事实上，这次生意结束的时候正是创造下一次机会的最好时机。千万别忘了送给客户一些合适的小礼品，如果生意效益确实不错，最好还能给客户一点意外的实惠。让每笔生意有个漂亮的收尾带给你的效益并不亚于你重新开发一个新的客户。

9.5 沟通管理

有关研究表明，管理中 70% 的错误是由于不善于沟通造成的。项目经理在工作中要与领导沟通以获取领导的理解与支持，要与下属沟通以使下属工作卓有成效，同时还要与客户、其他部门的同事等进行沟通。对项目经理而言，沟通渗透于项目管理的各个方面，甚至有人认为项目经理的主要工作就是沟通。项目经理约有 75%~90% 的时间用于沟通，可见沟通在项目管理中的重要性。

9.5.1　沟通的必要性

在软件项目中，许多专家都认为：对于成功最大的威胁就是沟通的失败。在一个项目团队里，虽然每个成员能都认识到团队成员的奋斗目标是一致的，但仍然会不可避免地产生矛盾、隔阂和误会。这是因为：一是人们往往更加注重自己的看法，而不能容忍另类的思维；二是项目团队领导放不下“架子”，总认为自己的见识高人一筹，这样很难与人进行有效的沟通；三是一些人有自卑心理，总觉得自己是小角色，职位低、见识浅，惧怕在沟通中受到伤害。

有效的沟通和协调能及时消除团队成员之间的分歧、误会和成见。在沟通中，能使团队成员互相学习、共同进步。

项目沟通管理的目标是及时并适当地产生、收集、发布、储存和最终部署项目信息的过程。有效的沟通管理能够创建一个良好的风气，让项目成员对准确地报告项目的状态感到安全，让项目在准确的、基于数据的事实基础上运行，而不会因为害怕报告坏消息而产生令人误解的乐观主义。

阿尔钦和德姆塞茨的团队生产理论认为：现代化的生产是多项投入的合作，成员间的行为将影响其他成员的生产效率。因此，团队成员间的有效沟通对于驱动团队的发展、提高企业的生产效率就显得非常重要，并且有效的团队沟通能够有效防范团队成员的偷懒或避免团队成员的“搭便车”。团队内完美的沟通目标可望而不可即，通过选择正确的通道，运用反馈才有助于更有效的沟通。为了实现团队的目标，必须在团队内部进行有效的沟通。

9.5.2　沟通的方法

信息沟通有多种管道，如当面交谈、电话、电子邮件、信件、备忘录等都可以作为沟通管道。与之对应，项目信息沟通的方式也是多种多样的。

1. 正式沟通与非正式沟通

（1）正式沟通是指在组织系统内，依据一定的组织原则所进行的信息传递与交流。例如，发布公告、传达文件、召开会议、上下级之间的定期的信息交换等。另外，团体所组织的参观访问、技术交流、市场调查等也在此列。正式沟通的优点包括：沟通效果好、比较严肃、约束力强、易于保密，可以使信息沟通保持权威性。重要信息的传达一般都采取这种方式。其缺点包括：由于依靠组织系统层层的传递，所以较刻板，沟通速度慢。

（2）非正式沟通指的是正式沟通管道以外的信息交流和传递以及相互之间的反馈，

以达成双方利益和目的一种方式，它不受组织监督，自由选择沟通管道。例如，团体成员私下交换看法、朋友聚会、传播谣言和小道消息等都属于非正式沟通。非正式沟通是正式沟通的有机补充。在许多组织中，决策时利用的情报大部分是由非正式信息系统传递的。同正式沟通相比，非正式沟通往往能更灵活迅速地适应事态的变化，省略许多繁琐的程序，并且常常能提供大量的通过正式沟通管道难以获得的信息，真实地反映员工的思想、态度和动机。因此，这种动机往往能够对管理决策起重要作用。

非正式沟通的优点包括：沟通形式不拘、直接明了、速度很快，容易及时了解到正式沟通难以提供的“内幕新闻”。非正式沟通能够发挥作用的基础是团体中良好的人际关系。其缺点表现在：非正式沟通难以控制，传递的信息不确切，易于失真、曲解，而且可能导致小集团、小圈子，影响人心稳定和团体的凝聚力。

2. 上行沟通、下行沟通和平行沟通

（1）上行沟通。上行沟通是指项目经理通过一定的管道与组织的职能部门领导、管理决策层所进行的信息交流。它有两种表达形式：一是层层传递，即依据一定的组织原则和组织程序逐级向上反映；二是越级反映，即减少中间层次，让决策者和项目团队成员直接对话。

上行沟通的优点包括：员工可以直接把自己的意见向领导反映，获得一定程度的心理满足；管理者也可以利用这种方式了解组织的状况，与下属形成良好的关系，提高项目管理水平。上行沟通的缺点包括：在沟通过程中，下属因级别不同造成心理距离，形成一些心理障碍；害怕“穿小鞋”，受到打击报复，不愿反映意见。同时，上行沟通常常效率不佳。有时，由于特殊的心理因素，经过层层过滤，导致信息曲解，出现适得其反的结局。

（2）下行沟通。项目经理通过下行沟通的方式传送各种指令及要求给项目经理领导下的各职能经理或项目组成员，其中的信息一般包括：有关工作的指示；工作内容的描述；员工应该遵循的政策、程序、规章、要求等；有关员工绩效的反馈；希望员工自愿参加的团队活动等。

下行沟通的优点包括：可以使下属职能经理和团队成员及时了解项目组的目标和领导意图，增加员工对所在团队的向心力与归属感。它也可以协调项目组内部各个层次的活动，加强组织原则和纪律性，使组织正常的运转下去。下行沟通的缺点包括：如果这种管道使用过多，会在下属中造成项目经理高高在上、独断专行的印象，使下属产生心理抵触情绪，影响团队的士气。此外，由于来自组织高层的信息需要经过层层传递，容易被耽误、搁置，有可能出现事后信息曲解、失真的情况。

（3）平行沟通。平行沟通是指在组织系统中层次相当的个人及团队之间所进行的信息传递和交流。在项目管理中，平行沟通根据对象的不同，又可具体地划分为四种类型：一是项目组、项目经理与组织内其他职能部门之间的信息沟通；二是项目组内各岗位、成员之间的信息沟通；三是项目组与用户之间在工作上的信息沟通；四是与项目有关的第三方合作伙伴的沟通。平行沟通可以采取正式沟通的形式，也可以采取非正式沟通的形式，通常是以后一种方式居多，尤其是在正式的或事先拟定的信息沟通计划难以实现时，非正式沟通往往是一种极为有效的补救方式。

平行沟通的优点包括：第一，它可以使办事程序、手续简化，节省时间，提高工作效率；第二，它可以使项目组和组织各个部门之间相互了解，有助于培养整体观念和专业合作精神，克服本位主义倾向；第三，它可以增加团队成员之间的互谅互让，培养项目组成员之间的友谊，满足成员个体的社会需要，使成员提高工作兴趣，改善工作态度。平行沟通的缺点包括：平行沟通头绪过多、信息量大，易造成混乱；此外，平行沟通尤其是个体之间的沟通也可能成为个别团队成员发牢骚、传播小道消息的一条途径，造成团队士气涣散的消极影响。

3. 单向沟通和双向沟通

沟通按照是否进行反馈，可分为单向沟通和双向沟通。

单向沟通是指发送者和接收者这两者之间的地位不变（单向传递），一方只发送信息，另一方只接收信息。单向沟通信息传递的速度快，信息发送者的压力小。但是接收者没有反馈意见的机会，不能产生平等和参与感，不利于增加接收者的自信心和责任心，不利于建立双方的感情。

双向沟通中，发送者和接收者两者之间的位置不断交换，且发送者是以协商和讨论的姿态面对接收者，信息发出以后还需及时听取反馈意见，必要时双方可进行多次重复商谈，直到双方共同明确和满意为止，如交谈、协商等。双向沟通的优点是沟通信息准确性较高，接收者有反馈意见的机会，会产生平等感和参与感，增加自信心和责任心，有助于建立双方的感情。

4. 书面沟通和口头沟通

（1）书面沟通。当组织或管理者的信息必须广泛向他人传播或信息必须保留时，以报告、备忘录、信函等书面形式就是口语形式所无法替代的，采用书面进行沟通应遵循以下原则：文字要简洁，尽可能采用简单的用语，删除不必要的用语；如果文件较长，应在文件之前加目录或摘要；合理组织内容，一般最重要的信息要放在最前面；要有一个清楚、明确的标题。书面沟通的优点是可以作为资料长期保存，反复查阅；其缺点是耗时长、成本高、不能及时收到反馈或者没有反馈。

（2）口头沟通。利用口语面对面地进行沟通是管理者最常用的形式，有效的口头沟通对信息的输出者而言，需要具备正确的编码，以有组织、有系统的方式传递信息。信息的输出者必须具备一些有效沟通的特质才能更有效地增进沟通的效果，如知识丰富、自信、发音清晰、语调和善、诚意、逻辑性强、有同情心、心态开放、诚实、仪表好、幽默、机智、友善等。口头沟通的优点是比较灵活、速度快，双方可以自由交换意见，且传递信息较为准确；其缺点是：复杂的问题比较难以一次性说明清楚，有一定时间限制，时间太长沟通对象容易注意力不集中，从而影响沟通效果。

5. 言语沟通和体语沟通

言语沟通是利用语言、文字、图画、表格等形式进行的。体语沟通是利用动作、表情姿态等非语言方式进行的，是项目沟通的主要组成部分。有人通过对各种沟通方法的分析与比较，发现在项目进行过程中有50%以上的沟通属于非语言沟通。主动聆听是指接收者通过对发送者提供信息的反应（赞同、反对或要求进一步阐述其相关内容）来证明他正在认真聆听。

本章总结

在信息系统项目中，所有的活动都由人来完成，人力资源的管理在信息系统项目中至关重要，甚至决定和影响着项目的成败。项目组织一般有三种形式：职能型、项目型和矩阵型，可以根据项目的具体特点选择合适的项目组织结构。项目经理是项目组织的核心，具有多重角色和职责。适当地运用激励机制，可以充分地调动员工的热情和积极性，从而保证项目的顺利实施。沟通是项目经理在项目管理中最主要的工作，可以根据不同的具体情况选择适当的沟通形式，以保证沟通的有效性。

课后练习

一、简答题

1. 简述几种项目组织结构的不同。
2. 简述高效的项目团队的特点。
3. 项目经理的职权是什么？
4. 简述激励因素的类型。
5. 简述沟通的方式。

二、在线测试题

扫码书背面的防盗版二维码，获取答题权限。

第10章 项目的收尾

案例故事 A公司的X项目验收报告

1. 项目回顾

A公司X项目从2019年4月启动已经历时将近2个月的时间，在项目组成员的共同努力下，项目已经取得圆满成功。在领导的大力支持和关心下，项目组成员先后完成了项目启动、业务调研、系统设计、系统模拟测试、系统分段上线、系统优化、补丁包升级等阶段性项目任务，各阶段工作基本按计划完成。经过项目组2个多月的共同努力，目前客户已经开始使用软件系统来完成日常管理工作，包括订单管理、干线运输业务管理、市内配送业务管理、仓储管理、财务统计管理、汽运部调度、业务调整等子系统。

2. 项目总体评价

项目验收小组一致认为，系统运行稳定、数据计算准确、信息传递及时，实现了最初确定的实施目标：

（1）建立了订单管理子系统，实现信息员根据客户指令录入托运订单，可以对异常订单进行调整，财务人员可以对订单进行审核以及查询、打印订单等功能。

（2）建立了干线运输管理子系统，实现了储运部受理干线运输托单后安排车辆人员发运，货物送到后的交接与异常处理，同时还支持简单的储运中心各分部的营运统计。

（3）建立了市内配送管理子系统，实现了配送部门对配送订单的受理，安排车辆人员配送，货物交接等市内配送业务的管理。

（4）建立了仓储管理子系统，实现了基本的入库作业、在库管理和出库作业。

（5）建立了财务管理子系统，实现了公司业务的基本财务结算、审核和统计功能，包括对储运中心、配送中心订单业务流程的负责人报送的业务清单的审核，以及各种客户结算、支出记录、单车核算和一些财务统计。

同时，项目验收小组一致认为，A公司X项目的实施是卓有成效的。项目组把对软件系统的理解与对企业管理的深刻认识有机地结合起来，并应用到整个项目实施过程中，在系统全面应用的基础上有效地促进了企业管理的规范，并对企业综合管理水平的进一步提高产生了积极而深远的影响。

实施项目的成功得益于以下几个方面：

（1）X项目的需求是要开发一个成熟的软件系统，适用于制造行业；

（2）双方领导对项目的重视及对项目组工作的大力支持以及对软件研发的理解；

（3）A公司各业务部门对项目组工作的积极配合。

3. 项目结论

综合以上各方面因素，项目验收小组认为A公司X项目实施达到了预期效果，符合B公司（客户）提出的管理业务信息化、集成化的基本需求，同意接受该软件系统投入正常运行，至此该项目的实施工作基本结束，同意对该项目验收。

此次在A公司进行的X项目的实施是成功的，在实施项目即将结束之时，对实施项目进行验收是对双方实施项目组工作成果的肯定。项目验收并不表示双方合作的结束，而是标志着双方合作新阶段的开始。实施项目验收后，A公司将一如既往地为B公司提供技术支持服务。按照合同规定，系统启用后进入运行维护阶段，A公司的实施人员和技术人员继续根据合同规定负责以后的支持、维护工作，为B公司的持续经营提供更好的信息化支撑。

>>> 10.1　项目收尾概述

项目收尾是项目生命周期的最后阶段，对其进行有效的管理有助于在以后的项目中做出正确的决策——通过分析影响项目成功与失败的因素，可为以后的项目管理积累经验。项目收尾一般包括合同收尾和管理收尾两部分。合同收尾就是项目管理人员与客户对照合同一项项核对，审核是否完成了合同所要求的内容，是否达到合同所提出的指标或条件，也就是通常所讲的客户验收；管理收尾就是对于项目组内部，把做好的项目文档、代码、与客户交流的文档等归档保存，对项目中遇到的问题及解决方法、有效的创新技术进行及时总结，对外宣称项目结束，转入维护期，把相关的产品说明及技术文档转到维护组。

1. 合同收尾

合同收尾就是结束合同并结清账目，包括解决所有尚未结束的事项。合同收尾需要对整个采购过程进行系统审查，找出进行本项目其他产品或本组织内其他项目采购时值得借鉴的成功与失败之处。

合同收尾往往是项目经理们最为头痛的事情。在理想的情况下，既要使客户和用户对软件产品满意，又要使公司顺利地收到项目资金，造就一个“双赢”的局面。项目先天就有很多不确定因素，例如，进行采购的市场人员并不清楚项目的具体实现细节和难度，用户需求不明确、不断变更等，诸多因素最终都要在合同收尾最终解决。

2. 管理收尾

管理收尾是指为了完成项目产品的验收而进行的项目成果验证和归档，具体包括收集项目记录、确保产品满足商业需求、并将项目信息归档。项目验收要核查项目计划规定范围内的各项工作或活动是否已经全部完成，可交付成果是否令人满意，并将核查结果记录在验收文件中。如果项目没有全部完成而提前结束，则应查明有哪些工作已经完成，完成到了什么程度，哪些工作没有完成并将核查结果记录在案形成文件。

管理收尾是项目经理经常忽略的过程。对项目文档进行整理归档，对于项目的延续性是很有意义的。那是不是只能等到项目结束或收尾时才能开始进行项目总结、文档保存的工作呢？当然不是。在软件项目管理的各个阶段，都可以做收尾管理工作，也就是阶段管理收尾工作。

阶段管理收尾工作是使一个项目成功的重要管理手段，但在实际软件项目管理中，阶段管理收尾工作往往不被大家重视。有时因为项目任务繁重，项目组为了按时完成任务忙于埋头赶工，或因一大堆的问题急需解决，项目经理干脆就把该项工作给忽略了。阶段管理收尾工作的重要性主要体现在如下几个方面。

（1）项目管理的重要评审点。每个项目从开始到结束都是由不同的阶段组成的。只有在任何一个阶段已经优化的基础上，才可能进行系统全面的优化，因此，保证每个阶段的效率是整个项目顺利完成的前提和基础，只要能保证重要事件按时完成，整个项目的完成也就有了保障。

在项目生命期的阶段管理工作中，收集项目的最新信息和数据，并将这些数据与项目计划进行比较来判定项目的阶段效率，具体包括：项目工作是否都是按计划在进行？进度是提前了还是落后了？费用是否还在控制中？质量是否符合要求？客户对项目工作结果满意吗？通过阶段管理工作中的收尾管理，总结经验与教训，及时发现项目存在的或潜在的问题，以便及时采取纠正措施。

（2）沟通管理的契机。沟通是保持项目顺利进行的润滑剂。相对于传统项目而言，软件项目具有较高的技术含量和较大的风险。随着项目工作进程的逐渐深入，就会出现许多新的问题，与客户的及时有效沟通则显得尤为重要。一个阶段的项目工作完成后，与客户一起就前一段时间的工作进行总结和检查是十分必要的。一方面可以及时了解客户对项目工作的满意程度，及时统计、分析客户对项目的意见，为下一阶段工作的顺利进行提供保障；另一方面有些因工作繁忙未能及时签署的档，也尽快找客户给予签字确认。当双方出现纠纷时，只有双方签字的文字记录才是最有用、最有说服力的证据。

（3）项目收尾管理的基础。一个项目阶段的工作刚完成时，项目组成员都保留着最新的阶段记录，如阶段文档或最新的代码版本，这个时候收集起来是非常容易的。时间久了，随着人员的变动或者项目的需求变更，有些项目成员可能离开了项目组，那时再去收集项目组成员保存的文档资料就非常困难了，甚至有些记录也永远找不到了。只有阶段管理收尾提供的数据信息越真实、越准确，才能保证在项目最终收尾时客观评定项目的绩效，总结的经验教训和文档资料才有真正借鉴的价值。总而言之，作为一个好的项目经理，一定要学会如何收集、整理和保存项目记录，也就是一定要重视并做好项目阶段管理收尾工作。

10.2 项目验收和移交

10.2.1 项目验收概述

项目验收是对软件项目成果的检验和确认，也是对软件项目范围的再确认。项目一旦进入验收阶段，便标志着软件项目的结束，是软件项目成果交付给客户，并开始正式使用的标志。如果软件项目顺利通过验收，则意味着项目组和客户之间的义务和责任基本结束，这个项目将进入售后服务阶段。但是，项目验收结束并不等于双方签订的协议的终止，这是因为软件项目往往还存在后续的系统维护和升级等问题。大多数情况下，项目验收完成后，软件项目的承担方还会在一到三年的时间内给客户提供很多免费的服务，如相关培训、系统维护与升级、系统备份等。

项目验收是一个循序渐进的过程，要经历准备验收材料、提交申请、初审、复审，直到最后的验收合格，完成移交工作。整个流程如图 10-1 所示。

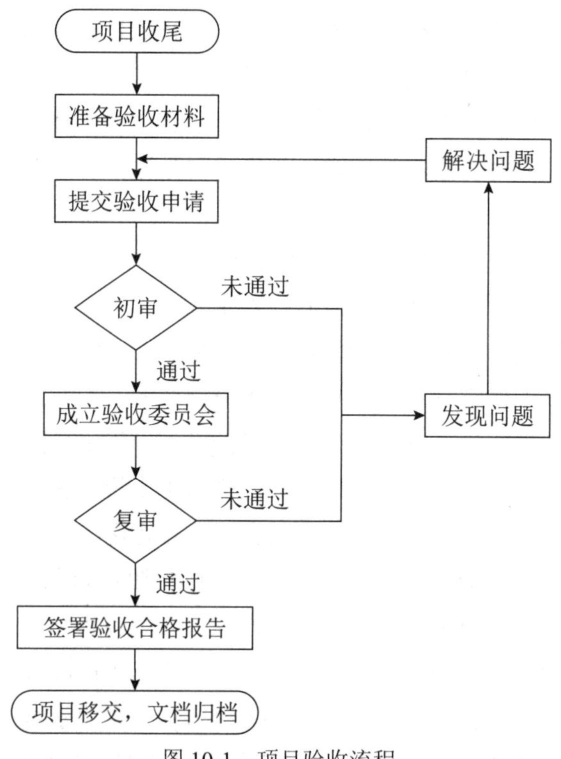

图 10-1　项目验收流程

在正式验收前，项目承包方应做好以下工作：

（1）项目组自检工作。项目经理应组织项目团队，对照合同书、软件需求说明书、变更记录等内容，完成软件的系统测试，包括单元测试、集成测试、功能测试和性能测试等。在测试过程中要做好记录，一旦发现问题，必须立即定期解决，并在事后重新按期检查。测试结束后出具相关的测试报告。

（2）准备项目验收文档。软件项目验收除了验收开发的软件系统外，还要审核验收合同中规定的需要提交给客户的全部文档资料，包括需求分析说明书、概要设计说明书、详细设计说明书、数据库设计说明书、源程序代码、系统管理员手册、用户使用手册、测试计划、测试报告、数据移植计划及报告、系统上线计划及报告、用户意见书、变更记录控制文档等。

（3）提出验收申请。在验收准备工作完成后，项目组应向客户和监理方提出申请验收的请求报告，并同时附送项目验收的相关材料，以备项目接收方组织人员进行验收。

项目接收方接到验收申请后，组织专家对项目进行初审。初审的主要目的是为正式验收打基础。根据专家的建议，可能需要重新调整验收材料，为复审做准备。初审通过后，组织管理层领导、业务管理人员和行业专家成立项目验收委员会，负责对软件项目进行正式验收。

在复审时，软件承包方以项目汇报、现场应用演示等方式汇报项目完成情况，验收委员会根据验收内容、验收标准对项目进行评审、讨论并形成最终验收意见。一般来说，验收结果可以分为验收合格、需要复议和验收不合格 3 种。对于需要复议的要做进一步讨论来决定是否要重新验收还是解决了争议的问题就可以通过。对于验收不合格的要进行返工，之后重新提交验收申请。

项目验收合格后，就可以准备项目验收报告，进行项目移交和用户培训等相关收尾工作了。

10.2.2 验收范围确认

项目验收范围是指项目验收的对象中所包含的内容，也就是在项目验收时，对项目的哪些子项进行验收以及对项目的哪些方面、哪些内容进行验收。项目验收范围的确认是指对需要验收的内容进行科学、合理的界定，以保障项目各方的权益并明确各方的责任。

软件项目的验收标准是在客户正式接收软件系统并且确认系统满足合同条款之前，软件项目成果必须满足的条件。一般认为在合同签订之前就应当建立验收标准，但有时在软件项目的早期阶段，软件项目的成果还不是很明确的条件下，双方只能共同建立一个一般的标准。软件项目的验收标准一般包含下列内容：

（1）全部程序已经在实际运行的硬件环境及软件环境下进行了试运行，并且运行稳定。

（2）程序总体功能完整，能满足业务要求和软件系统管理要求。业务功能除了要满足客户目前业务需求，还要适当考虑业务发展的需要。软件项目在设计和开发阶段应从总体上考虑增加一些辅助管理功能，如多用户网络环境下软件的安全管理功能、数据代码的统一维护功能等。

（3）文档资料完整、与程序一致，能满足软件正式运行的要求。验收标准不仅要明确地涵盖系统性能，还要包含系统交付情况，如在何时交付系统的拷贝或安装版本，交付多少个拷贝或安装版本，以什么形式交付，资料如何打包等，这些问题都要在标准中加以详细叙述。

软件项目的验收工作应包括以下内容：

（1）软件系统验收。软件项目的主要成果之一就是交付给客户的软件系统，因此整个项目能够结束，首先决定于软件系统能否正常运行，能否被客户认可。客户依据项目合同内容、验收标准和相关的需求功能说明书，对所要求达到的成果进行验证，确保功能和界面与需求说明的一致性。在整个软件系统验收中，将对项目的每一个功能模块进行细致的检查，找出可能存在的错误、漏洞，这可能需要花费大量的时间和精力。由于验收时间的有限性，可以提前让客户参与一些功能性的测试。这既有利于缩短验收的时间，又有利于尽早发现问题，及时解决问题。

（2）质量验收。质量验收是控制项目最终质量的重要手段。质量验收是依据合同中的质量条款、质量计划中的指标要求，遵循相关的质量标准，对项目进行验收，不合格的则不予接收。这部分工作可能与软件系统验收的部分工作存在重叠，但两者的侧重点是不同的。质量验收只是对软件的功能、性能、安全性、兼容性、系统升级和维护等方面进行验收。质量好的软件系统不仅能够满足现有的需求，而且具有可靠的安全性、系统兼容性和良好的可扩展性等。

（3）资料验收。项目资料是验收的重要依据。资料验收就是检查项目进行过程中的所有档是否齐全，然后进行归档。这些文档都是很宝贵的财富，可以方便维护人员进行必要的资料查找，还可以为后续项目提供参考依据。只有在项目资料验收合格后，才能开始项目验收工作。

10.2.3 质量验收

项目质量验收是依据质量计划中，按照范围划分、指标要求、采购合同中的质量条款，遵循相关的质量检验评定标准，对项目的质量进行质量认可评定和办理验收交接手续的过程。质量验收是控制项目最终质量的重要手段，也是项目验收的重要内容。

保证软件质量的最佳办法是在软件开发的初始阶段就考虑质量需求，并在开发过程的不同阶段设置检查点进行检查。检查当前阶段已开发完成的软件系统是否符合标准，是否满足规定的质量需求，尽可能地发现问题和缺陷，并做进一步的调研。

对软件系统的质量验收可根据项目规模的不同而采取不同的方法。对于大型、复杂项目的质量验收，可采用对项目实施阶段中每个子系统的质量验收结果进行汇总、统计，得出项目最终的、整体的质量验收结果；对于比较简单的项目，应当在全部系统开发完成后，统一组织系统验收。在验收过程中要依据验收标准，彻底进行检验，以保证项目质量。

软件系统的质量验收主要是对软件系统的功能、性能、用户操作界面、可维护性等方面进行验收。验收的主要内容如下：

（1）软件功能的验收。软件功能的验收是软件系统验收的主要内容，验收的标准是依据需求阶段完成的需求说明书及项目实施过程中的用户需求变更记录。项目承包方应向客户提供每项软件功能的验收报告。软件功能验收报告可以从三个方面来获得：①在软件系统试运行和前期正式上线运行的过程中，准备好软件功能单项验收意见表，在业务操作过程中配合客户对每一项功能进行操作，然后及时对客户已经认可的软件功能进行确认，这样可以完成大部分软件功能的验收确定；②对于有些客户一时难以使用的软件功能，要充分准备好测试数据，与客户一起对软件功能进行测试，以获得客户的认可；③要结合软件功能演示和客户对软件的评审，让客户知道和认可软件的功能，从而形成对软件功能的正式验收。总之，软件功能的验收工作量很大，过程也很漫长，这需要项目组提前做准备，把验收工作做细，使客户能够真正接受软件系统。

（2）软件性能的验收。对于软件系统的性能要求，在合同或需求说明书中一般有明确的量化指标，如系统的回应时间应小于5秒。对于系统性能的验收，除了检查正常情况下的性能指标外，还要检查业务峰值情况下系统的性能指标情况。

（3）用户界面是否友好。对于一个软件系统而言，用户界面是人机交互的主要方式，用户界面的质量直接影响用户对软件的使用，对用户的情绪和工作效率也会产生重要影响，也直接影响用户对软件产品的评价，从而影响软件产品的竞争力和寿命。因此，用户界面是否使用简单、界面一致，是否提供帮助功能、快速的系统回应和低的系统成本，是否具有容错能力等，也是软件系统验收的内容。

（4）系统开发是否按照标准进行。检验在软件系统的开发过程中，项目组使用的技术与规范是否采用国际标准、国家标准及行业标准。

10.2.4 资料验收

项目资料是项目验收和质量保证的重要依据之一，也是项目交接、维护和评价的重要原始凭证，在项目验收工作中起着十分重要的作用。只有项目资料验收合格，才能开始项目验收工作。项目验收合格后，客户应将整个软件系统和文档资料一同接收，并妥善保管。

在项目资料的验收过程中，验收的主要依据是项目的合同条款。由于软件系统的特殊性，所以在验收资料时，双方还应该在软件系统的知识产权和技术保密方面签署一些补充协议。

从资料产生和使用的范围来说，文档资料大致可以分为以下3类：

（1）开发文档：主要包括软件需求说明书、数据要求说明书、概要设计说明书、详细设计说明书、可行性研究报告等。

（2）管理文档：主要有项目开发计划、测试计划、测试报告、开发进度月报、质量评估报告、重要会议纪要、变更记录控制文档、验收审核表、项目开发总结等。

（3）用户文档：用户手册、操作手册、维护修改建议等。

项目文档资料验收时要注意以下几点：

（1）根据合同条款中规定的文档资料验收的范围，对项目资料进行验收，检查项目资料的完整性。

（2）根据国家标准或行业标准，检查文档资料内容的书写是否规范。

（3）通过与软件系统进行比较，检查文档描述的内容与软件系统实现的内容是否一致。

在验收过程中，可能会发现文档资料和程序存在不一致的问题。这是由于文档资料是阶段性的产物，而程序是需要不断完善的，造成两者之间未能同步。在资料文档交付给客户之前，这些不一致问题必须进行修改。另外一种解决办法就是先交付文档资料，然后提交变更记录表或勘误表，最后再提交更新后的文档资料。只有项目资料验收合格后，才能开始项目的整体验收工作。

当所有的项目资料全部验收合格时，项目承包方与客户对项目文件验收报告进行确认和签字，形成项目文件验收结果。项目文件验收结果一般包括项目文件档案和项目文件验收报告。软件项目档案主要是记录整个软件项目进行过程中各阶段的文档以及最终的用户使用手册等内容。

10.2.5 项目移交和清算

软件项目验收合格以后，要进行软件项目的移交工作，将系统转入正式运行的状态，并执行正式运行的规范化使用和管理。软件项目的移交工作主要包括用户培训、系统上线和后期维护等重要内容。

1. 用户培训

在很多行业里，计算机知识的普及范围并不大。有时当一个业务系统开发完成后，在运行初期发现的问题中的60%～70%都是由于用户对软件系统的操作不熟练造成的。因此，在系统正式上线之前，对用户进行全面的培训是很有必要的。培训的目的是使客户完成对软件系统的全面接管工作，加强用户对系统的了解，还可以减少许多不必要的维护成本。

用户培训除了要培训对软件系统业务处理功能的操作外，还要进行软件系统运行管理的培训。在软件系统中，根据客户的需求和业务信息化的要求，可能会对原来的业务过程进行一些改进，这时就要向客户讲清楚原来的业务流程是如何做的，而新的业务流程又是如何做的，要让客户明白并接受新的业务流程。了解新业务流程后，就要培训客户来实际操作软件系统，这也是用户培训的主要工作。首先，要站在用户操作的角度上来准备相应的培训资料，而且要根据使用不同业务功能的用户准备不同的培训资料。其次，组织用户针对培训资料进行软件操作演示，并讲解软件功能和操作要领。在演示和讲解过程中，不能单纯从软件功能角度上进行演示和讲解，而是要结合业务实践进行演示和讲解，要让用户真正掌握业务流程在软件系统中是如何完成的。当用户基本熟悉了软件系统的业务操作后，就可以进行软件系统的试运行了。让用户在试运行的平台上，对数据进行实际操作，加强用户对软件系统的熟练操作程度，为正式运行系统打下良好的基础。

系统管理培训包含对整个软件系统的相关操作，如安全管理、网络配置管理、共享数据代码等。客户甚至可以在项目承包方允许的范围内对软件系统进行简单的程序维护，因此，项目承包方除了按照合同的规定将系统的源代码移交给客户后，还要进行软件修改的培训。

2. 系统上线

软件系统正式上线运行前，应完成一系列准备工作，包括：软件系统通过全面测试、用户经过培训、客户的数据经过整理转换并移植或录入软件系统中。软件系统正式上线通常需要五个步骤：硬件设施的搭建、网络环境的搭建、操作系统的安装和设置、数据库的安装和数据的准备、业务软件系统的部署和配置。

硬件设施的搭建、网络环境的搭建、操作系统的安装和设置这三个步骤一般在试运行开始时就已经完成了，数据库的安装和数据的准备一般也在试运行阶段基本完成了，但是在正式上线时，要确保正式数据库中的数据是完整和准确的，不要存在测试数据。有些软件项目没有用到数据库，但可能用到了其他的数据存储方式，如文件系统等，也需要准备和配置其他形式的数据存储系统。

软件系统正式上线后，项目承包方要在约定的一段时间内为客户提供技术支持，在技术、操作使用、日常管理上及时解决客户出现的问题。软件系统正式运行的管理规范中，一个重要的方面是要记录软件的正式运行过程，也就是软件系统的使用日志。日志主要关注以下几个方面：

（1）记录软件使用时间。记录软件开始使用时间、结束时间以及累计使用时间长度。

（2）记录软件使用情况。记录数据输入、处理、输出等软件功能操作情况。

（3）记录环境变化情况。记录硬件环境变化、软件环境变化、设置参数变化、版本变化（升级与维护）等。

（4）记录软件异常情况。包括错误和异常中断等情况。

具有良好设计的软件系统在设计方案中就要有自动记录软件运行情况的功能模块，甚至可以对运行情况进行统计分析，这样的软件可以为系统使用情况监测、系统维护提供重要的数据，从而节省大量的人力。

3. 后期维护

在软件系统开发完成交付用户使用后，就进入了软件运行与维护阶段。一般在软件合同中会规定提供免费维护的期限，超过这个期限，可以提供有偿的软件维护。软件维护的原因归纳起来有以下三种情况：

（1）改正在特定的使用条件下暴露出来的一些潜在程序错误或设计缺陷。

（2）因在软件使用过程中数据环境发生变化（如一个事务处理代码发生改变）或处理环境发生变化（如安装了新的硬件或操作系统），需要修改软件以适应这种变化。

（3）用户和数据处理人员在使用时常提出改进现有功能、增加新的功能，以及改善总体性能的要求，为满足这些要求，就需要修改软件把这些要求纳入软件之中。

软件系统的维护活动通常分为以下四类：

（1）改正性维护。在软件交付使用后，由于开发时测试的不彻底、不完全，必然会有一部分隐藏的错误被带到运行阶段来，这些隐藏下来的错误在某些特定的使用环境下就会暴露。为了识别和纠正软件错误、改正软件性能上的缺陷、排除实施中的误操作，而进行的诊断和改正错误的过程，就是改正性维护。

（2）适应性维护。随着计算机技术的飞速发展，外部环境（新的硬、软件配置）或数据环境（数据库、数据格式、数据输入/输出方式、数据存储介质）可能发生变化，为了使软件适应这种变化，而去修改软件的过程就是适应性维护。

（3）完善性维护。在软件的使用过程中，用户往往会对软件提出新的功能与性能要求。为了满足这些要求，需要修改或再开发软件，以扩充软件功能、增强软件性能、改进加工效率、提高软件的可维护性。这种情况下进行的维护活动就是完善性维护。

（4）预防性维护。预防性维护是为了提高软件的可维护性、可靠性等，为以后进一步改进软件打下良好基础。通常，预防性维护可定义为："把今天的方法适用于昨天的系统以满足明天的需要"。也就是说，采用先进的软件工程方法对需要维护的软件或软件中的某一部分（重新）进行设计、编制和测试。

在整个软件维护阶段所花费的全部工作量中，预防性维护只占很小的比例，而完善性维护占了几乎一半的工作量，如图10-2所示。软件维护活动在漫长的软件运行过程中需要不断对软件进行修改，以改正新发现的错误、适应新的环境和用户新的要求，这些修改需要花费很多精力和时间，而且有时修改不正确，还会引入新的错误。

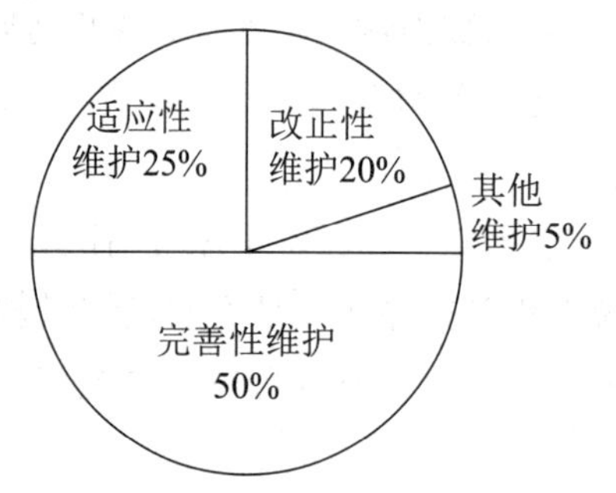

图10-2 维护活动占总维护比例

项目清算是项目结束的另一种结果和方式，主要是指对项目的经费进行清算。项目经费清算主要包含两个方面的工作：项目成本清算和项目利润清算。

（1）项目成本清算。项目成本费用主要包括项目组成员的薪酬、项目的市场费用、采购费用、员工的差旅费、交通费等。通过项目成本清算，能够清楚地反映出项目成本管理的成效。通过项目成本清算，可以发现各种成本之间的比例关系以及与项目预算的对比关系，从而发现项目成本管理的薄弱环节，以便在今后的项目中进行改进。

（2）项目利润清算。项目的利润为项目的合同金额减去项目的总成本，还要扣除公司的管理成本，剩下的就是项目的利润。但由于我国的市场经济制度不完善，一些企业没有信誉保障，缺乏诚信，所以导致有些应收款项无法收回的局面。

>>> 10.3 项目总结和评价

10.3.1 项目总结

软件开发是一项复杂的系统工程，牵涉各方面的因素，在实际工作中，经常会出现各种各样的问题，有时甚至面临失败。而如何总结、分析失败的原因，得出有益的教训，这对一个公司来说，便是今后项目中取得成功的关键。以前会听说过这样的项目：客户验收后，项目活动就随之收场，项目资料没有认真归纳总结，不是束之高阁就是缺失不全。但是当新项目启动时，面对新的项目问题，项目组成员才发现：其实这类问题以前也遇到过，但是却无法找到相应的解决方案资料，只好再投入人力、时间甚至金钱来重新做一遍！为什么相同的问题会重复出现？究其根源，是因为缺少项目总结。总结成功的经验和失败的教训，整理软件项目过程档案，将项目中的有用信息进行总结、分类并放入信息库，可为以后的项目提供资源和依据。

一般来说，项目总结主要的目的就是分享经验和体会。软件项目从立项、需求分析、设计、编码、测试到最终结束，每个项目组成员都会有自己的体会和感受。项目组成员在一起分享自己的经验和体会，不仅有利于团队建设，还有利于知识和经验的共享和积累。通过项目的检验，好的经验得以传承，有助于提高公司的总体水平，也能为后续的项目提供可靠的实践依据。对于不足和需要改进的地方，要分析错误的根源在哪里，找到可改进或可修正的方法，防止重复性的错误在以后的项目中发生。项目总结还可以针对软件项目产品存在的一些问题，提出可行性的合理化改进和建议方案。

一般项目总结主要包括以下两个方面的内容：

（1）技术方面的总结。技术方面的总结主要是从软件的技术路线、分析设计的方法、项目所采用的软件工具等方面进行总结。经过软件项目开发的过程，项目组要总结出什么样的项目应该采用什么样的技术，并对项目进行不断的完善，使之成为公司的软件资产。经过开发项目的经历，作为软件开发人员应该明白，技术是为项目需求服务的，不要追求技术的先进性，而要注重技术的实用性。

（2）管理方面的总结。一个人管理知识和管理技能的获取只有一小部分是来自于培训或书本，很大一部分都是来自于经验和阅历。从项目的立项到项目验收，每个环节和每个阶段都可以进行项目管理方面的总结。项目管理的总结不是项目经理一个人的总结，而是每个项目组成员都要认真根据自己的所做、所感和所想进行总结。每个项目参与人都要撰写个人项目总结报告，总结个人在整个项目过程中所做工作的回顾和评价，包括对自己所承担的工作任务的完成情况，在项目组中发挥的作用，项目工作中存在的问题，对改进项目工作的思考和建议，最后还应该包含一份个人的自我评价。项目验收完成以后，通常会召开项目的总结会议。在项目总结会上，大家一起对项目进行回顾、反思、总结并且分享项目中好的方法和经验，以及项目中存在的问题、缺点和不足，讨论、提出改进的方案等，然后把这些内容以文档的形式保存下来，形成一种可共享的资源。

10.3.2 项目评价

项目评价是指对已经完成的项目的目的、执行过程、效益、作用和影响所进行的系统的、客观的分析。项目评价包括确认是否实现项目目标、是否遵循项目进度、是否在预算成本内完成项目、项目进度过程中出现的突发问题以及解决措施是否合适、问题是否得到解决、对特殊成绩的讨论和认识、回顾客户和上层经理人员的评论以及从该项目的实践中可以得到哪些经验和教训。项目评价是通过对项目全面的总结评价，汲取经验教训，改进和完善项目决策水平，从而达到提高投资效益的目的。

项目评价的主要目的有：

（1）及时反馈信息，调整相关政策、计划、进度，改进或完善在建项目。

（2）增强项目实施的社会透明度和管理部门的责任心，提高投资管理水平。

（3）通过经验教训的反馈，调整和完善投资政策和发展规划，提高决策水平，改进未来的投资计划和项目的管理，提高投资效益。

项目评价的内容包含以下几个方面：

（1）项目计划。项目计划是根据项目目标的要求，对项目范围内的各项活动做出合理安排，包括项目的进度计划、费用计划、资源计划、质量控制计划等，项目计划与实际执行绩效的对比是项目评价的最主要依据。

（2）项目组织。项目组织是指为了进行项目管理，完成预定的项目计划而建立的管理结构。项目评价要从项目组人员安排合理性、项目可控性、管理力度等方面加以评价。

（3）项目效益。项目效益是指项目实施完成后对项目预期的近期经济效益和远期影响的评价。

（4）成本控制。成本控制是指将此项目实际发生的费用与项目批准的实施费用预算进行对比和评价。

（5）进度控制。进度控制是指以项目实际的进度与计划的进度进行对比和评价。

项目评价最后要形成项目评价报告，项目评价报告的内容包括以下几个部分：

（1）项目背景。项目背景主要说明项目的目标和目的、项目建设内容、项目工期、资金来源与安排等，需要把项目环境和背景描述清楚。

（2）项目实施过程评价。项目实施评价应简单说明项目实施的基本特点，对照可行性研究评估找出主要变化，分析变化对项目效益影响的原因，评价这些因素及影响，包括计划、设计、组织、进度、质量、成本、风险等方面的评价。

（3）效果评价。效果评价应分析项目所达到和实现的实际结果，根据项目运营和未来发展，以及可能实现的效益、作用和影响，评价项目的成果。

（4）结论和经验教训，包括项目的综合评价、结论、经验教训、建议对策等。

10.3.3　项目总结报告编写

项目总结报告就是把总结会议的内容和讨论结果形成正式的书面报告，提交给上级部门审阅，并保存在项目档案中。在编写项目总结报告时，其格式无关紧要，重要的是要真实地记录项目的相关信息和会议讨论的结果。项目总结报告包括以下几方面的内容：

（1）项目概况、质量结果分析；

（2）项目进展情况；

（3）好的经验；

（4）不足之处；

（5）改进方案和建议。

项目总结报告的参考格式如下：

本章总结

收尾过程是对最终产品进行验收，确保项目有序结束。在项目收尾时，要证实项目所有的交付成果均已完成。通过系统验收，表明项目组完成了开发和实施的主要任务。项目文档验收完成，用户签署软件测试报告、验收报告，就可以清算了。项目结束后要进行项目总结，并最终形成项目总结报告。

课后练习

一、简答题

1. 简述项目收尾工作的重要性。
2. 简述项目验收的流程
3. 简述项目验收工作的主要内容。
4. 简述质量验收的主要内容。
5. 简述项目评价的内容。

二、在线测试题

扫码书背面的防盗版二维码，获取答题权限。

第 11 章
实训指导

11.1 实训 1：熟悉和学习 MS Project 2016 工具

MS Project 2016 是美国微软公司推出的项目规划和管理软件，是 Microsoft Office 系统产品中的一员。项目管理人员、业务管理人员和计划人员可以使用它独立地管理和规划项目。用户只有充分掌握和了解 Microsoft Project（以下简称 MS Project）的功能、工作界面、常用视图和选择数据域等基本知识后，才能更好地学习 MS Project 的应用。

本次实训是通过使用 MS Project 完成项目管理工作，目的是了解 MS Project 工具的使用和项目管理的相关知识。

11.1.1 MS Project 2016 界面组成与视图方式

1. MS Project 的启动方法

启动 MS Project 的具体步骤如下：

（1）在任务栏上单击“开始”按钮，弹出“开始”菜单；

（2）依次单击“程序”→“Microsoft Office”→“Microsoft Project 2016”菜单项；

（3）登录或选择一个 Project Server 账户；

（4）在“配置档”框中选择“计算机”，然后单击“确定”按钮；

（5）出现 MS Project 软件的主界面，启动成功。

- 标题栏

标题栏位于窗口的顶端，用于显示当前正在运行的程序名及文件名等信息，图 11-1 最顶端蓝色部分即为标题栏。标题栏右端有 3 个按钮，分别用来控制窗口的最小化、最大化和关闭应用程序。

- 菜单栏

菜单栏位于标题栏的下方，包括“档”“编辑”“视图”及“工具”等 11 个菜单项，用户可以单击菜单来执行各种命令。

- 工具栏

在 MS Project 中，将常用命令以工具按钮的形式表示出来。通过工具按钮的操作，可以快速执行使用频率最高的菜单命令，从而提高工作效率。

2. MS Project 的常用视图

视图以特定的格式显示 MS Project 中输入信息的子集，该信息子集存储在 MS Project 中，并且能够在任何调用该信息子集的视图中显示，通过视图可以展现项目信息的各个维度。视图主要分为任务类视图和资源类视图，常用的任务类视图有“甘特图”视图、“网络图”视图、“日历”视图、“任务分配状况”视图等；常用的资源视图有“资源工作表”视图、“资源图表”视图、“资源使用状况”视图等。

（1）“甘特图”视图。“甘特图”视图是 MS Project 的默认视图，用于显示项目的信息。视图的左侧用工作表显示任务的详细数据，例如任务的工期、任务的开始时间和结束时间，以及分配任务的资源等。视图的右侧用条形图显示任务的信息，每一个条形图代表一项任务，通过条形图可以清楚地表示出任务的开始和结束时间，各条形图之间的位置则表明任务是一个接一个进行的，还是相互重叠的。

（2）“任务分配状况”视图。“任务分配状况”视图给出了每项任务所分配的资源以及每项资源在各个时间段内（每天、每周、每月或其他时间间隔）所需要的工时、成本等信息，从而可以更合理地调整资源在任务上的分配。

（3）“日历”视图。“日历”视图是以月为时间刻度单位来按照日历格式显示项目信息。任务条形图将跨越任务日程排定的天或星期。使用这种视图格式，可以快速地查看在特定的时间内排定了哪些任务。

（4）“网络图”视图。“网络图”视图以流程图的方式来显示任务及其相关性。一个框代表一个任务，框与框之间的连线代表任务间的相关性。在默认情况下，进行中的任务显示为一条斜线，已完成的任务框中显示为两条交叉斜线。

（5）“资源工作表”视图。“资源工作表”视图以电子表格的形式显示每种资源的相关信息，比如支付工资率、分配工作小时数、比较基准和实际成本等。“资源工作表”视图如图 11-1 所示。

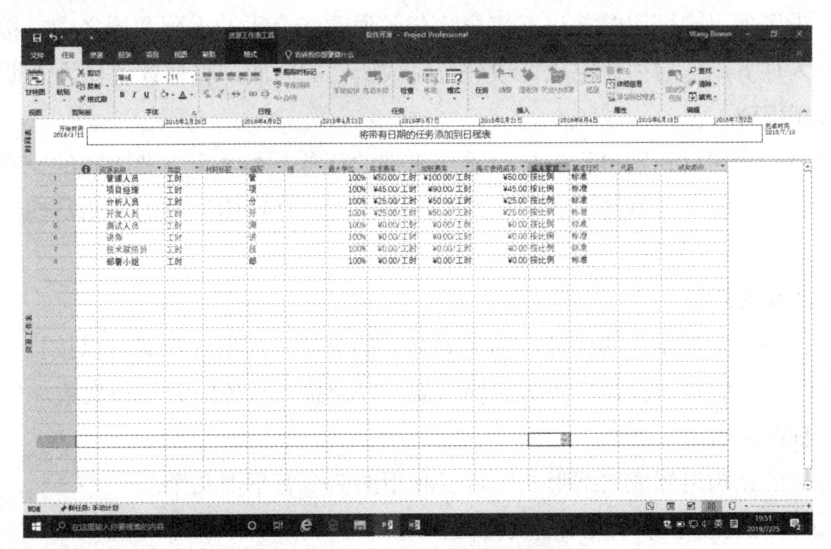

图 11-1 “资源工作表”视图

11.1.2 创建新项目

1. 创建新项目操作步骤

（1）单击“档”菜单中的“新建”菜单项。在“新建项目”任务窗格中，单击“空白项目”；

（2）单击“项目”菜单中的“项目信息”，显示“项目信息”对话框；

（3）在“开始日期”框中，输入或选择开始日期；

（4）单击“确定”按钮，关闭“项目信息”对话框；

（5）保存项目计划档。

2. 输入属性的具体步骤

（1）单击“档”菜单中的“属性”，显示“项目属性”对话框；

（2）切换到“摘要”选项卡；

（3）也可以单击“自定义”选项卡，输入自定义属性；

（4）单击“确定”按钮，属性设置输入完成。

3. 为当前项目设定项目日历的操作步骤

（1）单击“工具”菜单中的“更改工作时间”，显示“更改工作时间”对话框；

（2）在“对于日历”框中，单击下拉箭头，从下拉列表中选择基准日历；

（3）在“例外日期”选项卡可以设置例外日期的名称、开始时间和完成时间；

（4）单击“确定”，关闭“更改工作时间”对话框，完成项目日历的设置。

11.1.3 组织任务列表

1. 输入任务及其工期

项目是由一系列相互关联的任务组成。一个任务代表了一定量的工作，并有明确的可交付结果，为了便于定期跟踪其进展情况，任务通常应介于一天到两周之间。按照发生的先后顺序输入任务，然后估计完成每项任务完成所需的时间，将估计值作为工期输入。

2. 创建里程碑

里程碑是一种用以识别日程安排中重要事件的任务，如某个主要阶段的完成。如果在某个任务中将工期输入为0个工作日，MS Project将“甘特图”中的开始日期上显示一个里程碑符号。

3. 创建周期性任务

周期性任务是定期重复的任务，如每周召开的会议。周期性任务可以按日、周、月或年为周期，可以指定每次执行任务所需的工期，以及执行任务的时间和次数。

4. 组织任务大纲

把任务按照结构组织成大纲形式，可以利用的命令有下面几个：

- 升级：把所选任务升级成摘要任务；

- 降级：把所选任务升级成子任务；
- 显示子任务：显示所选任务的子任务；
- 隐藏子任务：隐藏所选任务的子任务；
- 显示所有子任务：显示所有摘要任务的子任务。

可以通过“项目”菜单的“大纲”子菜单，来调用这些命令，如图 11-2 所示。

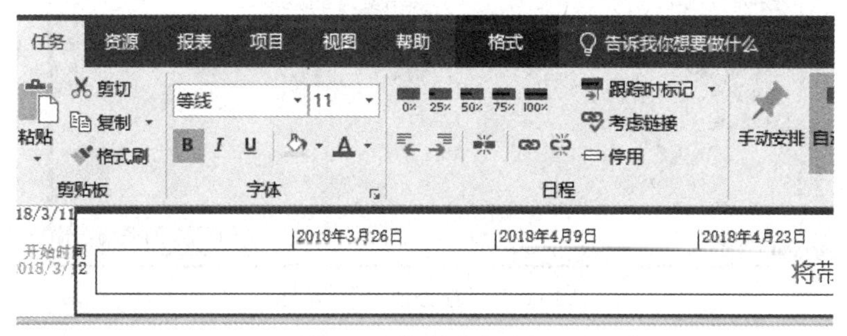

图 11-2　组织任务大纲

5. 编辑任务列表

（1）在“标识号”域（最左侧的域）中，选中需要复制、移动或删除的任务；

（2）如果要复制或移动任务，请首先单击工具栏上的“复制”或“剪切任务”按钮，然后选择复制或移动到位置所在的行，最后单击工具栏上的“粘贴”按钮即可；

（3）如果要删除任务，直接按 <Delete> 按钮即可。

6. 输入任务计划

（1）建立任务间的关系。在项目日程中，如果某个任务开始或结束后另一个任务才能开始或结束，则称前者为前置任务，另一任务为后置任务。任务可以以不同的方式相关联，MS Project 中任务的相关性有以下 4 种：

- 完成－开始（FS）：任务 B 必须在任务 A 完成后才能开始；
- 开始－开始（SS）：任务 B 必须在任务 A 开始后才能开始；
- 完成－完成（FF）：任务 B 必须在任务 A 完成后才能完成；
- 开始－完成（SF）：任务 B 必须在任务 A 开始后才能完成。

（2）重叠或推迟前置任务。相关任务链接后，还可通过设置延隔时间来重叠或者推迟某些任务。

（3）设定开始或完成日期。设定开始或完成日期的操作步骤：

①在“任务名称”域中单击需要设定开始或完成日期的任务，然后单击“任务信息”命令按钮，显示“任务信息”对话框，如图 11-3 所示；

②单击“高级”选项卡；

③在“限制类型”文本框中选择一种限制类型；

④在“限制日期”文本框中键入或选择一个日期，然后单击“确定”按钮。

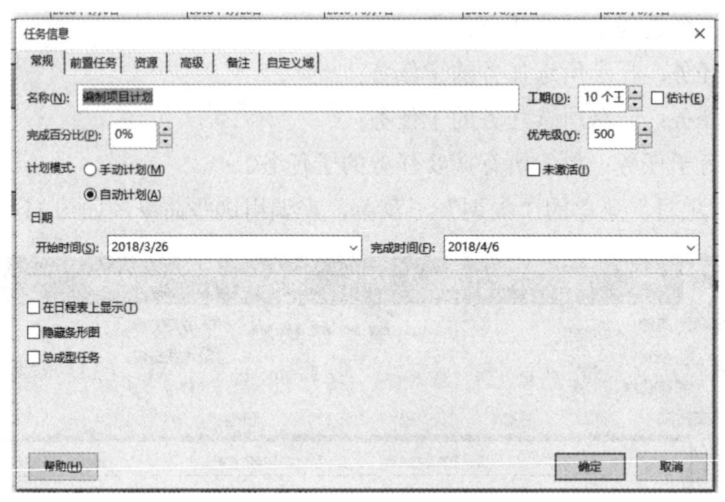

图 11-3 “任务信息”对话框

（4）设定任务期限。可以为一个任务设定期限，之后相应的任务在“甘特图”上将显示一个箭头标记。设定期限不会影响任务的日程安排，这只是 MS Project 用于通知用户任务是否超出了期限日期，以便可以调整日程安排以满足期限的要求。

（5）拆分任务。在 MS Project 中可以引入拆分来中断任务。换句话说，可以将任务暂停，重新开始。例如，如果某个程序员生病了，或是某个设备坏了，就可能需要中断任务，直到找到替代的方法。可以中断任意长的时间，也可以中断任意次。

11.1.4 分配项目资源

1. 创建资源列表

创建资源列表需要在“资源工作表”视图中进行的。“资源工作表”视图用类似电子表格的形式显示每种工时和材料资源的信息（如支付费率、分配工时数、比较基准和实际成本）。用户通过创建资源列表，可以一次输入项目中所有资源信息。

2. 更改资源的工作日历

在项目日历中定义的工作时间和休息日是每个资源的默认设置。当个别资源按不同的日历工作时，或者当计算假期时，可以修改资源日历。操作步骤如下：

（1）切换到“资源工作表”视图，然后选择希望更改其日历的资源；

（2）单击“项目”菜单中的“资源信息”命令，显示“资源信息”对话框；

（3）为任务分配资源，如图 11-4 所示。

当为任务分配资源时，就创建了一个工作分配。可以为任何任务分配任意资源，并可在任何时刻更改工作分配，可以指定资源在任务上是全职还是兼职。如果分配给资源的工时超过了显示在资源工作时间日历中的每工作日的全职工作时间，那么 MS Project 将在资源试图中用红色显示过度分配的资源名称。

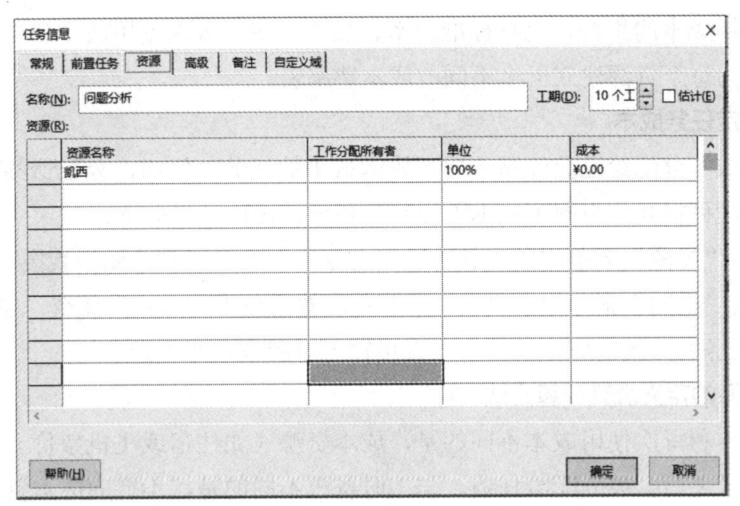

图 11-4 “资源信息”对话框

（4）关闭“投入比导向”日程排定。如果不想使用“投入比导向”日程排定功能，则可以关闭它。操作步骤如下：

①单击“视图”菜单中的“甘特图”命令，切换到“甘特图”视图；

②在“任务名称”域中，选择希望为其关闭投入比导向日程控制方法的任务；

③单击“任务信息”按钮，显示“任务信息”对话框，然后单击“高级”选项卡；

④清除其中的“投入比导向”复选框；

⑤单击“确定”按钮。

再分配其他资源时，任务工期不会发生变化。

（5）检查和编辑资源分配。使用 MS Project 的“资源使用状况”视图，可以查找在指定任务上为每个资源安排的工时数，并可查看过度分配的资源，以及确定每个资源具有多少可用时间能用于其他工作分配。这有助于了解资源的工作效率，以及确定是否需要进行调整。

11.1.5 管理项目成本

1. MS Project 中提供的成本类型

成本是项目日程排定和控制的重要方面。MS Project 可输入和跟踪以下类型的成本：基于费率的成本、每次使用成本、固定成本、成本资源、预算资源。

2. 基于费率的成本定义与计算

如果基于费率的资源成本是工时资源成本，则使用指定的每小时资源费率和完成任务所需的时间计算资源总成本。如果基于费率的材料成本是材料资源成本，则通过指定的材料资源费率（例如每吨费率）乘以完成任务所需的材料单位数量来计算材料总成本。

工时资源有时具有成本费率表，成本费率表是一个包含资源费率以及材料资源和工时资源的每次使用成本的集合，包括标准费率、加班费率、每次使用成本和支付费率生效的日期。可最多为每个资源建立五个不同的成本费率表。

3. 设置固定任务成本

可将固定成本分配给已分配基于费率资源成本的任务。例如，分配给某任务的资源发生差旅成本，则可将其作为固定成本添加到任务中，操作步骤如下：

（1）单击“视图”菜单中的“甘特图”命令，切换到“甘特图”视图；

（2）指向“视图”菜单中的“表”子菜单，然后单击“成本”命令，显示成本信息；

（3）在任务的“固定成本”域中，直接输入对应成本即可。

4. 成本资源的定义及其计算方法

与固定成本和每次使用成本不同的是，成本资源（如住宿或飞机票价）是作为资源类型创建的，而且之后会被分配给任务。与工时资源不同的是，不能向成本资源应用日历，因此，它们不会影响任务的日程排定。成本资源的金额并不依赖任务的已完成工时量。

成本资源需要在“资源工作表”上创建。创建资源时，把资源类型设为“成本”，创建成本资源后，可以根据需要将其分配给任务。

5. 查看任务或资源成本

在为资源分配了支付费率或为任务分配了固定成本后，用户可能希望查看这些分配的总成本，以确信它们在预期范围之内。如果任务或资源的总成本不符合预算的要求，那么可能需要检查每一个任务的成本和每一个资源的任务分配，以查看可减少成本的地方。

6. 查看整个项目的成本

用户可以查看项目当前的比较基准、实际和剩余成本来确定项目是否在整个预算内。当MS Project每次重新计算项目时，都将更新这些成本。操作步骤如下：

（1）单击“项目”菜单中的“项目信息”命令；

（2）单击“统计信息”按钮；

（3）在“当前”行的“成本”列标题下，可查看项目的总计划成本。

11.1.6 跟踪项目进度

1. 设置基准计划

（1）指向“工具”菜单中的“跟踪”子菜单，然后单击“设置比较基准”命令，显示“设置比较基准”对话框，如图11-5所示；

（2）选择“完整项目”单选按钮来保存项目比较基准。或者单击“选定任务”单选按钮来将新任务添加到已有的比较基准中；

（3）单击“确定”按钮即可。

2. 保存中期计划

（1）指向“工具”菜单中的“跟踪”子菜单，然后单击“设置比较基准”命令，显示“设置比较基准”对话框；

（2）单击“设置中期计划”单选按钮；

（3）在“复制”框中选择当前中期计划的名称；

（4）单击“到”框中下一个中期计划的名称，或指定新名称；

（5）单击“完整项目”单选按钮来保存整个项目的中期计划。或者单击“选定任务”单选按钮来保存日程计划中的一部分；

（6）单击“确定”按钮。

图 11-5 “设置比较基准”对话框

3. 输入任务的实际工期

创建日程并建立比较基准计划后，可以随着项目的进展对每项任务进行跟踪和监控，输入实际的任务完成时间，也可以对未来将要开展的工作调整其计划信息。

如果知道任务进行的天数，并且任务正在按照计划进展，则可以输入该任务中已完成的工期来跟踪进度。输入任务的实际工期时，MS Project 将更新实际开始日期、任务的完成百分比和日程中任务的剩余工期。

4. 显示项目的进度线

如果要为项目进度创建一个可视化的表示方法，则可以在“甘特图”中显示进度线。对于给定的进度日期，MS Project 会绘制一条进度线，来连接进行中的任务，并由此在“甘特图”中创建一个图表。对于落后于日程的工作有指向左方的峰线，对于提前于日程的工作有指向右方的峰线。峰线到垂直线的距离，用来指示在进度日期上任务提前或者落后于日程的程度。

5. 查看任务差异

要保证项目按照日程进行，需要确保任务尽可能按时开始和完成。当然，经常会有任务不能按时开始或落后于日程，因此尽早发现偏离基准计划的任务至关重要，可以调整任务的相关性，重新分配资源或删除某些任务来满足期限。查看任务差异的操作如下：

（1）切换到“跟踪甘特图”视图，单击“视图”菜单的“跟踪甘特图”命令；

（2）指向“视图”菜单的“表”子菜单选“差异”选项，显示差异表。

6. 使用“跟踪”工具栏

除了上面介绍的方法外，还可以使用“跟踪”工具栏更新项目。“跟踪”工具栏提供用于查看项目信息和更新日程信息的工具。从“视图”菜单的“工具栏”子菜单中选择“跟踪”选项，将显示出“跟踪”工具栏，如图 11-6 所示。

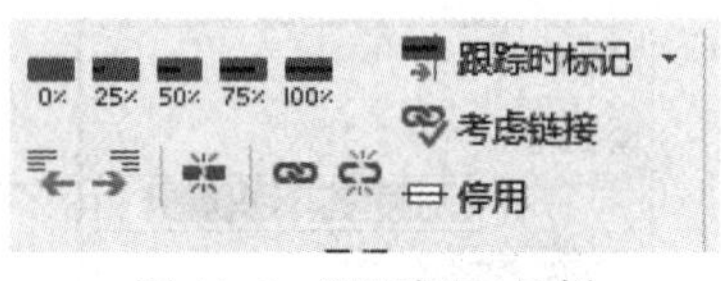

图 11-6 “跟踪”工具栏

7. 输入实际成本

在任务进展过程中，MS Project 将基于任务的成本累算方式来更新实际成本。MS Project 有两种计算成本的方式：自动和人工。

自动方式：MS Project 能自动计算成本。例如，正在跟踪一个 20 小时工时的任务中某资源的成本，该资源工资率为 20 元 / 小时，如果已经完成 50% 的任务，则 MS Project 自动计算出该工作分配的成本为 200 元，当工作完成 100% 时，实际成本变成 400 元。

人工方式：如果要单独基于任务的实际工时来跟踪实际成本而不让 MS Project 来计算，应该首先关闭实际成本的自动计算，然后给资源输入实际成本。

8. 查看任务成本是否符合预算

查看任务以及项目成本是否与预算相符的操作如下：

（1）单击“视图”菜单的“甘特图”命令，切换到“甘特图”视图；

（2）单击“视图”菜单下“表”子菜单中的“成本”命令，显示“成本”表；

（3）比较“总成本”和“比较基准”域中的值，也可以直接查看差异域中的值。

9. 输入资源完成的实际工时

输入资源完成的总实际工时的操作步骤如下：

（1）切换到“任务分配状况”视图，单击“视图”菜单中的“任务分配状况”命令；

（2）单击“视图”菜单的“表”子菜单选择“工时”命令，显示工时表；

（3）在“实际”域中，为每个分配资源的实际工时输入更新的工时值和工期单位。

10. 查看资源计划工时和实际工时的差异

查看资源计划工时与实际工时之间的差异操作步骤如下：

（1）单击“视图”菜单中的“资源使用状况”命令，切换到“资源使用状况”视图；

（2）单击“视图”菜单下“表”子菜单中的“工时”命令，显示工时表；

（3）比较表中每个资源的“比较基准”域和“工时”域的值，或者直接查看“差异”域中的值。

11.2　实训 2：制作软件项目管理常用图形

11.2.1　Microsoft Office Visio 2010 简介

Microsoft Office Visio 2010（以下简称 MS Visio）是一款专业的办公绘图软件，具有简单性与便捷性等强大的关键特性。它能够帮助用户将自己的思想、设计与最终产品演变成形象化的图像进行传播，同时还可以帮助用户制作出包含丰富信息和极具吸引力的图示、绘图及模型。MS Visio 可以帮助用户轻松地分析与交流复杂的信息，并可以通过创建与数据相关的 MS Visio 图表来显示复杂的数据与文本，这些图表易于刷新，还可以轻松地了解、操作和共享企业内的组织系统、资源及流程等相关信息。MS Visio 利用强大的模板（template）、模具（stencil）与形状（shape）等元素，来实现各种图表与模具的绘制功能。MS Visio 已成为目前市场中最优秀的绘图软件之一，其强大的功能与简单操作特性受广大用户所青睐，已被广泛应用于软件设计、项目管理、企业管理等众多领域中。

11.2.2　MS Visio 2010 界面

MS Visio 与 Word、Excel 等常用 Office 组件的窗口界面有着较大区别，MS Visio 2010 工作界面如图 11-7 所示。

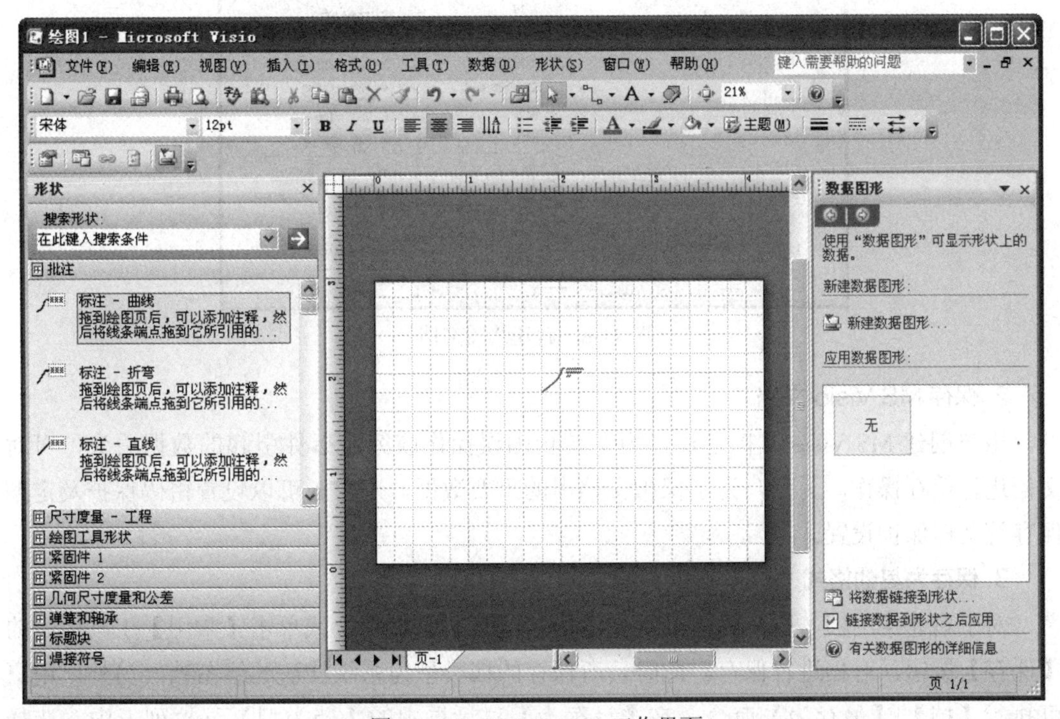

图 11-7　MS Visio 2010 工作界面

菜单与工具栏位于 MS Visio 窗口的最上方，主要用来显示各级操作命令。用户可通过执行【视图】|【任务窗格】命令，来显示或隐藏各种任务窗格。该窗格位于荧幕的右侧，主要用于专业化设置。例如，【数据图形】窗格、【主题 - 颜色】窗格、【主题 - 效果】窗格与【剪贴画】窗格等。

绘图区位于窗口的中间，主要显示了处于活动状态的绘图元素，用户可通过执行【视图】菜单中的某个窗口命令，即可切换到该窗口中。绘图区可以显示绘图窗口、形状窗口、绘图自由管理器窗口、大小和位置窗口、形状数据窗口等窗口。

11.2.3 MS Visio 2010 基本操作

1. 创建绘图文档

对 MS Visio 的基础知识有了一定的了解之后，用户便可以创建绘图文档了。用户不仅可以通过系统自带的模板或现有的绘图文档来新建绘图文档，而且还可以从头开始新建一个空白绘图文档，如图 11-8 所示，也可以打开保存过的图表文档，进行编辑和修改操作。

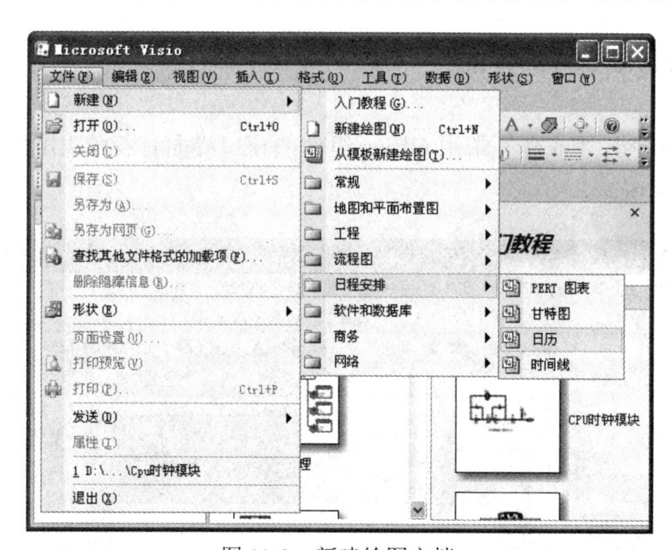

图 11-8　新建绘图文档

2. 保存 MS Visio 文档

用户创建 MS Visio 文档之后，为了防止因误操作或突发事件引起的数据丢失，可对文档进行保存操作。另外，为了保护文档中的重要数据，用户还可以设置密码保护及定期保存等文档保护设置。

3. 保存为其他格式

对于新建绘图档，用户可通过执行【档】|【保存】命令，或单击【常用】工具栏中的【保存】按钮，对档进行保存。此时，所保存的档类型为系统默认的绘图档。另外，用户可执行【档】|【另存为】命令，在【另存为】对话框中的【档类型】下拉列表中，选择

相应的保存类型，即可将文档保存为其他格式。

4. 设置保存 / 打开选项

在制作绘图时，用户需要根据自己的工作习惯来设置 MS Visio 的保存或打开选项，以便可以及时的保存工作数据。执行【工具】|【选项】命令，在【保存 / 打开】选项卡中设置相应的选项即可。如图 11-9 所示。

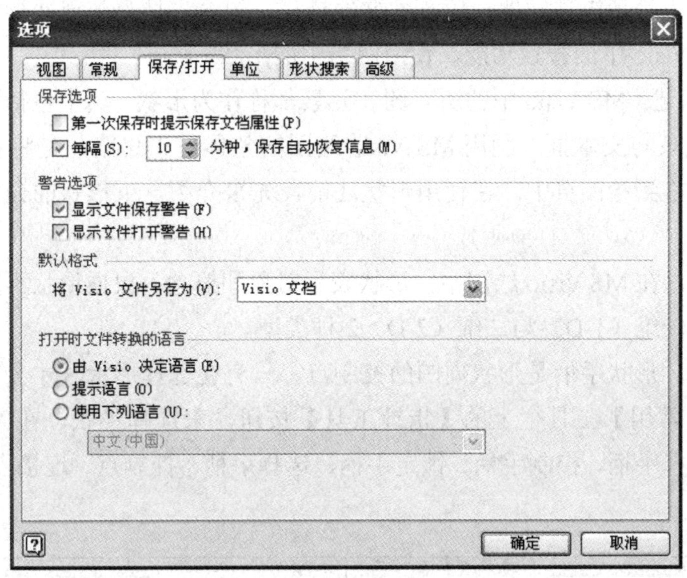

图 11-9　设置保存 / 打开选项

5. 页面设置

由于页面参数直接影响了绘图文档整个版面的编排，所以在打印绘图之前需要通过执行【档】|【页面设置】命令，在弹出【页面设置】对话框中设置页面大小、缩放比例等页面参数，如图 11-10 所示。

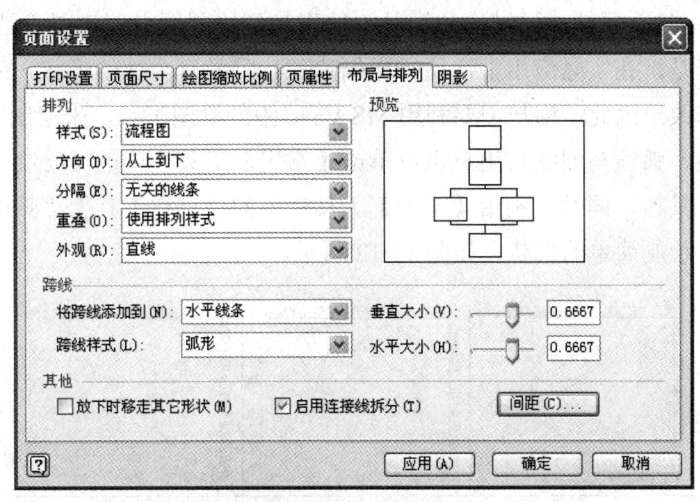

图 11-10　页面设置

11.2.4 MS Visio 2010 高级操作

1. 使用形状

任何一个 MS Visio 绘图都是由形状组成的，是构成图表的基本元素。在 MS Visio 中存储了数百个内置形状，用户可以按照绘图方案，将不同类型的形状拖到绘图页中，并利用形状手柄、行为等功能精确地、随心所欲地排列、组合、调整与连接形状。另外，用户还可以利用 MS Visio 中的搜索功能，使用网络中的形状。

（1）形状概述。MS Visio 中的所有图表元素都称作为形状，其中包括插入的剪贴画、图片及绘制的线条与文本框。利用 MS Visio 绘图的整体逻辑思路，是将各个形状按照一定的顺序与设计拖到绘图页中。在使用形状之前，先来介绍一下形状的分类、形状手柄等基本内容。

①形状分类。在 MS Visio 绘图中，形状表示对象和概念。根据形状不同的行为方式，可以将形状分为一维（1-D）与二维（2-D）2 种类型。

②形状手柄。形状手柄是形状周围的控制点，只有在选择形状时才会显示形状手柄。用户可以使用【常用】工具栏上的【指针工具】按钮，来选择形状。在 MS Visio 中，形状手柄可分为选择手柄、控制手柄、锁定手柄、选择手柄、控制点、连接点、顶点等类型，如图 11-11 所示。

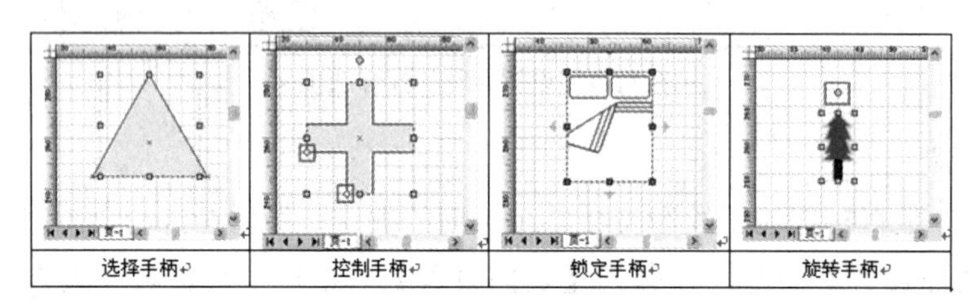

图 11-11　形状手柄

（2）绘制形状。虽然，通过拖动模具中的形状到绘图页中创建图表是 MS Visio 制作图表的特点。但是，在实际应用中往往需要创建独特且具有个性的形状，或者对现有的形状进行调整或修改。因此，用户需要利用 MS Visio 中的绘图工具，来绘制需要的形状。

①绘制直线、弧线与曲线。用户可以单击【常用】工具栏中的【绘制工具】按钮，调整出【绘图】工具栏。同时，利用【绘图】工具栏中的“直线工具”“弧形工具”与“自由绘图工具”来绘制简单的形状，如图 11-12 所示。

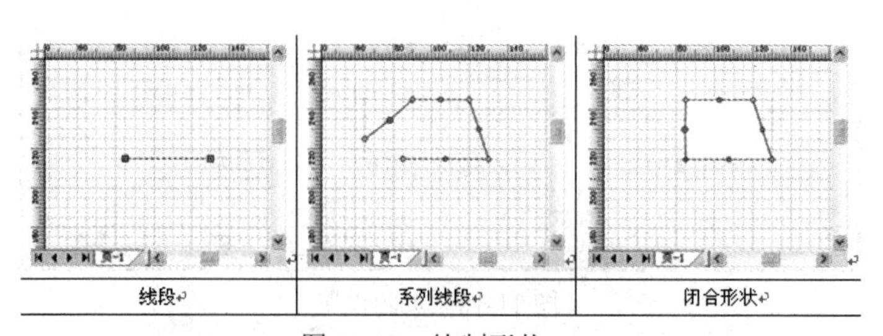

图 11-12　绘制形状 -1

②绘制闭合形状。闭合形状即是使用【绘图】工具栏绘制矩形与圆形形状。单击【绘图】工具栏中的【矩形工具】按钮，当拖动鼠标时，当辅助线穿过形状对角线时，释放鼠标即可绘制一个正方形。同样，当拖动鼠标、不显示辅助线时，释放鼠标即可绘制一个矩形，如图 11-13 所示。

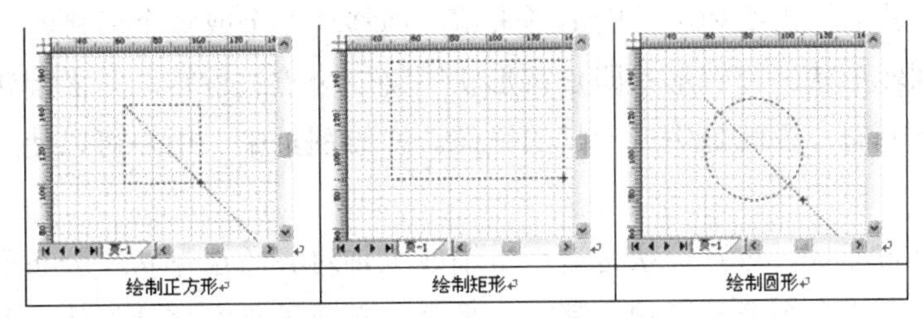

图 11-13　绘制形状 -2

③使用铅笔工具。使用“铅笔工具”不仅可以绘制直线与弧线，而且还可以绘制多边形。单击【绘图】工具栏中的【铅笔工具】按钮，拖动鼠标可以在绘图页中绘制各种形状，如图 11-14 所示。

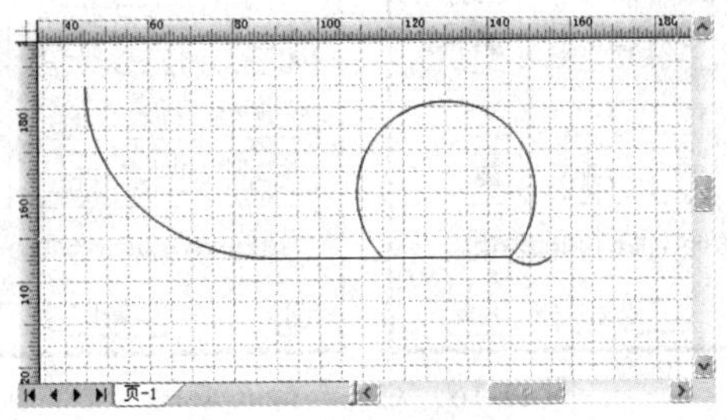

图 11-14　使用铅笔工具

④绘制墨迹形状。运用 MS Visio 的墨迹功能，不仅可以轻松地创建手工绘制图形，而且还可以在审阅绘图时插入手写注释，如图 11-15 所示。

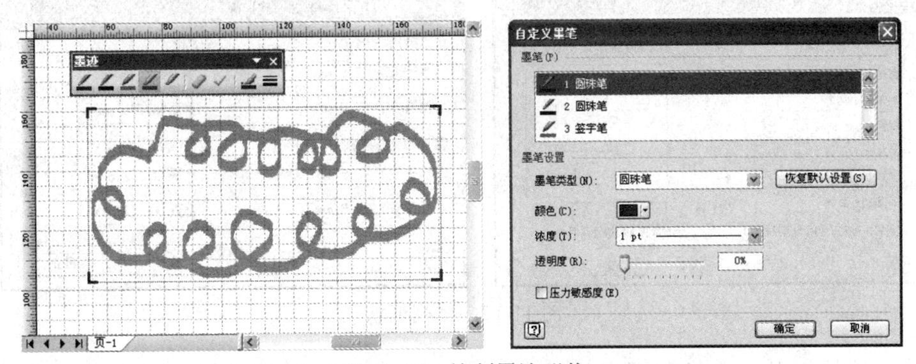

图 11-15　绘制墨迹形状

（3）编辑形状。在 MS Visio 中制作图表时，操作最多的元素便是形状。用户需要根据图表的整体布局选择单个或多个形状，还需要按照图表的设计要求旋转、对齐与组合形状。另外，为了使用绘图页更加美观，还需要精确地移动形状。

①选择形状。在对形状进行操作之前，需要选择相应形状。用户可以通过下面几种方法进行选择：选择单个形状、选择多个连续的形状、选择多个不连续的形状、选择所有形状、按类型选择形状。

②移动形状。简单地移动形状，是利用鼠标拖动形状到新位置中。但是，在绘图过程中，为了美观、整洁，需要利用一些工具来精确地移动一个或多个形状。

③旋转与翻转形状。旋转形状即是将形状围绕一个点进行转动，而翻转形状是改变形状的垂直或水平方向，也就是生成形状的镜像。在绘图页中，用户可以使用以下方法，旋转或翻转形状。

④对齐与分布形状。对齐形状是沿水平轴或纵轴对齐所选形状。分布形状是在绘图页上均匀地隔开三个或多个选定形状。其中，垂直分布通过垂直移动形状，可以让所选形状的纵向间隔保持一致。而水平分布通过水平移动形状，能够使所选形状的横向间隔保持一致，如图 11-16 所示。

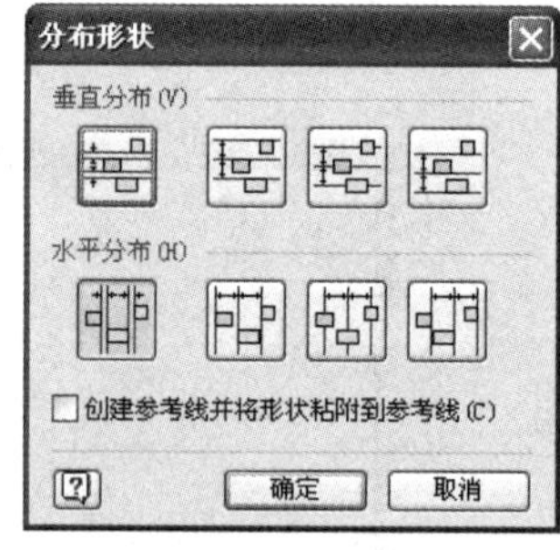

图 11-16　对齐与分布形状

⑤排列形状。MS Visio 为用户提供了多种类型的布局，在使用布局制作图表时，需要根据图表内容调整布局中形状的排列方式，如图 11-17 所示。

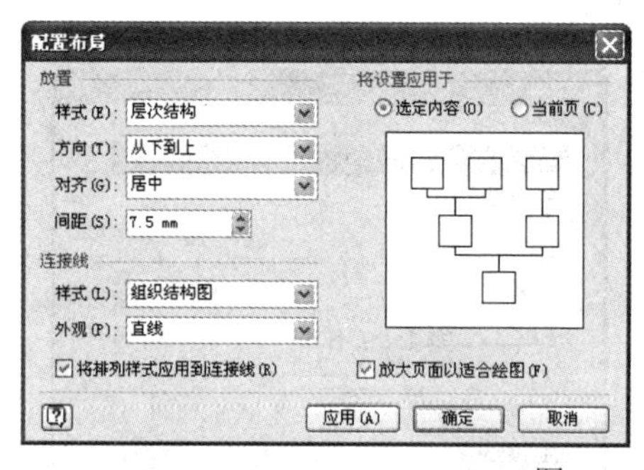

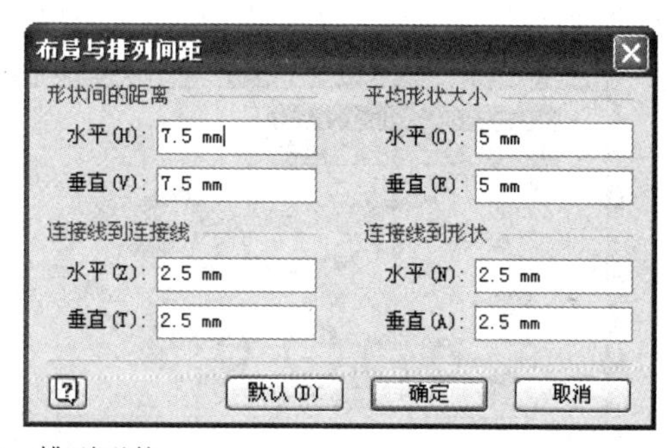

图 11-17　排列形状

（4）连接形状。在绘制图表的过程中，需要将多个相互关联的形状结合在一起，方便用户进一步的操作。利用 MS Visio 的自动连接功能可以将形状与其他绘图相连接并将相互连接的形状进行排列。下面开始介绍 MS Visio 用来连接形状的各种方法。

①自动连接。利用自动连接功能可以快速地连接形状绘图页与模具中的形状，其自动

连接主要包括下列几种方法：拖动连接、连接相邻的形状、连接模具中的形状。

②手动连接。虽然自动连接功能具有很多优势，但是在制作某些图表中还需要利用传统的手动连接。手动连接即利用连接工具来连接形状，主要包括使用【连接线工具】、使用模具等。

③组合与叠放形状。对于具有大量形状的图表来讲，操作部分形状比较费劲，此时用户可以利用 MS Visio 中的组合功能，来组合同位置或类型的形状。另外，对于叠放的形状，需要调整其叠放顺序，以达到最佳的显示效果，如图 11-18 所示。

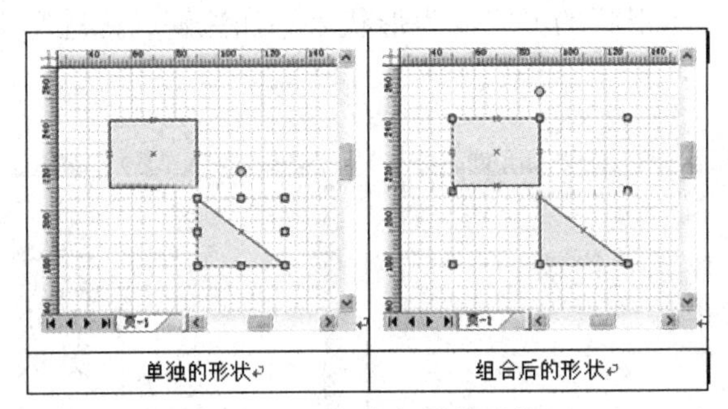

图 11-18 组合与叠放形状

（5）获取形状。在使用 MS Visio 制作绘图时，需要根据图表类型获取不同类型的形状。除了使用 MS Visio 中存储的上百个形状之外，用户还可以利用“搜索”与“添加”功能，使用网络或本地文件夹中的形状，如图 11-19 所示。

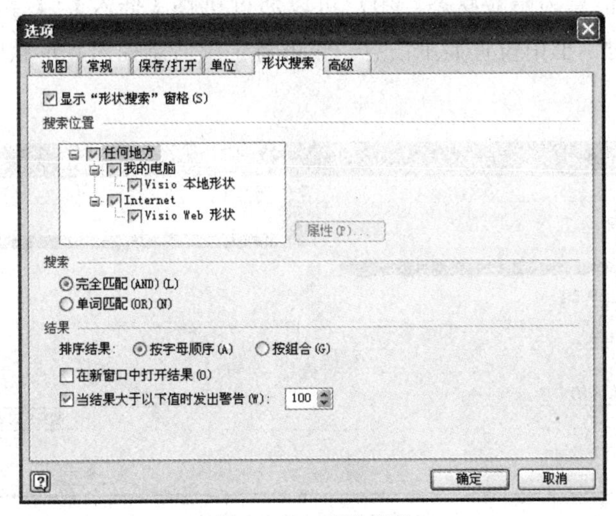

图 11-19 获取形状

2. 添加文本

MS Visio 中的文本信息主要是以形状中的文本或注解文本块的形式出现。通过为形状添加文本，不仅可以清楚地说明形状的含义，而且还可以准确、完整地传递绘图信息。MS Visio 为用户提供了强大且易于操作的添加与编辑文字的工具，从而帮助用户轻松地绘制出图文并茂的作品。

（1）创建文本。在 MS Visio 中，不仅可以直接为形状创建文本或通过文本工具来创建纯文本，而且还可以通过“插入”功能来创建文本字段与注释。为形状创建文本后，可以增加图表的描述性与说明性。

①为形状添加文本。一般情况下，形状中都带有一个隐含的文本框，用户可通过双击形状的方法来添加文本。同时，还可以使用“文本块”工具来调整文本块。

②添加纯文本。MS Visio 为用户提供了添加纯文本的功能，通过该功能可以在绘图页的任意位置以添加纯文本形状的方式，为形状来添加注解、标题等文字说明，如图 11-20 所示。

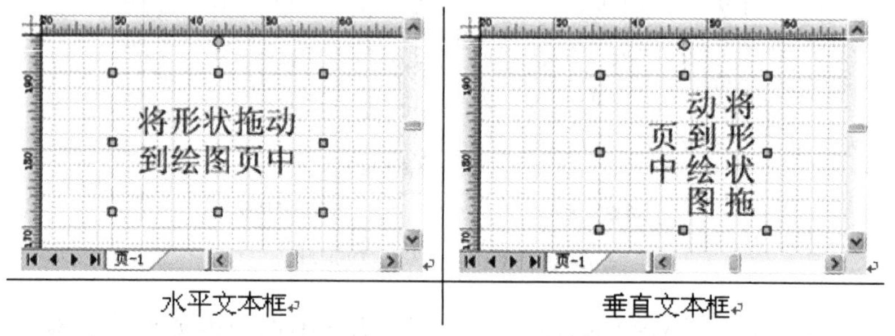

图 11-20　添加纯文本

③添加文本字段。MS Visio 为用户提供了显示系统日期、时间、几何图形等字段信息，默认情况下该字段信息为隐藏状态。用户可以通过执行【插入】|【字段】命令的方法，在弹出的【字段】对话框中设置显示信息，即可将字段信息插入到形状中，变成可见状态，如图 11-21 所示。

图 11-21　添加文本字段

④添加注释。在绘制图的过程中，需要利用注释来审视图表，或利用注释标注绘图工作中的重要信息。执行【插入】|【注释】命令，弹出的注释框中包含了创建者名称、注释编号与注释日期。用户只需输入注释内容，按下 ESC 键或单击其他区域即可，如图 11-22 所示。

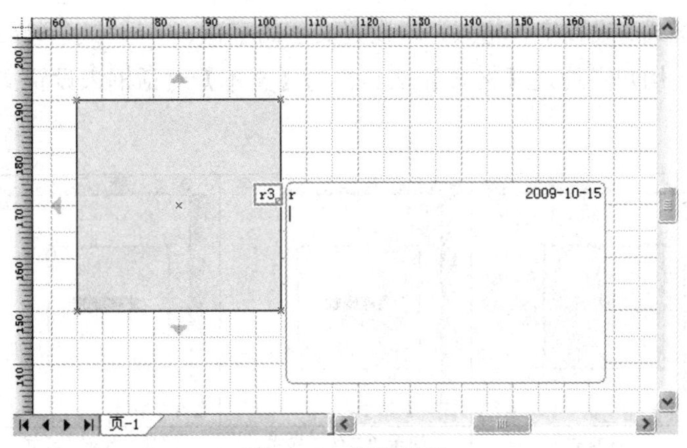

图 11-22　添加注释

（2）操作文本。在绘图过程中，添加文本以后，用户可以通过复制、移动及删除等操作，来编辑文本。另外，对于文本内容比较多的图表，可以通过查找、替换与定位功能，来查找并修改具体的文本内容。以下将详细介绍操作文本的基础知识与操作技巧。

①编辑文本。在绘图过程中，添加文本以后，用户可以通过复制、粘贴、剪切等编辑命令，对已添加的文本进行修改与调整。对于 MS Visio 中的文本，用户可以使用编辑形状的工具来编辑文本。另外，Office 应用软件中的编辑快捷键在 MS Visio 中也一样适用。

②查找与替换文本。MS Visio 提供的查找与替换功能，与其他 Office 软件应用中的命令相似。其作用主要是可以快速查找或替换形状中的文字与短语。利用查找与替换功能，可以实现批量修改文本的目的。

③定位文本。一般情况下，纯文本形状、标注或其他注解形状可以随意调整与移动，便于用户进行编辑。但是，在特殊情况下，用户不希望所添加的文本或注释被编辑。此时，需要利用 MS Visio 提供的“保护”功能锁定文本。如图 11-23 所示。

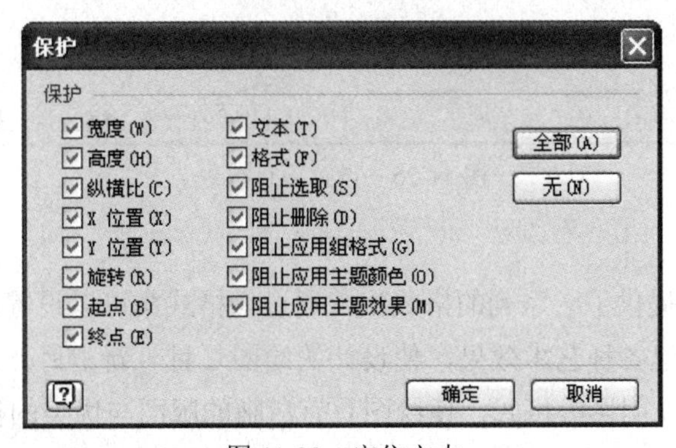

图 11-23　定位文本

（3）设置文本格式。为图表添加完文本之后，为了使文本块具有美观性与整齐性，需要设置文本的字体格式与段落格式。例如，设置文本的字体、字号、字形与效果等格式，设置段落的对齐方式、符号与编号等格式。

①设置字体格式。设置字体格式，即设置文字的字体、字号与字形样式以及文字效果、字符间距等内容。用户可通过【格式】工具栏与【文本】对话框来设置文字的字体格式，如图 11-24 所示。

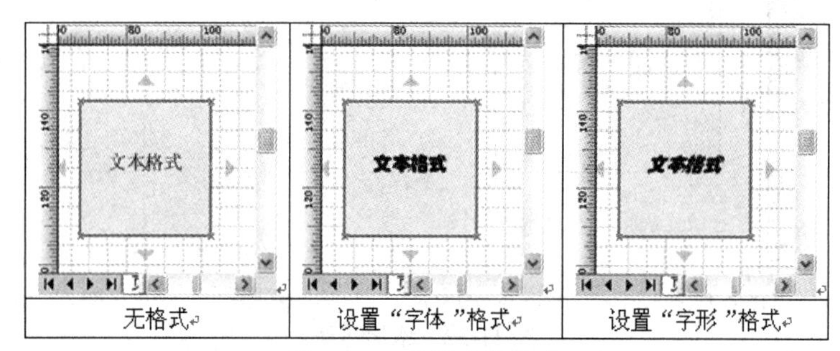

图 11-24　设置字体格式

②设置项目符号。项目符号是为文本块中的段落或形状添加强调效果的点或其他符号。在【文本】对话框中选择【项目符号】选项，在该选项卡中设置项目符号的样式、字号、文本位置等格式，如图 11-25 所示。

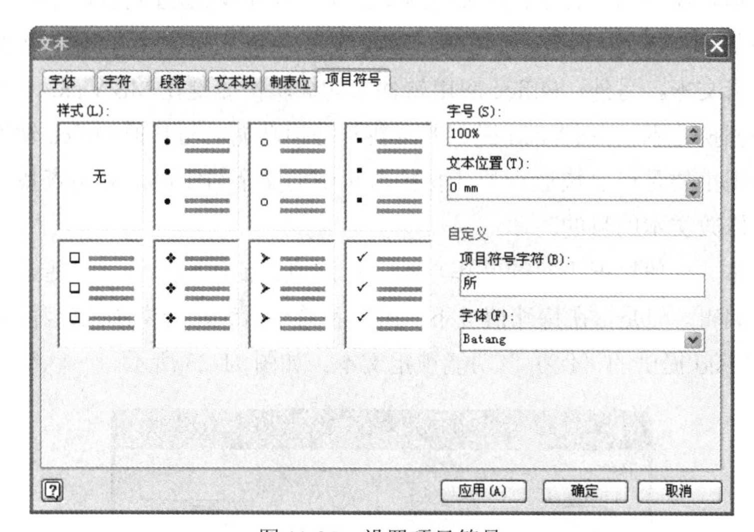

图 11-25　设置项目符号

3. 美化绘图

MS Visio 为用户提供了一系列的格式集，通过该格式集可以设置图表元素的格式，从而帮助用户为图表创建各种艺术效果，使设计的绘图耳目一新。另外，用户还可以单独设置形状的线条、圆角及阴影等格式，使绘图具有清晰的版面与优美的视觉效果。

（1）设置形状格式。在 MS Visio 中，形状是绘图的主要元素。用户可以通过设置形状的部分属性或全部属性，来设置形状的线条样式、填充颜色与阴影样式等内容。

①设置线条格式。线条不仅指各种直线、弧线或自由曲线，还包括闭合形状的边框。设置线条格式，主要是更改线条的粗细、颜色、透明度及端点等内容。选择需要设置线条

格式的形状，执行【格式】|【线条】命令，在弹出的【线条】对话框中设置相应的选项即可，如图 11-26 所示。

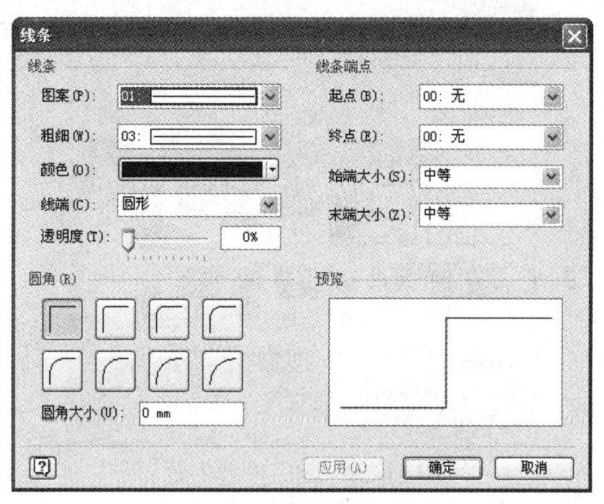

图 11-26　设置线条格式

②设置填充颜色。在制作绘图时，为了增加图表外观效果需要设置形状的填充颜色与填充图案。执行【格式】|【填充】命令，在弹出的【填充】对话框中设置【填充】选项卡中的选项即可。

③设置阴影格式。在绘图页中选择需要设置阴影格式的形状，执行【格式】|【阴影】命令，在弹出的【阴影】对话框中设置各项选项即可，如图 11-27 所示。

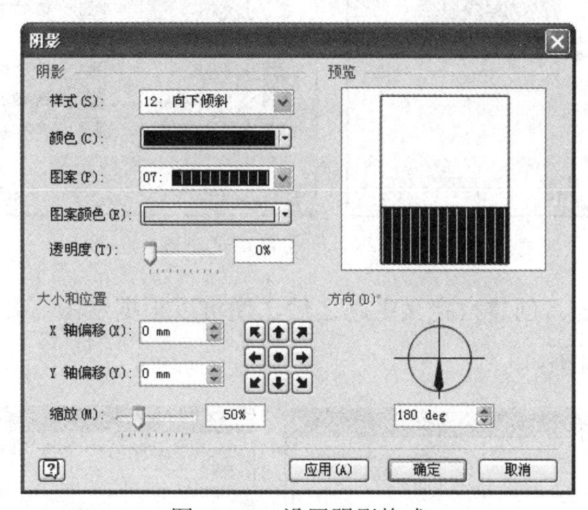

图 11-27　设置阴影格式

（2）使用主题。主题是一组富有新意、具有专业设计水平外观的颜色和效果。用户不仅可以使用 MS Visio 中存储的内置主题美化绘图，而且还可以创建并使用自定义主题来创造具有个性与新颖的绘图。

①应用内置主题。MS Visio 中存储的主题包含主题颜色与主题效果 2 部分，其中主题颜色是一组搭配协调的颜色，而主题效果是一组有关字体、填充、阴影、线条和连接线的

效果，如图 11-28 所示。

图 11-28　应用内置主题

②创建自定义主题。当内置主题无法满足绘图需要时，可以根据绘图需要及现有的主题效果来创建自定义主题，如图 11-29 所示。

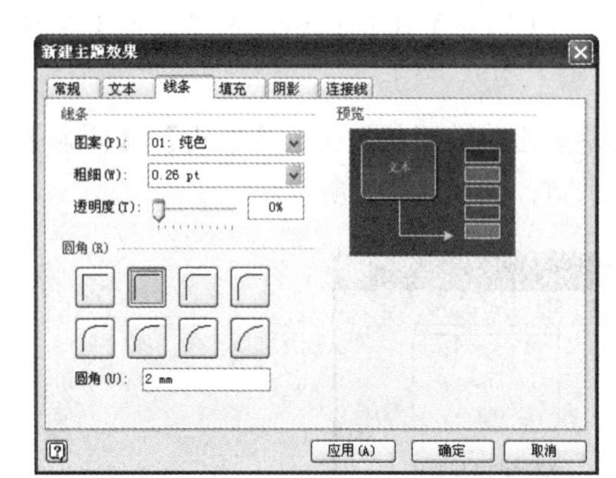

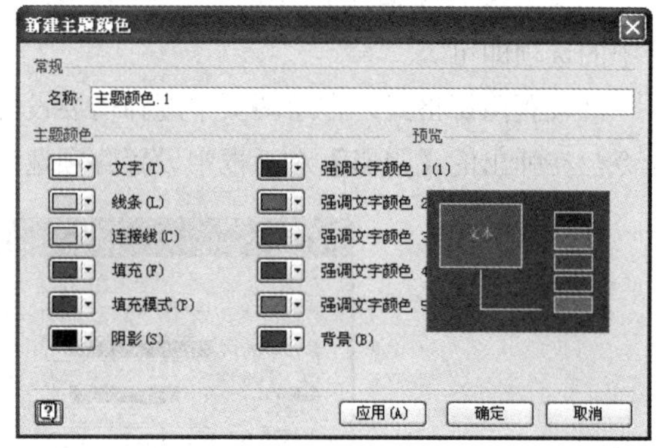

图 11-29　创建自定义主题

③应用自定义主题。创建自定义主题之后，便可以根据绘图需要使用、修改或复制新主题了，如图 11-30 所示。

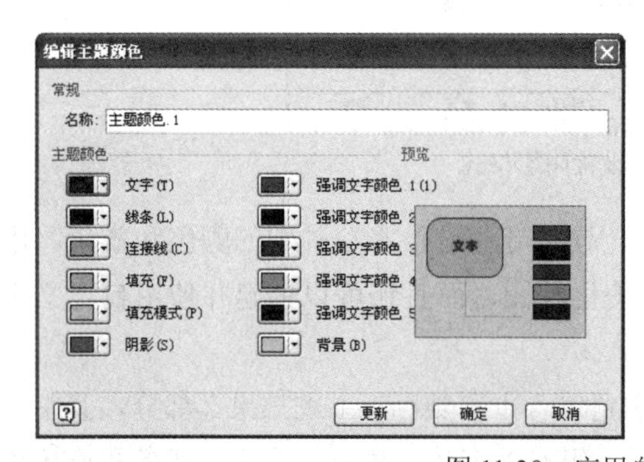

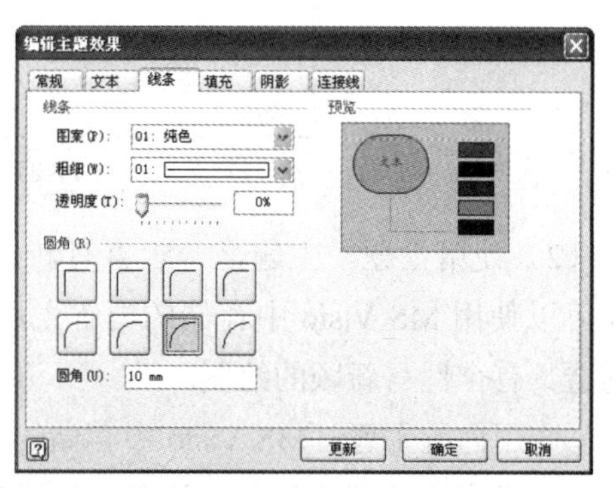

图 11-30　应用自定义主题

4. 使用样式

在 MS Visio 中，除了可以使用主题来改变形状的颜色与效果之外，还可以使用样式来制定形状格式。定制形状格式，是将文本、线条与填充格式汇集到一个格式包中，从而达到一次性使用多种格式的快速操作。

（1）应用样式。在 MS Visio 中的“主题”特性可以满足一般用户的需要，对于重复使用多种相同格式的用户，可以使用开发人员模式中的“样式”功能。在绘图页中，执行【工具】|【选项】命令，弹出【选项】对话框。在【高级】选项卡中，启用【以开发人员模式允许】选项即可，如图 11-31 所示。

（2）自定义样式。当 MS Visio 中自带的样式无法满足绘图需要时，用户可通过执行【格式】|【定义样式】命令，在弹出的【定义样式】对话框中，重新设置线条、文本与填充格式，如图 11-32 所示。

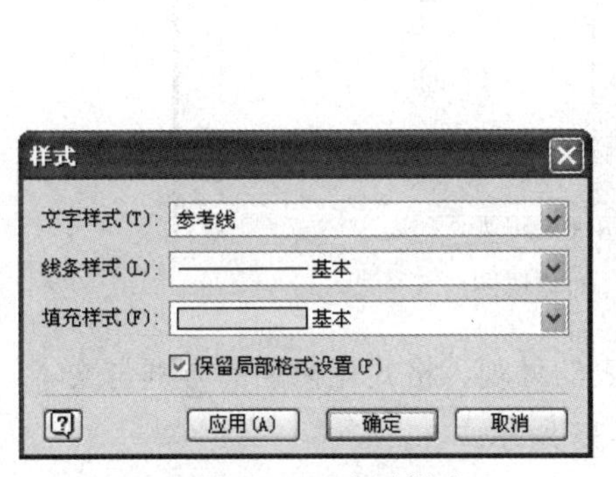

图 11-31 应用样式

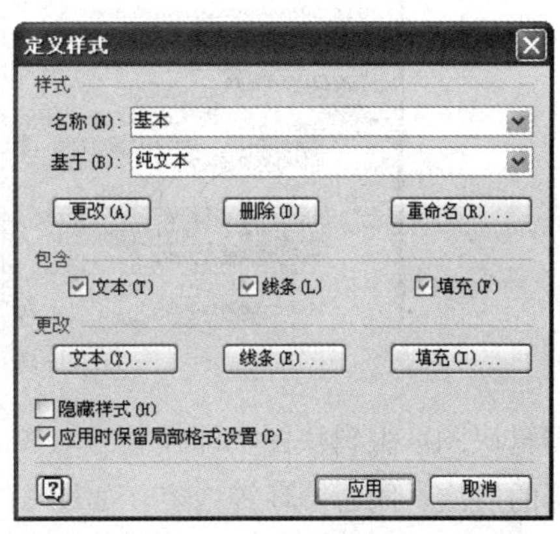

图 11-32 自定义样式

（3）自定义图案。在使用 MS Visio 绘制图表的过程中，还可以根据工作需要创建或编辑填充图案的样式与缩放比例，如图 11-33 所示。

图 11-33 自定义图案

5. 构建基本图表

构建基本图表是指在 MS Visio 中创建块图与图表。其中，块图是制作图表的主要元素，不仅易于创建，而且还易于传达数量比较大的信息。而图表，是在数据表的基础上，用来展示、分析与交流绘图数据的图形。通过构建基本图表，可以帮助用户利用绘图清晰地显示与分析绘图中的数据。

（1）构建块图。构建块图是通过使用 MS Visio 中内置的“方块图”模板，来创建与编辑各种类型的块图。在 MS Visio 中，“方块图”模板是绘图中最常用的模板，由二维与三维形状组合而成。其形状主要由“基本形状”“块图”“具有凸起效果的块”与“具有透视效果的块”4 种模具组合而成。

①创建块图。块图又分为“块”“树”与“扇状图”3 种类型。其中，“块”用来显示流程中的步骤，“树”用来显示层次信息，而“扇状图”用来显示了从核心到外表所构建的数据关系。创建块图是将不同模具中的形状拖动到绘图页中，如图 11-34 所示。

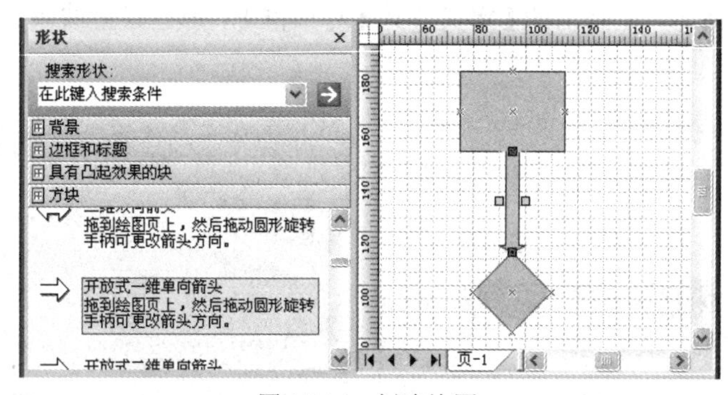

图 11-34　创建块图

②编辑块图。编辑块图，即调整方块图表的外观、格式化树图的方框与文本，以及编辑同心圆的层次、同心圆环等内容，如图 11-35 所示。

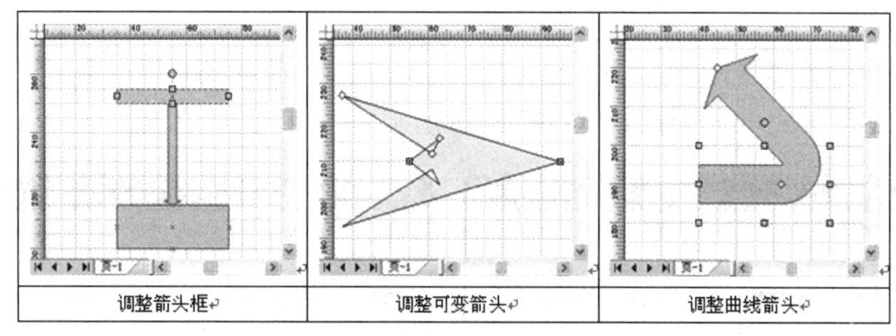

图 11-35　编辑块图

（2）构建图表。MS Visio 为用户提供了演示数据等数据的图表形状，利用该形状可以根据数据类型与分析需求构建自定义图表。通过构建图表，可以帮助用户更好地分析数据统计结果与发展趋势。

①创建条形图。MS Visio 为用户提供了二维条形图与三维条形图 2 种条形图形状，其中二维条形图最多可以显示 12 个条，而三维条形最多可以显示 5 个条，如图 11-36 所示。

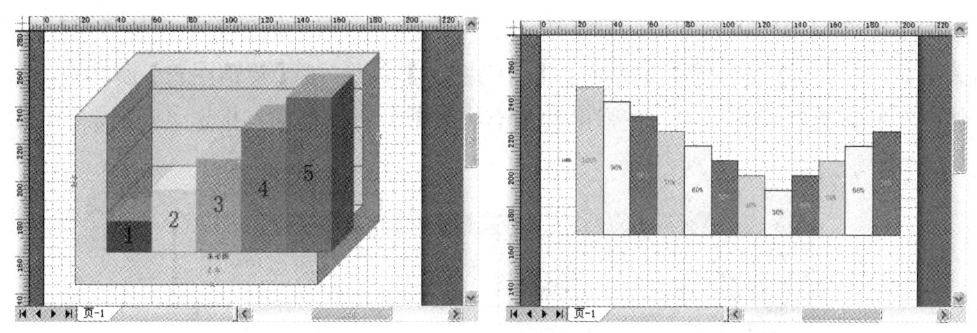

图 11-36　创建条形图

②创建饼状图。MS Visio 还为用户提供了演示产品数据的饼状图，直接将【绘制图表形状】模具中的“饼图”拖到绘图页中，在弹出的【形状数据】对话框中设置扇区数量，单击【确定】按钮即可在绘图页中创建一个饼状图，如图 11-37 所示。

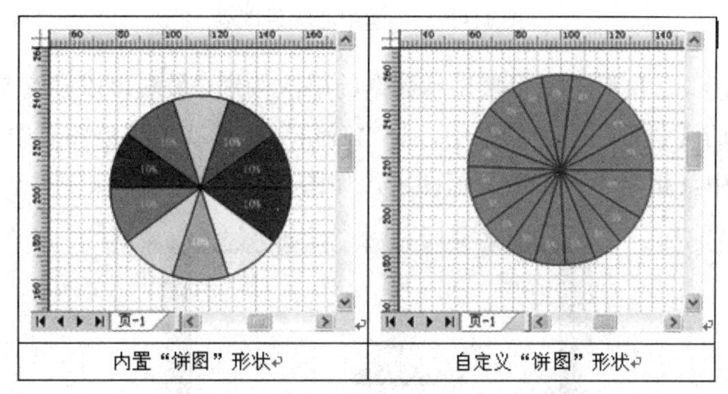

图 11-37　创建饼状图

③创建比较图表。功能比较图主要用来显示产品的特性。可在【形状】任务窗格中，将【绘制图表形状】模具中的“功能比较”形状拖到绘图页中，在弹出的【形状数据】对话框中设置产品与功能数量，单击【确定】按钮即可在绘图页中创建一个比较图表，如图 11-38 所示。

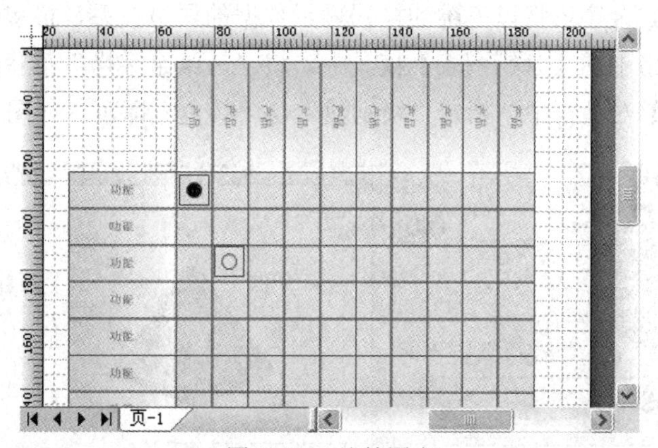

图 11-38　比较图表

④创建中心辐射图表。中心辐射图表主要用来显示数据之间的关系，最多可包含8个数据关系。执行【档】|【新建】|【商务】|【营销图表】命令，在【营销图表】模具中，将“中心辐射图”形状拖到绘图页中，在弹出的【形状数据】对话框中，指定“圆形数”值即可，如图11-39所示。

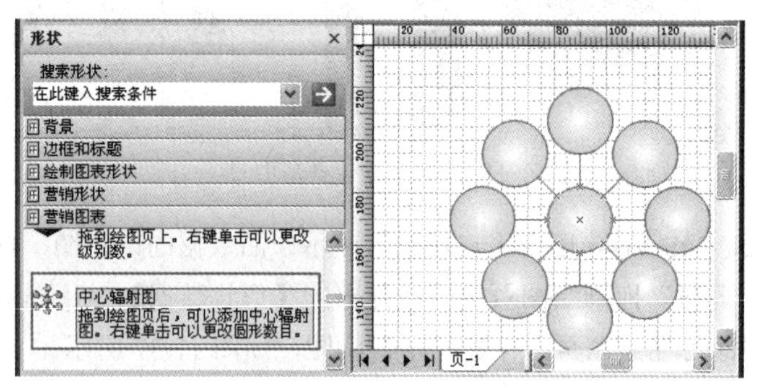

图 11-39　创建中心辐射图表

⑤创建三角形。三角形主要用来显示数据的层次级别，最多可以设置5层数据。在【形状】任务窗格中的【营销图表】模具中，将“三角形”形状拖到绘图页中，在弹出的【形状数据】对话框中，指定“级别数”值即可，如图11-40所示。

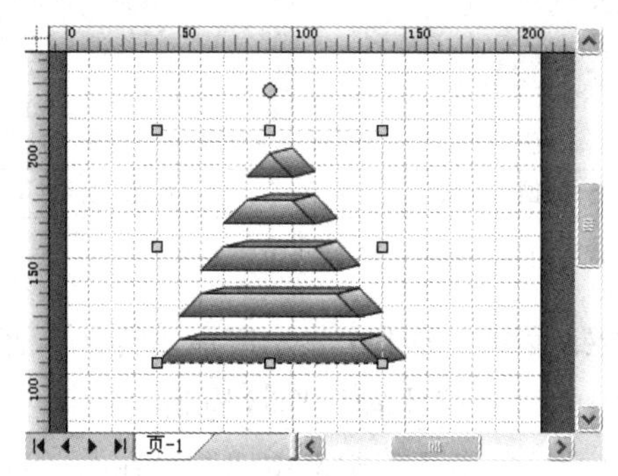

图 11-40　创建三角形

⑥创建金字塔。金字塔将以三维的样式显示数据的层级关系，最多可包含6层数据。在【形状】任务窗格中的【营销图表】模具中，将“三维金字塔”形状拖到绘图页中，在弹出的【形状数据】对话框中，指定“级别数”与“颜色”即可，如图11-41所示。

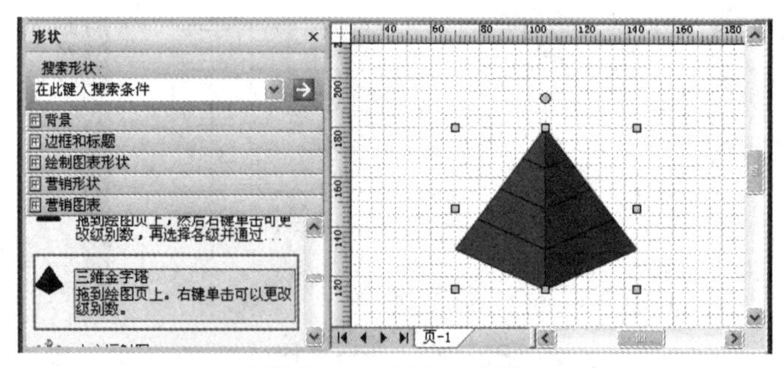

图 11-41　创建金字塔

6. 构建流程图

MS Visio 提供了基本流程图、跨职能流程图、数据流程图等 11 种流程图模板。用户不仅可以使用上述模板来构建流程图，而且可以根据具体情况使用其他类型的模板来制作。组织结构图是以图形的方式直观地表示组织中的结构与关系，用户还可以利用组织结构图直观地显示组织中的人员、操作、业务及部门之间的相互关系。

（1）构建基本流程图。在日常工作中，用户往往需要以序列或流的方法显示服务、业务程序等工作流程。用户可以利用 MS Visio 中简单的箭头、几何形状等形状绘制基本流程图，同时还可以利用超链接或其他 MS Visio 基础操作来设置与创建多页面流程图。

①创建流程图。在 MS Visio，可以利用【基本流程图形状】模板创建基本流程图。另外，还可以利用【重新布局】命令，编辑流程图的布局，如图 11-42 所示。

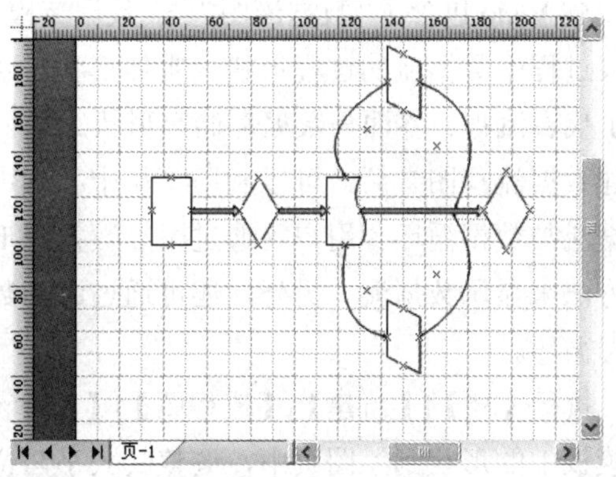

图 11-42　创建流程图

②设置多页面流程图。对于大型流程图来讲，可以将不同的部分绘制在不同的绘图页中。例如，第 1 页中显示流程图的概括，第 2 页中显示流程图的主要步骤，后面的页面中将显示细节流程图。此时，用户便需要通过“页面内引用”与“离页引用”2 种方法，来创建多页面流程图，如图 11-43 所示。

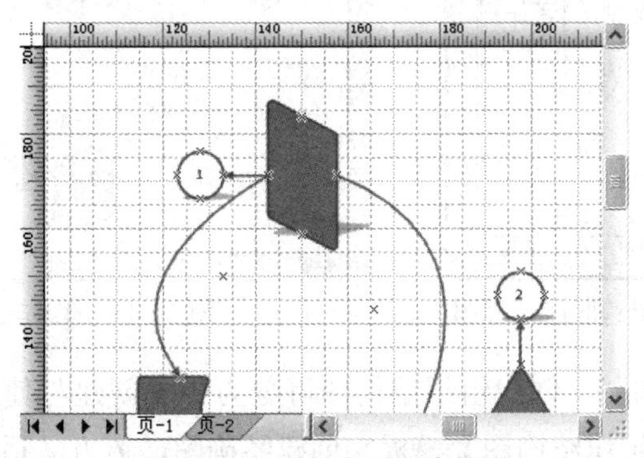

图 11-43　设置多页面流程图

（2）构建跨职能流程图。跨职能流程图主要用于显示商务流程与负责该流程的职能单位（如部门）之间的关系。跨智能流程图中每个部门都会在图表中拥有一个水平或垂直的带区，用来表示职能单位（如部门或职位），而代表流程中的步骤的各个形状被放置在对应于负责该步骤的职能单位的带区中。

①创建跨职能流程图。在绘图页中，执行【档】|【新建】|【商务】|【跨职能流程图】命令，系统会自动弹出【流程图】对话框，设置相应选项即可创建跨职能流程图，如图11-44所示。

②编辑跨职能流程图。在MS Visio中只依靠单纯的“时间线”形状，无法达到形象的显示计划中的阶段与关键日期。只有为时间线添加间隔、里程碑等辅助形状，才可以充分发挥时间线的作用，如图11-45所示。

（3）构建数据流与工作流图。在MS Visio中，不仅可以构建基本流程图与跨职能流程图，而且可以构建用于显示数据流在过程执行中的流向及数据存储位置的数据流图。另外，用户还可以使用Visio 2010创建显示商务过程交互与控制的工作流程图。

①创建数据流程图。MS Visio包含了“数据流图”与“数据流模型图”2个模板，其中“数据流图”模板提供了代表过程中数据流的过程形状、实体形状与状态形状等形状，而“数据流模型图”模板提供了代表流程、界面与数据存储等形状。

②显示数据流。创建数据流程图之后，可以利用“从中心到中心”与“中心环绕”形状来显示形状之间的数据流与数据循环。用户可通过添加数据流形状、改变数据流方向、改变箭头的弯曲程度的方法来显示数据流。另外，还可通过添加数据循环形状与调整形状的方法来显示形状的数据循环。

③创建工作流程图。执行【档】|【新建】|【流程图】|【工作流程图】命令，打开【工作流程图】模板。拖动模板中的形状到绘图页中，调整其大小与位置。然后，将【箭头】模具中的“箭头”形状拖到绘图页中的2个形状中间，用于连接形状，如图11-45所示。

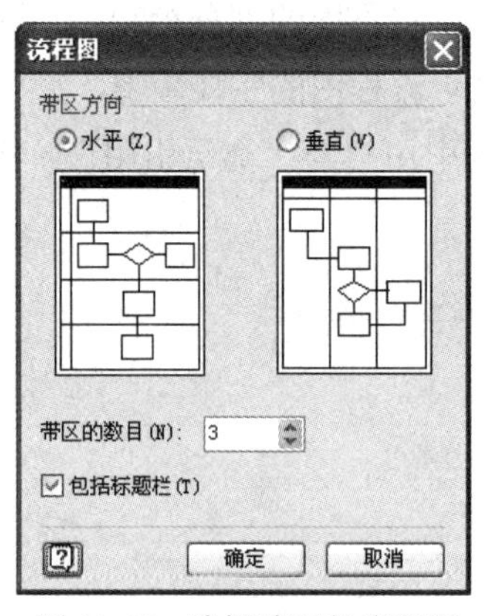

图11-44　编辑跨职能流程图

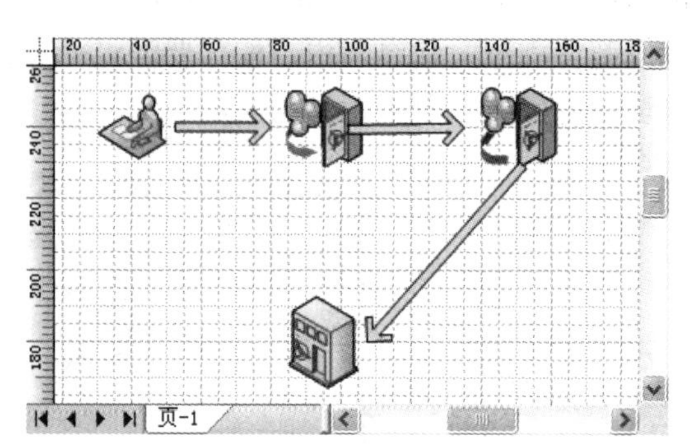

图11-45　工作流程图

（4）创建组织结构图。创建组织结构图可分为手工创建与使用向导创建两种方法，其中手工创建是运用【组织结构图】模板来创建结构图，该方法适用于创建规模比较小的结构图。另外，用户还可以运用“组织结构图向导”来创建具有外部数据的结构图，该方法适用于创建大型且具备数据源的结构图。

①手工创建。在MS Visio中创建组织结构图时，需要运用【组织结构图】模板进行手工创建组织结构图，如图11-46所示。

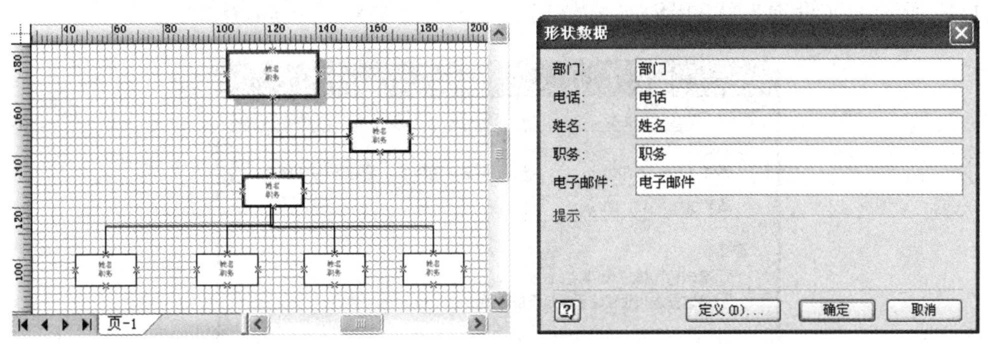

图11-46 手工创建组织结构图

②使用向导创建。如果用户手中存在已编辑的数据源，便可以执行【档】|【新建】|【商务】|【组织结构图向导】命令，在弹出的【组织结构图向导】对话框中，根据步骤创建组织结构图。

（5）设置组织结构图。为了保持组织结构图的实时更新，也为了美化组织结构图，需要设置组织结构图的格式与布局。同时，为了使组织结构图更具有实用性，还需要编辑与分布组织结构图。

①编辑组织结构图。编辑组织结构图，主要是编辑组织结构图中的形状，即设置形状文本与数据值，改变组织结构图形状的类型等内容。用户可通过编辑形状文本、编辑形状数据、更新形状属性、显示分割线等方法来编辑组织结构图。

②分布组织。分布组织是将组织结构图分布到多个页面中。在绘图页中选择需要移动的形状，执行【组织结构图】|【同步】|【创建同步副本】命令，在弹出的【创建同步副本】对话框中设置相应选项即可，如图11-47所示。

③设置布局。在MS Visio中，可以使用【组织结构图】工具栏与【组织结构图】菜单，来设置组织结构图的布局。设置方法如图11-48所示。

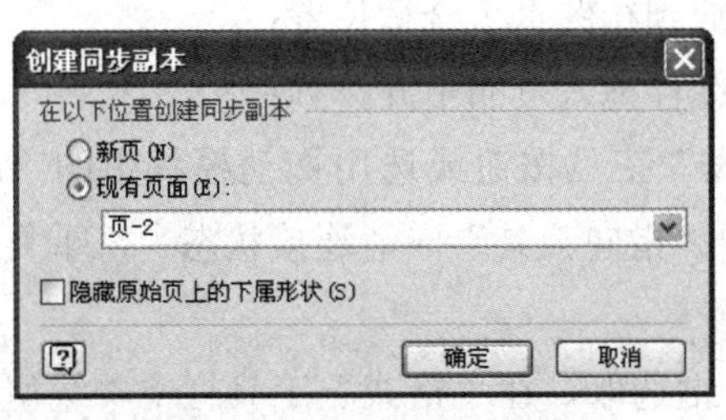

图11-47 设置分布组织

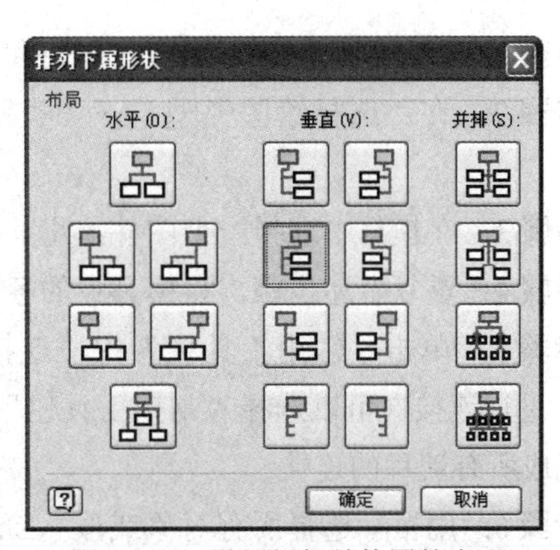

图11-48 设置组织结构图的布局

④设置格式。在MS Visio中，除了利用【主题】命令来设置形状的颜色与效果之外，还可以利用设置选项、设置字段、设置文本等方法，来设置组织结构图的格式，如图11-49所示。（设置形状间距）

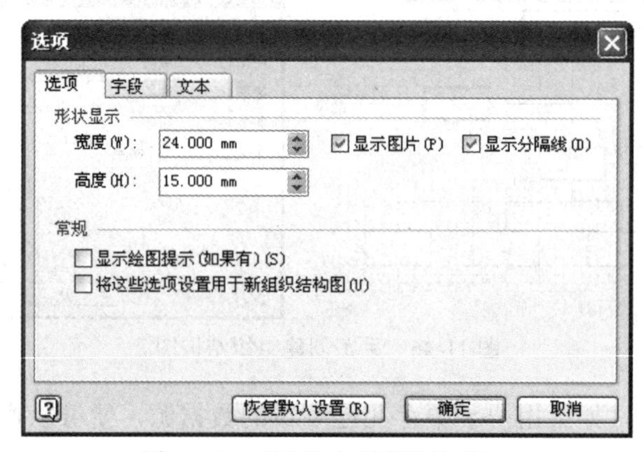

图11-49　设置组织结构图的格式

11.3　实训3：制作常用结构图和流程图

11.3.1　实验目的

1. 了解开发MS Visio解决方案的基本概念。

2. 学习应用MS Visio工具绘制程序框图、UML模型图、网络图、机架图和网站图等图形，熟练MS Visio绘图操作。

11.3.2　MS Visio 2010绘制图形步骤

步骤1：启动MS Visio，进入“新建和打开文档”窗口；

步骤2：在“选择绘图类型”→“类别”中单击选择图形相应的模板，生成新空白绘图页；

步骤3：在模具中选择一个图件，将其拖放到绘图页上合适位置；

步骤4：重复上述步骤，将模具中的各种图件拖入页面中并排列；

步骤5：单击“常用工具栏”中“连接线”工具按钮或选用拖动模具中的“动态连接线”进行连接（可以选择“常用工具栏”中“指向工具”取消连接状态），重复上述动作，完成所有流程的连接；

步骤6：用鼠标选择所有对象或按下shift键选取，在“格式”工具栏中“线型”“线端”“线条粗细”设置线条的线型、粗细和箭头；

步骤 7：在一个图形上双击鼠标，进入文字编辑方式，输入文字，重复上述步骤，输入所有图形中的文字（连接线上的文字也可以双击鼠标输入），如果对文字字体、字号不满意，可以使用“格式”工具栏中“字体”“字号”修改（一般使用 11 号字号）；

步骤 8：保存文档：学号 + 姓名 + 图形名称。

11.3.3　用 MS Visio 2010 绘制结构化程序流程图

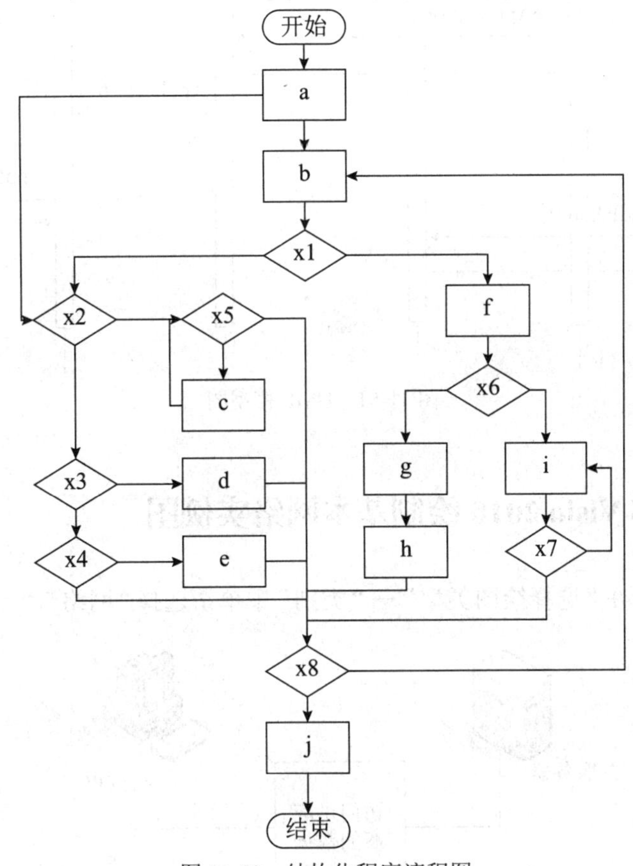

图 11-50　结构化程序流程图

参照图 11-50，在“选择绘图类型”→“类别”中单击选择“流程图”“基本流程图”模板，绘制结构化程序流程图。

11.3.4　用 MS Visio 2010 绘制 UML 模型图

参照图 11-51，在“选择绘图类型”→“类别”中单击选择“软件”“UML 模型图”模板，选择 UML 序列。

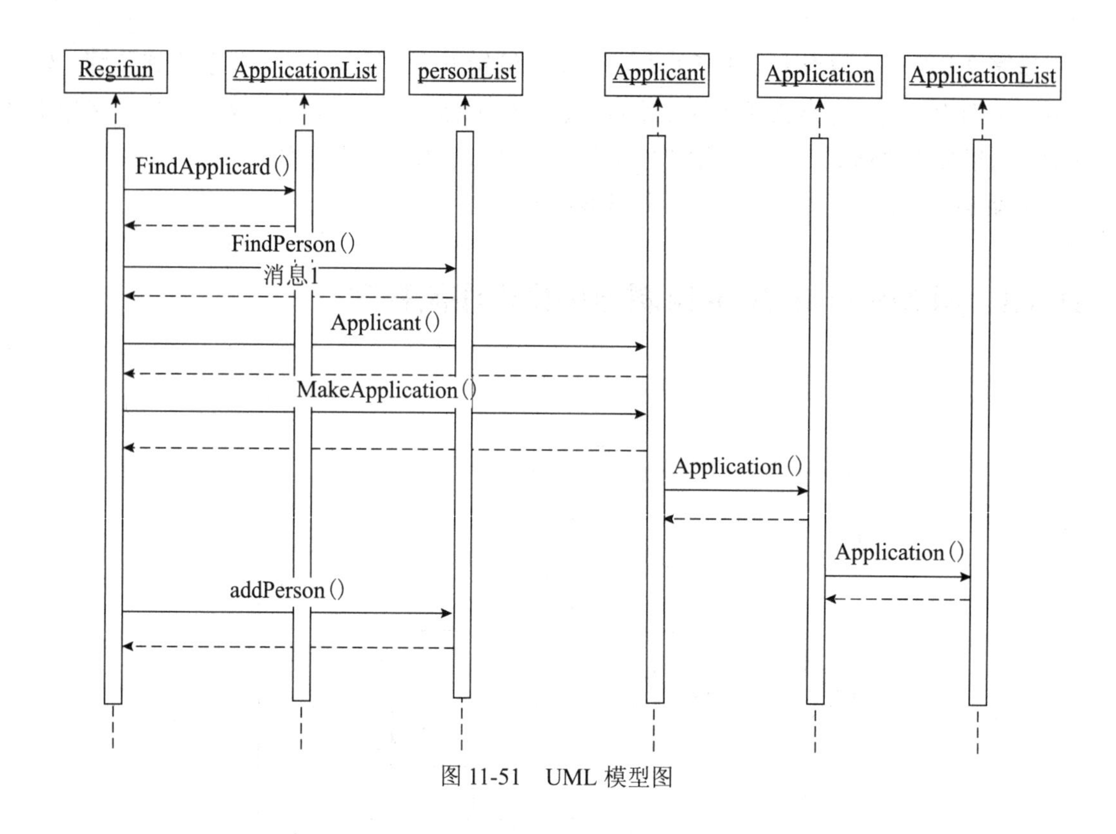

图 11-51　UML 模型图

11.3.5　用 MS Visio 2010 绘制基本网络实例图

参照图 11-52，在“选择绘图类型”→“类别”中单击选择“网络”“基本网络图”模板。

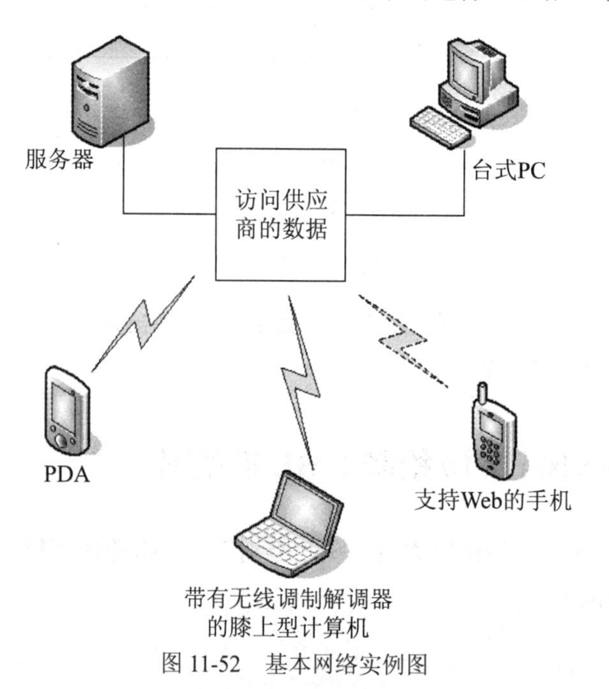

图 11-52　基本网络实例图

11.3.6　用 MS Visio 2010 绘制详细网络实例图

参照图 11-53，在“选择绘图类型”→“类别”中单击选择“网络”“详细网络图”模板。

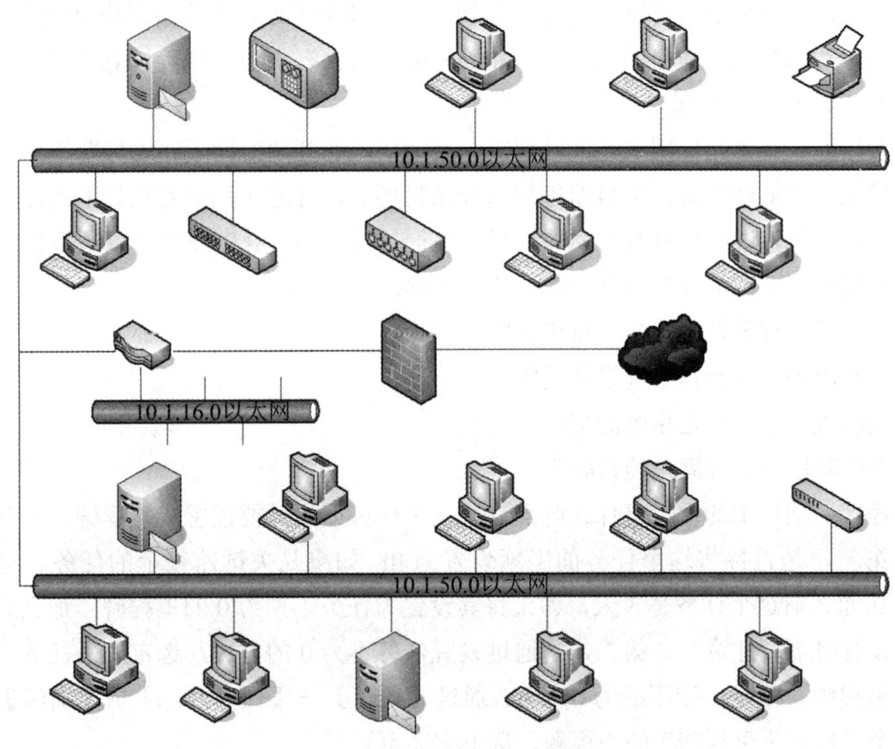

图 11-53　详细网络实例图

11.4　实训 4：制作项目进度计划

11.4.1　实训目的

1. 掌握 IT 项目管理的构成要素，了解项目管理的过程，并能够运用项目管理工具对项目的范围、进度、成本、人员等进行有效管理；

2. 能够就一个具体的项目进行时间管理和控制。

11.4.2　实训内容

某公司是一家从事应用软件开发的互联网企业。目前，该公司的开发人员受客户委托正在开发一套新的 OA 产品。项目开发组决定运用 Microsoft Project 2016 软件高效地管理项目开发过程，该OA产品要求从2018年3月11日起建设，要求在2018年7月1日之前正式上线，并且工作越快开展越好。

项目组在与客户交流后了解了基本的系统需求，通过技术核心小组的充分讨论，采用头脑风暴法，对项目进行详细工作分解结构，并对各个工作包工作量采用PERT评审技术进行估计。然后根据工作包的关联关系和项目的人员情况，进行进度计划的制订，主要工作内容安排如表11-1所示。

前置任务：其开始日期或完成日期决定后续任务的开始日期或完成日期的任务。

为确保项目如期完成，项目组每周召开项目例会，并通过周报对项目的进度、质量、成本、问题和风险进行信息发布。项目每月进行项目小结，并发布项目总结报告。

项目策划与立项的里程碑是与客户签订合同；

分析阶段里程碑是系统分析规格说明书；

设计阶段的里程碑是系统设计说明；

实现阶段的里程碑是系统的交付；

试运行阶段的里程碑是项目验收。

里程碑：项目中的重大事件或时点。某一个任务如果需要设置成里程碑，有两种操作方式。第一，是直接将这个任务的工期设置为0；如果是关键路径上的任务，它会有所变动，比如之前这个任务是3天，如果将其设置为任务工期为0的里程碑，那么就会少了三天（设置时需要注意）。第二，是通过设置任务不为0的方式，选定一个任务，要将它设置为里程碑，但是工期不能为0，那么通过【项目】→【任务信息】→【高级】里左下角有一个“标记为里程碑”的小标题，选中它即可。

项目在每个里程碑结束时，对阶段里程碑进行总结和评审，跟踪前一阶段的工作情况对下一里程碑的工作量和进度进行重新的评估，细化和调整下一里程碑的工作计划，并把结果发布给项目相关人。

表11-1　OA产品开发主要任务安排

序　号	项目任务	前置任务	工时数（天）
A	策划与立项	—	10
A1	信息系统企划	无	5
A2	客户商谈确认	A1	5
B	系统分析	—	40
B1	问题分析	A2	10
B2	数据需求分析	B1	15
B3	过程需求分析	B1	15
C	系统设计	—	30
C1	功能模块设计	B2,B3	15
C2	用户界面设计	B2,B3	5
C3	代码设计	B3,C1	3
C4	数据库设计	B2,C1	7

续表

序　　号	项目任务	前置任务	工时数（天）
D	系统实现	—	30
D1	编码和单元测试	C1	15
D2	集成与系统测试	D1	12
D3	系统安装与切换	D2	3
E	试运行	—	10
E1	运营测试	D3	7
E2	用户培训	D2,D3	3

项目详细信息表，如图 11-54 所示。

		任务模式	任务名称	工期	开始时间	完成时间	前置任务
1			**A 策划与立项**	**10 个工作日**	**2018/3/12**	**2018/3/23**	
2			A1 信息系统企划	5 个工作日	2018/3/12	2018/3/16	
3			A2 客户商谈确认	5 个工作日	2018/3/19	2018/3/23	2
4			**B 系统分析**	**25 个工作日**	**2018/3/26**	**2018/4/27**	
5			B1 问题分析	10 个工作日	2018/3/26	2018/4/6	3
6			B2 数据需求分析	15 个工作日	2018/4/9	2018/4/27	5
7			B3 过程需求分析	15 个工作日	2018/4/9	2018/4/27	5
8			**C 系统设计**	**22 个工作日**	**2018/4/30**	**2018/5/29**	
9			C1 功能模块设计	15 个工作日	2018/4/30	2018/5/18	6,7
10			C2 用户界面设计	5 个工作日	2018/4/30	2018/5/4	6,7
11			C3 代码设计	3 个工作日	2018/5/21	2018/5/23	7,9
12			C4 数据库设计	7 个工作日	2018/5/21	2018/5/29	6,9
13			**D 系统实现**	**30 个工作日**	**2018/5/21**	**2018/6/29**	
14			D1 编码和单元测试	15 个工作日	2018/5/21	2018/6/8	9
15			D2 集成与系统测试	12 个工作日	2018/6/11	2018/6/26	14
16			D3 系统安装与切换	3 个工作日	2018/6/27	2018/6/29	15
17			**E 试运行**	**7 个工作日**	**2018/7/2**	**2018/7/10**	
18			E1 运营测试	7 个工作日	2018/7/2	2018/7/10	16
19			E2 用户培训	3 个工作日	2018/7/2	2018/7/4	15,16
20			**每月项目小结**	**66 个工作日**	**2018/3/26**	**2018/6/25**	
25			**每周项目小结**	**66 个工作日**	**2018/3/26**	**2018/6/25**	

图 11-54　项目详细信息表

根据上述陈述，对该系统项目进行项目管理，采用项目管理软件 Microsoft Project 2016 完成如下任务：

（1）完成项目的范围管理；

（2）完成项目的进度管理；

（3）完成项目的成本管理。

11.4.3　实训步骤

1. 项目范围管理

步骤 1： 制定项目开始时间和结束时间（日期范围），以便创建一个新文档。文件名为“姓名（或第 *N* 组）- 项目管理过程实验）（*N* 为小组编号）。

确定项目的各项工作、阶段目标或总体目标；

在 MS Project 软件中输入项目的总体信息，如项目名称、起止日期等；

输入工作数据、建立工作数据库；

编制基本日历；

调整项目相应的参数，观察对项目总工期和总成本的影响。

具体工作步骤如下：

（1）从“文档”菜单中选择“新建”命令，生成空白的甘特图视图；

（2）单击“文档”菜单下的“保存”命令，或从工具栏上的保存标识对文档进行保存；

（3）从“项目”菜单中选择“项目信息”命令，将弹出项目信息对话框；

（4）因为项目要求在四个月内完成且越快越好，因此在项目信息对话框的“日程排定方法”下拉列表中设置“从项目开始之日起”，并设置项目优先级，如图 11-55 所示。

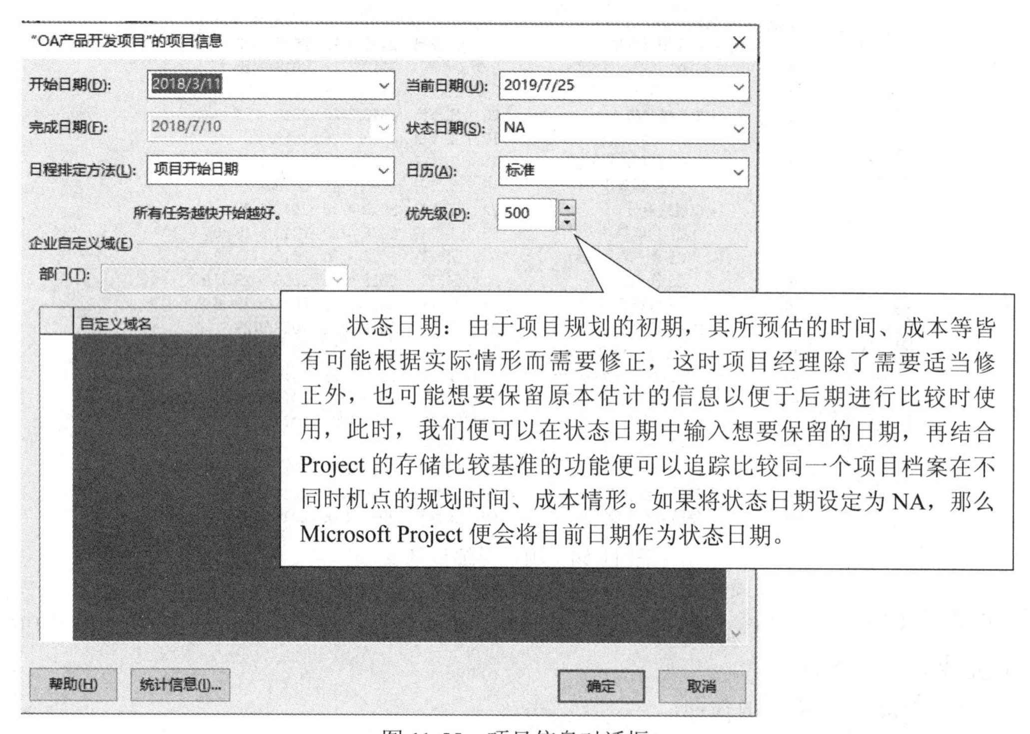

图 11-55　项目信息对话框

步骤 2：确定项目范围，并对项目进行分解，逐步形成实施项目所需的任务列表（工作分解结构）。

操作步骤如下：

（1）按表 11-1 的内容依次将任务输入甘特图的任务表中（也可以通过 WORD 或 EXCEL 档导入）；

（2）按住 Ctrl 键，用鼠标在任务表格的序号栏选中“策划与立项”下面的“信息系统企划”和“客户商谈确认”两项任务，右击，在出现的快捷菜单中选择“降级”命令，如图 11-56 所示；

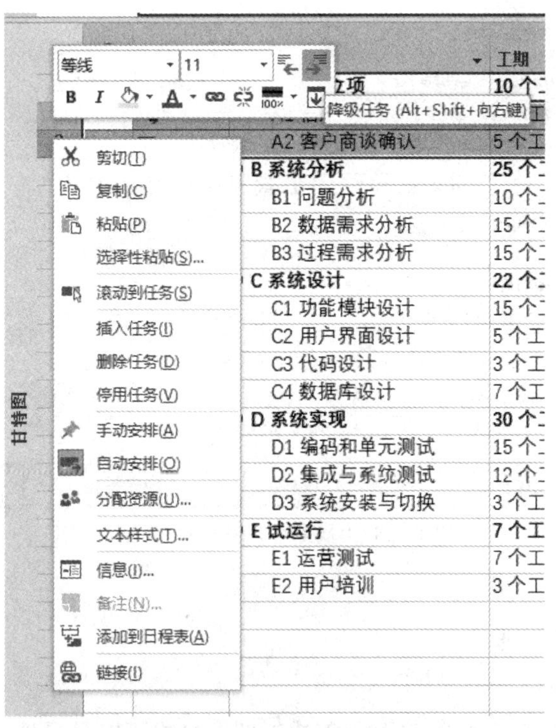

图 11-56 “降级”命令

（3）重复步骤（2），将二级任务在任务表格上进行降级，如图 11-57 所示。

对于周期性任务，则在“插入”菜单中选择“周期性任务”命令，此时会出现“周期性任务信息”对话框，填入具体信息后单击“确定”按钮，甘特图中便会显示出该项周期性任务，如图 11-58 所示。

	❶	任务模式	任务名称	工期	开始时间	完成时间	前置任务
1			**A 策划与立项**	**10 个工作日**	**2018/3/12**	**2018/3/23**	
2			A1 信息系统企划	5 个工作日	2018/3/12	2018/3/16	
3			A2 客户商谈确认	5 个工作日	2018/3/19	2018/3/23	2
4			**B 系统分析**	**25 个工作日**	**2018/3/26**	**2018/4/27**	
5			B1 问题分析	10 个工作日	2018/3/26	2018/4/6	3
6			B2 数据需求分析	15 个工作日	2018/4/9	2018/4/27	5
7			B3 过程需求分析	15 个工作日	2018/4/9	2018/4/27	5
8			**C 系统设计**	**22 个工作日**	**2018/4/30**	**2018/5/29**	
9			C1 功能模块设计	15 个工作日	2018/4/30	2018/5/18	6,7
10			C2 用户界面设计	5 个工作日	2018/4/30	2018/5/4	6,7
11			C3 代码设计	3 个工作日	2018/5/21	2018/5/23	7,9
12			C4 数据库设计	7 个工作日	2018/5/21	2018/5/29	6,9
13			**D 系统实现**	**30 个工作日**	**2018/5/21**	**2018/6/29**	
14			D1 编码和单元测试	15 个工作日	2018/5/21	2018/6/8	9
15			D2 集成与系统测试	12 个工作日	2018/6/11	2018/6/26	14
16			D3 系统安装与切换	3 个工作日	2018/6/27	2018/6/29	15
17			**E 试运行**	**7 个工作日**	**2018/7/2**	**2018/7/10**	
18			E1 运营测试	7 个工作日	2018/7/2	2018/7/10	16
19			E2 用户培训	3 个工作日	2018/7/2	2018/7/4	15,16

图 11-57 将二级任务在任务表格上进行降级

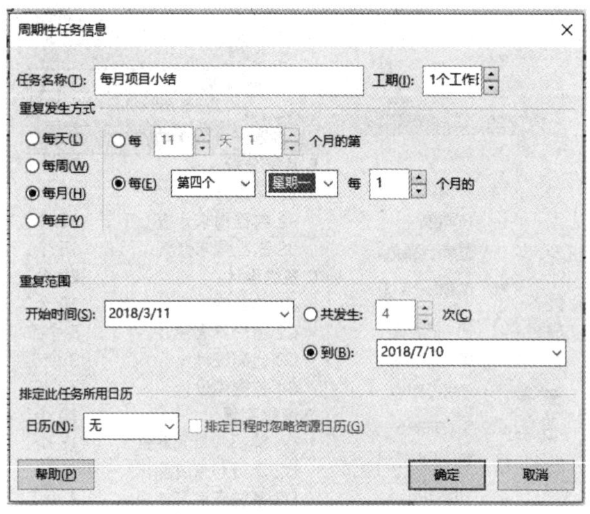

图 11-58 “周期性任务信息”对话框

2. 项目进度管理

步骤 1：输入任务工期

具体步骤如下：

在任务的“工期”微调框中键入所需的工期，格式可以是月份、星期、工作日、小时或者分钟。此外，如果要表明该任务的工期是估计值，则应该在后面输入一个问号“?”。对于项目的里程碑，相应的任务工期应该为 0。“工期”微调框如图 11-59 所示。

		任务模式	任务名称	工期	开始时间	完成时间	前置任务
1			**A 策划与立项**	**10 个工作日**	**2018/3/12**	**2018/3/23**	
2			A1 信息系统企划	5 个工作日	2018/3/12	2018/3/16	
3			A2 客户商谈确认	5 个工作日	2018/3/19	2018/3/23	2
4			**B 系统分析**	**25 个工作日**	**2018/3/26**	**2018/4/27**	
5			B1 问题分析	10 个工作日	2018/3/26	2018/4/6	3
6			B2 数据需求分析	15 个工作日	2018/4/9	2018/4/27	5
7			B3 过程需求分析	15 个工作日	2018/4/9	2018/4/27	5
8			**C 系统设计**	**22 个工作日**	**2018/4/30**	**2018/5/29**	
9			C1 功能模块设计	15 个工作日	2018/4/30	2018/5/18	6,7
10			C2 用户界面设计	5 个工作日	2018/4/30	2018/5/4	6,7
11			C3 代码设计	3 个工作日	2018/5/21	2018/5/23	7,9
12			C4 数据库设计	7 个工作日	2018/5/21	2018/5/29	6,9
13			**D 系统实现**	**30 个工作日**	**2018/5/21**	**2018/6/29**	
14			D1 编码和单元测试	15 个工作日	2018/5/21	2018/6/8	9
15			D2 集成与系统测试	12 个工作日	2018/6/11	2018/6/26	14
16			D3 系统安装与切换	3 个工作日	2018/6/27	2018/6/29	15
17			**E 试运行**	**7 个工作日**	**2018/7/2**	**2018/7/10**	
18			E1 运营测试	7 个工作日	2018/7/2	2018/7/10	16
19			E2 用户培训	3 个工作日	2018/7/2	2018/7/4	15,16
20			**每月项目小结**	**66 个工作日**	**2018/3/26**	**2018/6/25**	
25			**每周项目小结**	**66 个工作日**	**2018/3/26**	**2018/6/25**	

图 11-59 “工期”微调框

步骤 2：设定项目工作日历

选择“工具”菜单下的“更改工作时间”，将弹出对话框，可供进行工作时间的修改，以满足加班或者工作时间调整等特殊需要，如图 11-60 所示。

假设某个月每周六都要加班，则可以按住 Ctrl 键用鼠标在日历上选中所有星期六的日期，选中“非默认工作时间”单选按钮，在“工作时间栏”中输入预定的加班时间。

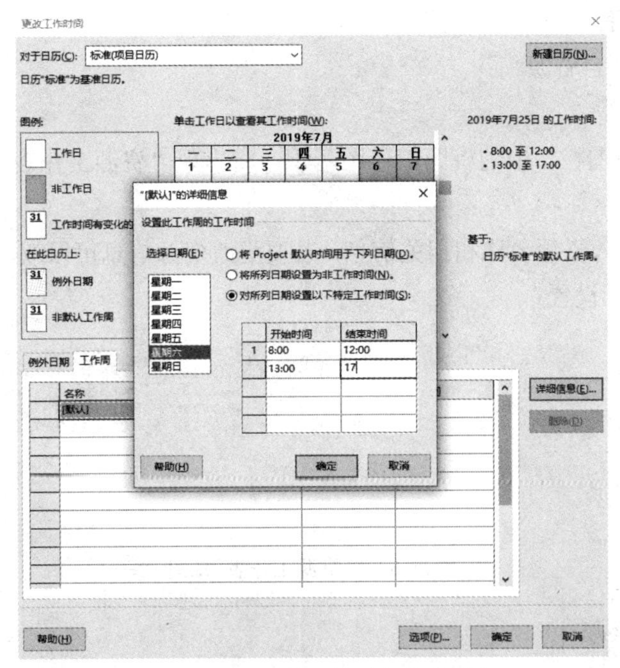

图 11-60 “更改工作时间”对话框

步骤 3：定义任务的依赖关系

（1）选取“任务名称”栏中要按所需顺序连接在一起的两项或者多项任务。选取不相邻任务，可以按住 Ctrl 键并单击任务名称；若选取相邻任务则按住 Shift 键并单击希望连接的第一项和最后一项任务；

（2）根据任务之间的先后关系，单击工具栏上的“链接任务”标识，从而建立任务之间的相关性。注意此时的时间相关性为“完成－开始”类型；

（3）重复上面步骤，直到所有的任务建立了关联性；

（4）需要改变或删除任务相关性时，可以直接在条形图之间的连接线双击鼠标，便会出现标题为“任务相关性”的对话框供修改，如图 11-61 所示。

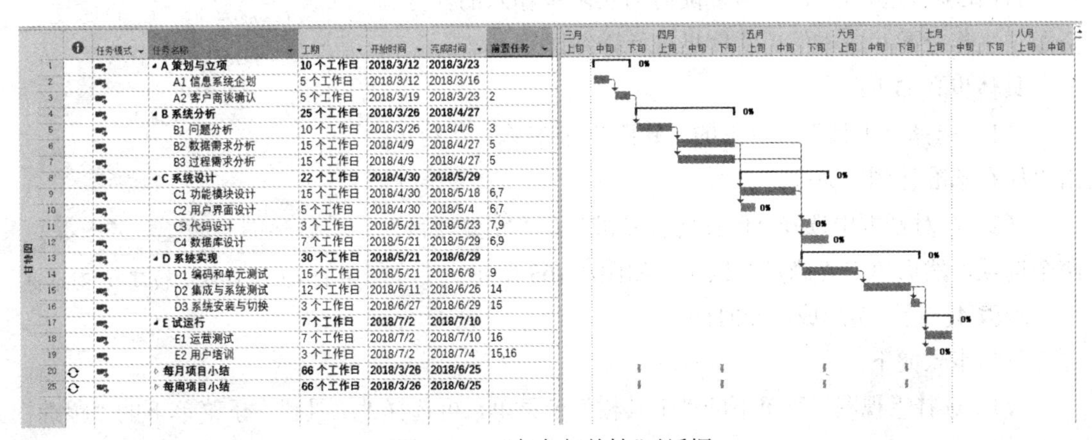

	任务模式	任务名称	工期	开始时间	完成时间	前置任务
1		A 策划与立项	10 个工作日	2018/3/12	2018/3/23	
2		A1 信息系统企划	5 个工作日	2018/3/12	2018/3/16	
3		A2 客户商谈确认	5 个工作日	2018/3/19	2018/3/23	2
4		B 系统分析	25 个工作日	2018/3/26	2018/4/27	
5		B1 问题分析	10 个工作日	2018/3/26	2018/4/6	3
6		B2 数据需求分析	15 个工作日	2018/4/9	2018/4/27	5
7		B3 过程需求分析	15 个工作日	2018/4/9	2018/4/27	5
8		C 系统设计	22 个工作日	2018/4/30	2018/5/29	
9		C1 功能模块设计	15 个工作日	2018/4/30	2018/5/18	6,7
10		C2 用户界面设计	5 个工作日	2018/4/30	2018/5/4	6,7
11		C3 代码设计	3 个工作日	2018/5/21	2018/5/23	7,9
12		C4 数据库设计	7 个工作日	2018/5/21	2018/5/29	6,9
13		D 系统实现	30 个工作日	2018/5/21	2018/6/29	
14		D1 编码和单元测试	15 个工作日	2018/5/21	2018/6/8	9
15		D2 集成与系统测试	12 个工作日	2018/6/11	2018/6/26	14
16		D3 系统安装与切换	3 个工作日	2018/6/27	2018/6/29	15
17		E 试运行	7 个工作日	2018/7/2	2018/7/10	
18		E1 运营测试	7 个工作日	2018/7/2	2018/7/10	16
19		E2 用户培训	3 个工作日	2018/7/2	2018/7/4	15,16
20		每月项目小结	66 个工作日	2018/3/26	2018/6/25	
25		每周项目小结	66 个工作日	2018/3/26	2018/6/25	

图 11-61 “任务相关性”对话框

3. 项目成本管理

步骤 1：增加项目资源

具体步骤如下：

（1）单击“视图栏”中的资源工作图示识，将出现“资源工作表”视图，如图 11-62 所示；

（2）在其中填入资源名称和相关信息，若要更改资源信息可以双击，弹出相应的“资源信息”对话框进行设置。

	资源名称	类型	材料标签	缩写	组	最大单位	标准费率	加班费率	每次使用成本	成本累算	基准日历	代码	添加新列
1	项目总监	工时		项		100%	¥50.00/工时	¥100.00/工时	¥50.00	按比例	标准		
2	项目负责人	工时		项		100%	¥45.00/工时	¥90.00/工时	¥45.00	按比例	标准		
3	程序员	工时		程		100%	¥25.00/工时	¥50.00/工时	¥25.00	按比例	标准		
4	软件测试员	工时		软		100%	¥25.00/工时	¥50.00/工时	¥25.00	按比例	标准		

图 11-62 “资源工作表”视图

步骤 2：分配资源

具体步骤如下：

（1）在甘特图视图中，选中任务，单击工具栏上的分配资源标识，将弹出“分配资源”对话框；

（2）通过 CTRL 键选中多个不连续的资源，设置使用单位，即资源的使用率。

步骤 3：基准计划

比较基准。所谓“基准”是指在计划结束时，或者是在其他关键阶段结束时保存的一组原始数据或项目图。基准实质上是一组数据，并与跟踪时输入的实际数据保存在同一个文档中。因此，比较基准就是在项目中输入任务、资源、工作分配和成本信息后，所保存的初始计划的参照点。这样在项目进行过程中，可以随时与实际中输入的任务、资源、工作分配和成本的更新信息进行详细比较。

具体步骤如下：

（1）选择“工具”菜单下的“跟踪”子菜单，然后单击“保存基准计划”命令；

（2）在对话框中选择“保存比较基准”和“完整项目”两个选项，然后单击“确定”按钮，如图 11-63 所示。

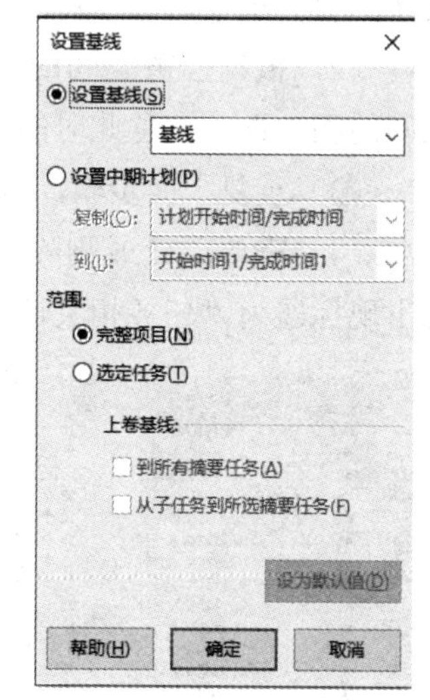

图 11-63 “保存比较基准”对话框

步骤 4：录入实际成本和时间

具体步骤如下：

（1）选择“视图”菜单下的“工具栏”子菜单，再选择“工具栏”子菜单下的“跟踪”命令，将出现跟踪工具栏；

（2）在甘特图视图中的“任务表格”中选中被跟踪的任务，单击“跟踪工具栏”上的更新任务标识，将弹出“更新任务”对话框；

（3）在“更新任务”对话框中设置目前的任务进度信息，如图 11-64 所示；

（4）从“视图”菜单或“视图栏”中选择“跟踪甘特图”命令以查看实际和基准计划信息，如图 11-65 所示。

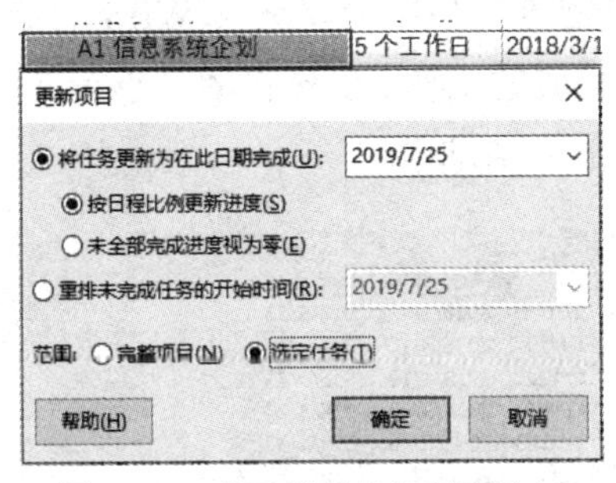

图 11-64　“更新任务”对话框中

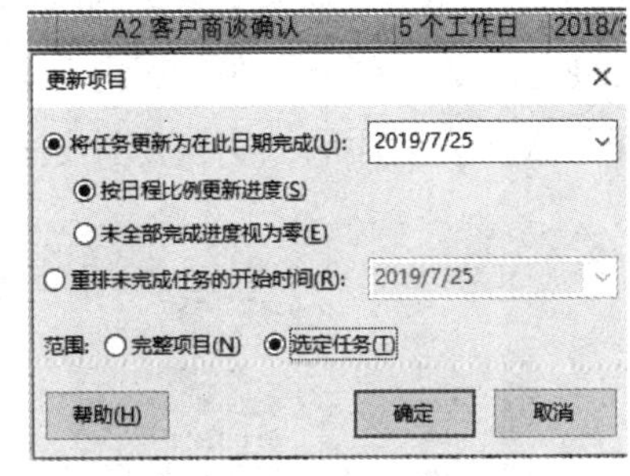

图 11-65　跟踪甘特图

步骤 5： 盈余分析（可选）

（1）选择“视图”菜单下的“表”子菜单，选择“其他表”命令，将弹出“其他表”对话框，如图 11-66 所示；

图 11-66　“其他表”对话框

（2）选择“盈余分析”选项，然后单击“应用”按钮，在追踪甘特图视图中显示所有的列，可以查看项目情况，如图 11-67 所示。

	任务名称	BCWS	BCWP	ACWP	SV	CV	EAC	VAC
1	任务名称(名称)	¥3895.00	¥3895.00	¥3895.00	¥0.00	¥0.00	¥11495.00	¥11495.00
2	任务或资源的名称。	¥3895.00	¥3895.00	¥3895.00	¥0.00	¥0.00	¥5747.50	¥5747.50
3		¥0.00	¥0.00	¥0.00	¥0.00	¥0.00	¥5747.50	¥5747.50
4	B 系统分析	¥0.00	¥0.00	¥0.00	¥0.00	¥0.00	¥38520.00	¥38520.00
5	B1 问题分析	¥0.00	¥0.00	¥0.00	¥0.00	¥0.00	¥9640.00	¥9640.00
6	B2 数据需求分析	¥0.00	¥0.00	¥0.00	¥0.00	¥0.00	¥14440.00	¥14440.00
7	B3 过程需求分析	¥0.00	¥0.00	¥0.00	¥0.00	¥0.00	¥14440.00	¥14440.00
8	C 系统设计	¥0.00	¥0.00	¥0.00	¥0.00	¥0.00	¥28960.00	¥28960.00
9	C1 功能模块设计	¥0.00	¥0.00	¥0.00	¥0.00	¥0.00	¥14440.00	¥14440.00
10	C2 用户界面设计	¥0.00	¥0.00	¥0.00	¥0.00	¥0.00	¥4640.00	¥4640.00
11	C3 代码设计	¥0.00	¥0.00	¥0.00	¥0.00	¥0.00	¥2920.00	¥2920.00
12	C4 数据库设计	¥0.00	¥0.00	¥0.00	¥0.00	¥0.00	¥6760.00	¥6760.00
13	D 系统实现	¥0.00	¥0.00	¥0.00	¥0.00	¥0.00	¥28920.00	¥28920.00
14	D1 编码和单元测试	¥0.00	¥0.00	¥0.00	¥0.00	¥0.00	¥14440.00	¥14440.00
15	D2 集成与系统测试	¥0.00	¥0.00	¥0.00	¥0.00	¥0.00	¥11560.00	¥11560.00
16	D3 系统安装与切换	¥0.00	¥0.00	¥0.00	¥0.00	¥0.00	¥2920.00	¥2920.00
17	E 试运行	¥0.00	¥0.00	¥0.00	¥0.00	¥0.00	¥8681.25	¥8681.25
18	E1 运营测试	¥0.00	¥0.00	¥0.00	¥0.00	¥0.00	¥6126.25	¥6126.25
19	E2 用户培训	¥0.00	¥0.00	¥0.00	¥0.00	¥0.00	¥2555.00	¥2555.00
20	每月项目小结	¥0.00	¥0.00	¥0.00	¥0.00	¥0.00	¥0.00	¥0.00
25	每周项目小结	¥0.00	¥0.00	¥0.00	¥0.00	¥0.00	¥0.00	¥0.00

图 11-67　查看项目情况

4. 项目的工作分解结构

WBS（work breakdown structure）是指工作分解结构的简称，它的核心思想就是层层分解。

图 11-68 所示就是一个 WBS 列表。第一层是项目阶段，把项目按照系统生命周期法，分成策划与立项、系统分析、系统设计、系统实现、试运行 5 个阶段，然后再把各阶段一一分解为子阶段。如果有必要，再按照交付物进一步细分，通常 WBS 的最底层称为工作包（work package），是单个人在一周内可以完成的工作。工作包的最小责任单位是个人，这样便于责任到人，为后面的人力资源计划打下了基础。

任务模式	任务名称	工期	开始时间	完成时间	前置任务
	A 策划与立项	**10 个工作日**	**2018/3/12**	**2018/3/23**	
	A1 信息系统企划	5 个工作日	2018/3/12	2018/3/16	
	A2 客户商谈确认	5 个工作日	2018/3/19	2018/3/23	2
	B 系统分析	**25 个工作日**	**2018/3/26**	**2018/4/27**	
	B1 问题分析	10 个工作日	2018/3/26	2018/4/6	3
	B2 数据需求分析	15 个工作日	2018/4/9	2018/4/27	5
	B3 过程需求分析	15 个工作日	2018/4/9	2018/4/27	5
	C 系统设计	**22 个工作日**	**2018/4/30**	**2018/5/29**	
	C1 功能模块设计	15 个工作日	2018/4/30	2018/5/18	6,7
	C2 用户界面设计	5 个工作日	2018/4/30	2018/5/4	6,7
	C3 代码设计	3 个工作日	2018/5/21	2018/5/23	7,9
	C4 数据库设计	7 个工作日	2018/5/21	2018/5/29	6,9
	D 系统实现	**30 个工作日**	**2018/5/21**	**2018/6/29**	
	D1 编码和单元测试	15 个工作日	2018/5/21	2018/6/8	9
	D2 集成与系统测试	12 个工作日	2018/6/11	2018/6/26	14
	D3 系统安装与切换	3 个工作日	2018/6/27	2018/6/29	15
	E 试运行	**7 个工作日**	**2018/7/2**	**2018/7/10**	
	E1 运营测试	7 个工作日	2018/7/2	2018/7/10	16
	E2 用户培训	3 个工作日	2018/7/2	2018/7/4	15,16
	每月项目小结	**66 个工作日**	**2018/3/26**	**2018/6/25**	
	每周项目小结	**66 个工作日**	**2018/3/26**	**2018/6/25**	

图 11-68　一个 WBS 列表

WBS 将项目范围不断分解和细化，最终以列表形式有层次地体现项目任务，便于项目团队一目了然地清楚完成项目范围所需要执行的工作内容。WBS 由任务编号和任务名称组成，每个项目任务的编号唯一。

WBS 的分解层次要根据项目规模和难易程度而定。

5. 项目的 PERT 图

PERT 图：又叫网络图，主要用于描述项目中任务之间的相关性。

在网络图中，方框节点表示任务，以节点之间的链接线表示任务之间的相关性。

“网络图”视图会根据任务的相关性对方框节点进行排列布局。

（1）关键任务，如图 11-69 所示。

（2）本项目 PERT 图：视图→网络图，如图 11-70 所示。

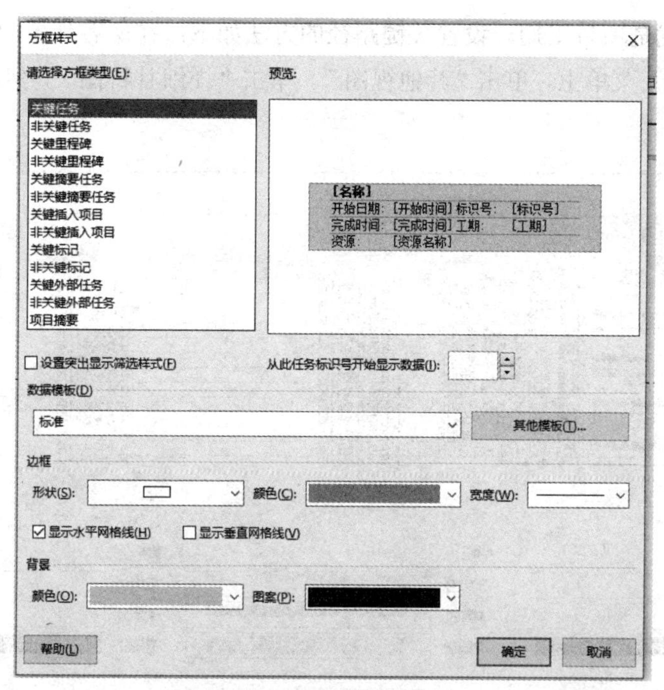

图 11-69　关键任务

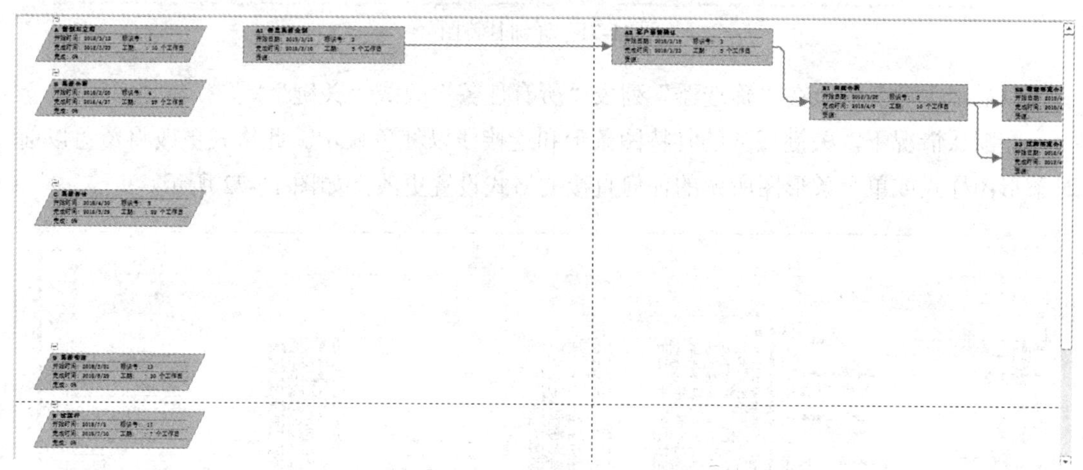

图 11-70　本项目 PERT 图

6. 项目的关键路径

关键路径：在项目任务构成的各条路径中，工期最长的路径称为关键路径。

关键任务：是指那些必须按期完成，从而才能保证整个项目如期完成的任务，即只要关键任务延迟，整个项目完成日期也必将延后。

构成项目关键路径的所有任务都称为**关键任务**。

设定了任务间的关联性之后，必然会形成一条最长的路径——**关键路径**。

最长的活动路线就是关键路径，组成关键路径的任务称为关键任务。关键路线上所有

任务的时间总和就是项目工期。设置关键路径的方法如下：在所有任务的上下文中显示关键路径：在“视图”菜单上，单击“其他视图”，单击“详细甘特图”，然后单击“应用”，如图 11-71 所示。

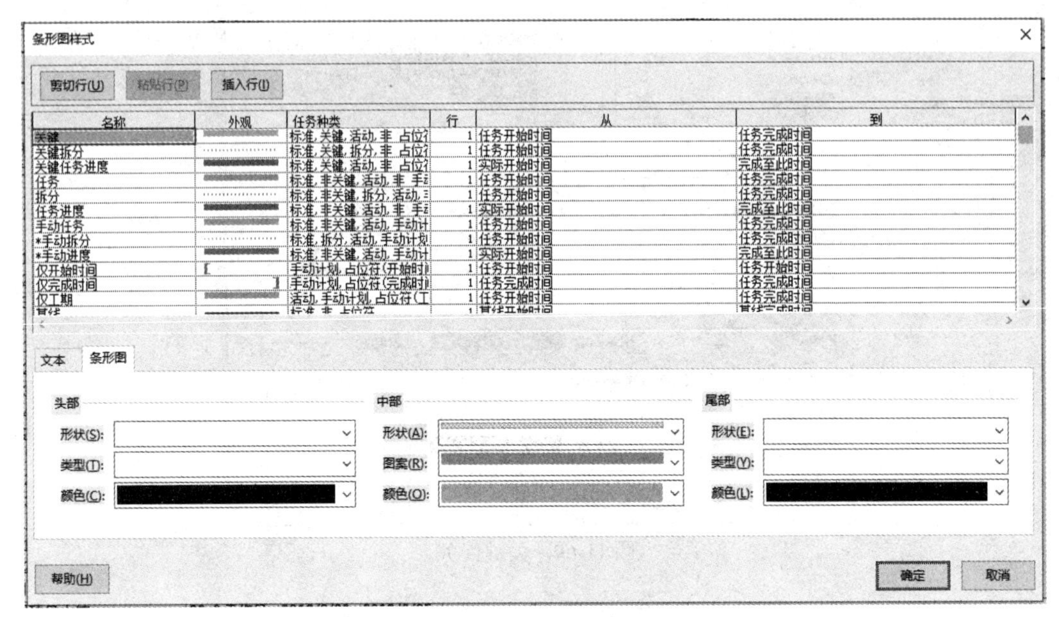

条形图样式

剪切行(U)　粘贴行(P)　插入行(I)

名称	外观	任务种类	行	从	到
关键		标准, 关键, 活动, 非 占位	1	任务开始时间	任务完成时间
关键拆分		标准, 关键, 拆分, 非 占位	1	任务开始时间	任务完成时间
关键任务进度		标准, 关键, 活动, 非 占位	1	实际开始时间	完成至此时间
任务		标准, 非关键, 活动, 非 手	1	任务开始时间	任务完成时间
拆分		标准, 非关键, 拆分, 活动,	1	任务开始时间	任务完成时间
任务进度		标准, 非关键, 活动, 非 手	1	实际开始时间	完成至此时间
手动任务		标准, 非关键, 活动, 手动计	1	任务开始时间	任务完成时间
*手动拆分		标准, 拆分, 活动, 手动计划	1	任务开始时间	任务完成时间
*手动进度		标准, 非关键, 活动, 手动计	1	实际开始时间	完成至此时间
仅开始时间		手动计划, 占位符(开始时	1	任务开始时间	任务开始时间
仅完成时间		手动计划, 占位符(完成时	1	任务完成时间	任务完成时间
仅工期		活动, 手动计划, 占位符(工	1	任务开始时间	任务完成时间

文本　条形图

头部　形状(S):　类型(T):　颜色(C):

中部　形状(A):　图案(R):　颜色(O):

尾部　形状(E):　类型(Y):　颜色(L):

帮助(H)　确定　取消

图 11-71　详细甘特图

只显示关键任务：在“筛选器”列表“所有任务”改成“关键”。

在默认情况下，关键任务的甘特图条形和连接线以红色显示。此格式更改将覆盖以前对条形图样式或单个条形图所做的任何直接的格式设置更改，如图 11-72 所示。

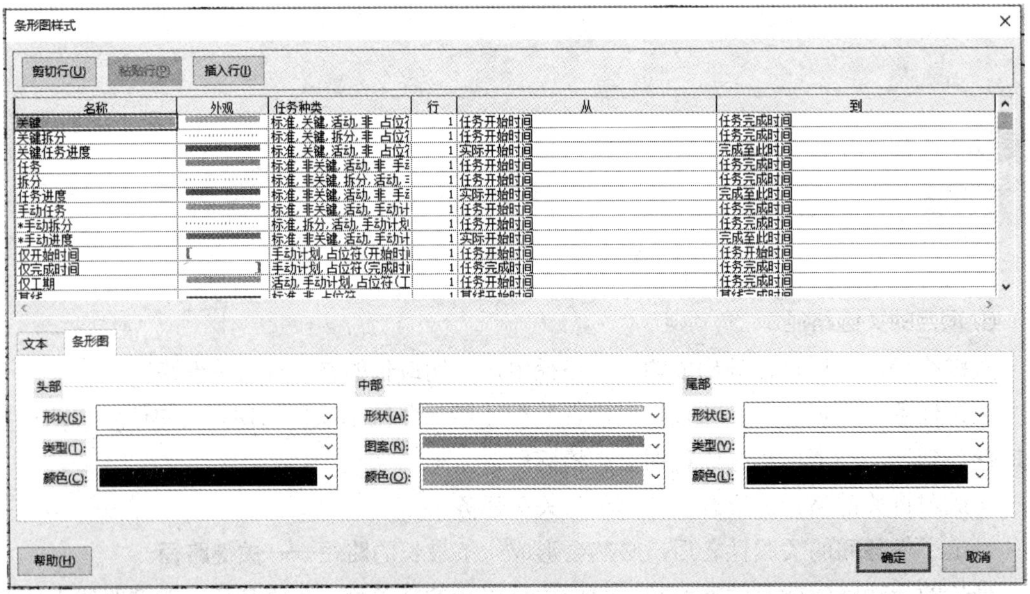

条形图样式

剪切行(U)　粘贴行(P)　插入行(I)

名称	外观	任务种类	行	从	到
关键		标准, 关键, 活动, 非 占位	1	任务开始时间	任务完成时间
关键拆分		标准, 关键, 拆分, 非 占位	1	任务开始时间	任务完成时间
关键任务进度		标准, 关键, 活动, 非 占位	1	实际开始时间	完成至此时间
任务		标准, 非关键, 活动, 非 手	1	任务开始时间	任务完成时间
拆分		标准, 非关键, 拆分, 活动,	1	任务开始时间	任务完成时间
任务进度		标准, 非关键, 活动, 非 手	1	实际开始时间	完成至此时间
手动任务		标准, 非关键, 活动, 手动计	1	任务开始时间	任务完成时间
*手动拆分		标准, 拆分, 活动, 手动计划	1	任务开始时间	任务完成时间
*手动进度		标准, 非关键, 活动, 手动计	1	实际开始时间	完成至此时间
仅开始时间		手动计划, 占位符(开始时	1	任务开始时间	任务开始时间
仅完成时间		手动计划, 占位符(完成时	1	任务完成时间	任务完成时间
仅工期		活动, 手动计划, 占位符(工	1	任务开始时间	任务完成时间

文本　条形图

头部　形状(S):　类型(T):　颜色(C):

中部　形状(A):　图案(R):　颜色(O):

尾部　形状(E):　类型(Y):　颜色(L):

帮助(H)　确定　取消

图 11-72　条形图样式

7. 该项目的甘特图，如图 11-73 所示。

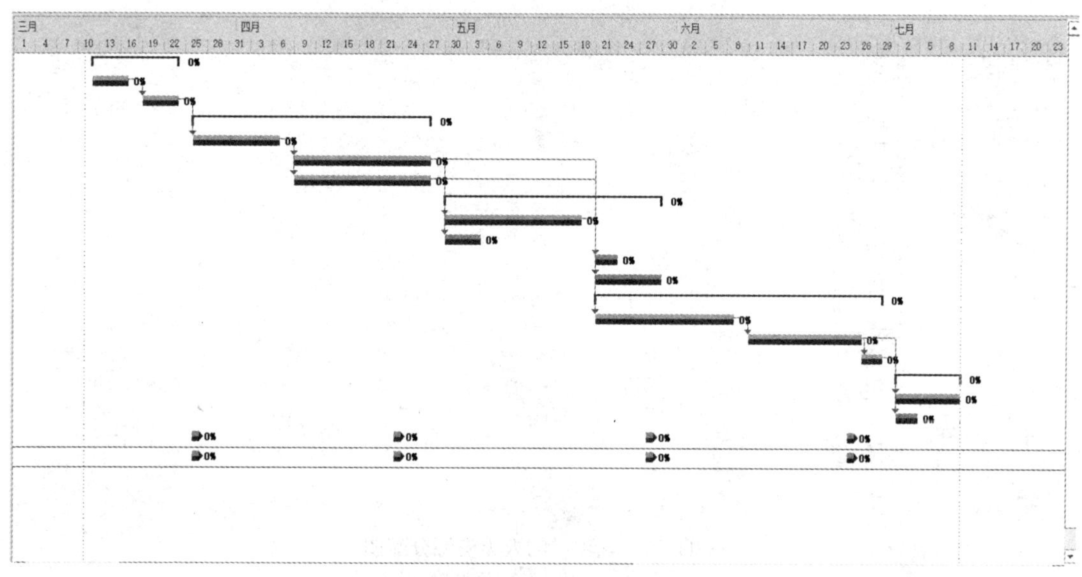

图 11-73 该项目的甘特图

甘特图也叫横道图或条形图，主要用于项目计划和项目进度安排，甘特图的横轴表示时间，纵轴表示要安排的活动，线条表示整个周期内计划和实际活动开始与完成的情况，如图 11-74 所示。

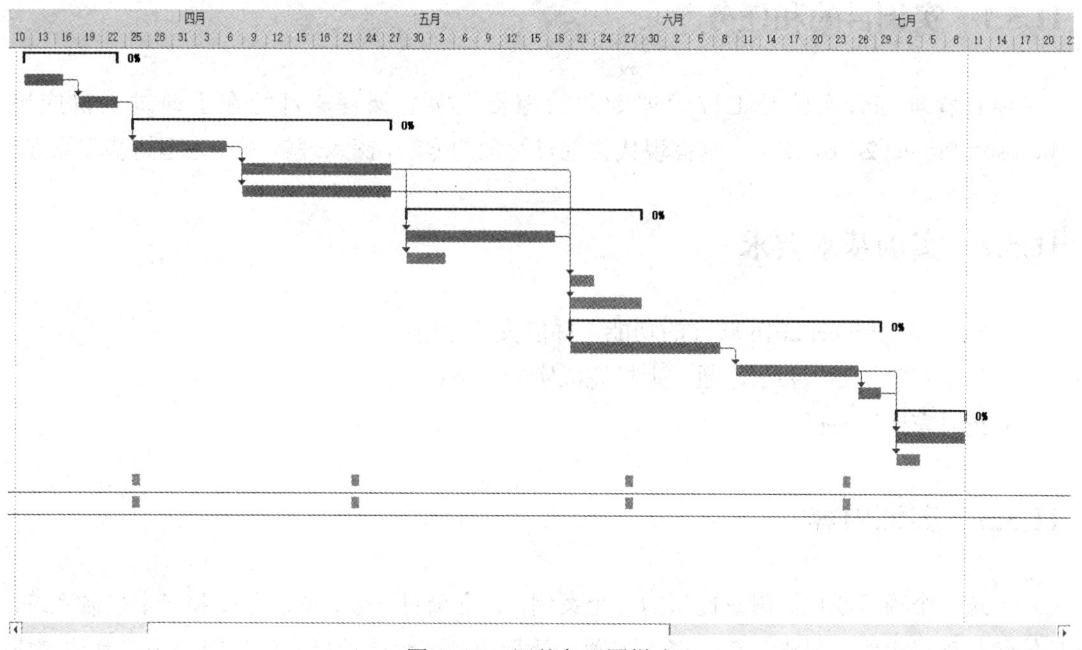

图 11-74 调整条形图样式

8. 该项目的人力资源分配图，如图 11-75 所示。

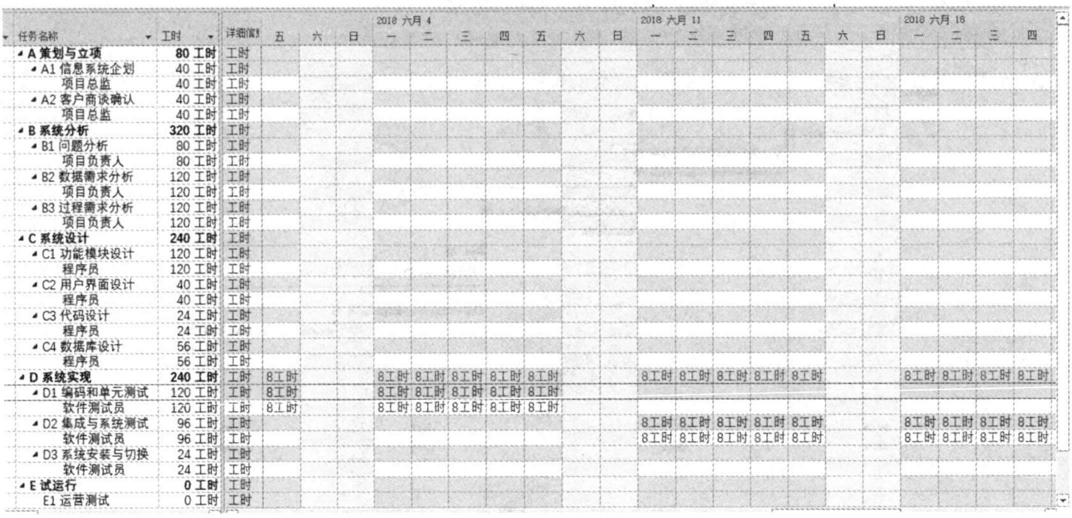

任务名称	工时	详细信息				2018 六月 4							2018 六月 11							2018 六月 18			
			五	六	日	一	二	三	四	五	六	日	一	二	三	四	五	六	日	一	二	三	四
A 策划与立项	**80 工时**	工时																					
A1 信息系统企划	40 工时	工时																					
项目总监	40 工时	工时																					
A2 客户商谈确认	40 工时	工时																					
项目总监	40 工时	工时																					
B 系统分析	**320 工时**	工时																					
B1 问题分析	80 工时	工时																					
项目负责人	80 工时	工时																					
B2 数据需求分析	120 工时	工时																					
项目负责人	120 工时	工时																					
B3 过程需求分析	120 工时	工时																					
项目负责人	120 工时	工时																					
C 系统设计	**240 工时**	工时																					
C1 功能模块设计	120 工时	工时																					
程序员	120 工时	工时																					
C2 用户界面设计	40 工时	工时																					
程序员	40 工时	工时																					
C3 代码设计	24 工时	工时																					
程序员	24 工时	工时																					
C4 数据库设计	56 工时	工时																					
程序员	56 工时	工时																					
D 系统实现	**240 工时**	工时	8工时			8工时	8工时	8工时	8工时	8工时			8工时	8工时	8工时	8工时	8工时			8工时	8工时	8工时	8工时
D1 编码和单元测试	120 工时	工时	8工时			8工时	8工时	8工时	8工时	8工时													
软件测试员	120 工时	工时	8工时			8工时	8工时	8工时	8工时	8工时													
D2 集成与系统测试	96 工时	工时											8工时	8工时	8工时	8工时	8工时			8工时	8工时	8工时	8工时
软件测试员	96 工时	工时											8工时	8工时	8工时	8工时	8工时			8工时	8工时	8工时	8工时
D3 系统安装与切换	24 工时	工时																					
软件测试员	24 工时	工时																					
E 试运行	**0 工时**	工时																					
E1 运营测试	0 工时	工时																					

图 11-75　该项目的人力资源分配图

11.5　实训 5：综合实验

11.5.1　实训目的和任务

项目管理综合实验是工程管理专业的综合性实验课程，目的在于通过上机应用 Microsoft Project 2016，使学生掌握现代化项目管理的方法，深入理解项目管理的基本原理。

11.5.2　实训基本要求

1. 熟悉 MS Project 2016 软件的功能，并能灵活运用；
2. 根据实验指导书要求，通过上机完成实验任务；
3. 按时完成实验报告。

11.5.3　实训内容

自选一个项目或根据附录提供的一个案例，建立项目计划、资源分配和成本控制系统，具体包括项目组织、日程计算、资源配置、计划控制、经费预算、信息跟踪等。具体完成以下工作：

1. 完成项目的制定工作

将有关项目的任务组成、任务工期、各任务之间的相关性等信息输入计算机，同时建立资源库，并将各种资源的拥有与耗用情况输入计算机。在此基础上，Project 2016管理软件自动生成一个完整的项目系统，并计算出一个初步的项目计划。

2. 项目的管理与控制

运用MS Project，通过人机交互窗口，控制任务投放量、资源的费率变化以及工作日历，并对任务的优先级进行调整，有效地管理项目。

3. 项目优化

运用MS Project提供典型的减少项目成本和缩短项目工期的一系列标准方案，优化项目（包括计划、费用、时间、资源等方面）。

11.5.4 项目背景

某公司目前最紧迫的任务是扩大生产规模，抢夺市场份额，因此准备新建生产基地。董事长根据项目评估小组对项目可行性的分析，认为目前公司的当务之急便是及早将项目投入运行，在××年3月底之前完成公司的建新厂项目并转入正式生产，以便能够在当年6月份将产品打入市场。董事会决定成立一个项目组，由副总经理刘洋担任组长，全权负责该项目的实施过程，并责成刘洋在两周内制订出一份项目计划供公司决策层审批。

项目实施过程

项目组从公司总部抽调了3名分别负责土木勘测、生产、商务谈判的高级工程师、5名普通工程师、4名一般工作人员组成该项目的中坚力量。项目组根据对项目的分析研究并为了明确项目所包含的各项工作，决定把该项目的实施过程分为前期工作、选址、建厂承包商招标、设备招标、建厂施工过程、招工培训及转入正式生产七大部分。从减少项目周期的角度出发，其中有些部分可以同步进行。

（1）前期工作。关于前期工作，项目组认为需要对市场进行一个长期预测，应该对大连、沈阳、长春和哈尔滨等地进行实地调研，得到这些地区今后10年内对产品的需求预测数据，为此要求调研组尽量接近市场末端、靠近消费者，由所预测的需求数据结合公司已有的生产能力决定所需新增的生产能力。

（2）选址。厂房的选址关系到以后公司正常生产的便利度，甚至能够影响公司以后的发展潜力，所以项目组非常重视选址工作，派考察组亲赴现场，考虑到公司所要求的厂址条件必须是地价不高且交通比较便利、原材料供应比较通畅的地段，负责人员需绘制出具体的厂址条件概况表，罗列出对应的厂址方案清单。同时，需要考察组与地方官员商谈，搞好与地方政府的关系。公司通过在广东惠州新建厂房的项目经验，已认识到搞好与地方政府的关系对以后公司生产运作有着非常重要的作用。这一次，是由公司总经理王华强先生亲赴大连，拜访政府官员，通过一些必要的公关手段处理好与政府的关系，了解到所有可能的运输方案，并最终选定了厂址。

（3）建厂承包商招标。所有前期工作完成后，项目组派现场考察组赴大连实地考察，由土木高工负责现场的地段勘测工作，经高层管理者确定最终方案后，项目组需要制定出工厂建设任务书，然后便着手确定工厂建筑承包商。公司决定以招标的形式确定承包商：首先，项目组需要决定承包者的合格条件，其次向筛选后条件合格的承包商发出投标邀请，经项目组认真仔细评价所有的标书后，最后选定承包者。由负责商务谈判的高工负责与承包商进行谈判，并签订正式合同。

（4）设备招标。前期工作完成后，项目组开始着手进行设备招标工作，首先需要根据所预测的生产能力确定所需设备的条件，确定所有能够提供该设备的供应商，然后选取最终的供应商，签订采购合同。因为没有资源和项目逻辑顺序的冲突，为了减少项目实施的周期，该过程与选址工作、建厂承包商招标同步进行。

（5）建厂施工过程。上述工作完成后，公司派出第二批现场考察组成立施工监管小组对施工过程加以监督，待工厂竣工后，由施工监管小组负责验收，合格后由公司交付承包费用。

（6）招工培训。为了确保厂房施工一旦完成，马上就可以投入生产运营，项目组决定在建厂施工的同时，开始着手录用新职工，并进行相关培训，使职工在建厂完成后马上就能走上岗位。

（7）转入正式生产。建厂完成后，项目组开始组织采购原材料，进行试生产活动，如果一切顺利，则马上投入正式生产。至此，整个项目告一段落。

为了提高工作效率，刘洋对上述工作过程中的时间耗用、资源配备和资金使用情况汇总出项目信息一览表，供有关部门参考。

在表11-2中，资源名称一列中的信息采用了简化表述方式。A、B、C和临时工分别表示此项工作对工作人员的等级要求，A表示必须由高级工程师完成，B表示工程师以上级别的人员可以胜任，C为普通工作人员便可以胜任。英文字母后面的数字表示该任务需要的人员数量。同时，规定每人每月的法定工作时间为22天，加班费为正常工资的1.5倍，高级工程师、工程师和普通工作人员的月工资分别为5000元、3000元和2000元，临时工每天的工资为50元。该项目每提前一天完成，业主会奖励承建商3000元的奖金。

为了管理好项目，刘洋需要处理好资源耗费、作业时间预测和紧前作业等事项。在项目进行过程中，需要不断调整，在资源耗费、工期两者之间进行权衡，以保证总成本最低，同时也要考虑项目必须在3月底之前完成，以便公司能在夏季把产品及时推向东北市场。在人力资源的使用过程中，重点遵循人尽其用的原则，在尽量减少高级人才从事简单工作的同时，也要尽量减少人员的闲置时间。

表 11-2 扩建项目信息一览表

编 号	任务名称	工期(天)	前置任务	使用资源	
				人力资源	资金资源
1	前期工作				
1.1	发展长期市场预测	3		B4	2000
1.2	编制厂址条件及方案清单	4	1.1	C4	2000
2	选址				
2.1	派考察组亲赴现场收集资料	5	1.2	C4	8000
2.2	评价厂址条件并汇总方案	1	2.1	B3	1000
2.3	与地方政府商谈	1	2.2	A1	3000
2.4	最终选定厂址	1	2.3	C3	4000
3	建厂承建商招标				
3.1	制定工厂建设任务书	2	2.2	B4	2000
3.2	决定承包者的合同条件并确定可能的承建商	2	3.1	C3	2000
3.3	评价所有的标书	3	3.2	B3	2000
3.4	与承包者进行谈判并付预付款	2	3.3	C3	260 000
4	设备招标				
4.1	根据所测生产能力确定所需设备的条件	2	3.1	B2	3000
4.2	确定设备供应商	2	4.1	B2	1000
4.3	采购设备	3	4.2	A3	1 600 000
5	建厂施工过程				
5.1	成立施工监管小组	1	2.4、3.4	临时工 3	3000
5.2	对施工过程加以监督	15	5.1	C3	6000
5.3	对竣工工厂加以验收并交付承建费	2	5.2	A3	260 000
6	招工及培训				
6.1	录用新职工	4	3.4	C3	3000
6.2	对录用职工进行培训	7	6.1	B3	3000
7	转入正式生产				
7.1	采购原材料	3	4.3、5.3	B3	60 000
7.2	组织试生产	2	6.2、7.1	临时工 8	4000
7.3	转入正式生产	2	7.2	临时工 9	4000

为了能够在预算条件下确保项目的保质按期完成，在进度安排上应该遵循尽可能使用临时工加快工程进度的原则。

11.5.5 实验生成的各种视图

1. 甘特图，如图 11-76 与图 11-77 所示。

任务模式	任务名称	工期	开始时间	完成时间	前置任务	限制类型	成本	资源名称
	前期工作	**7 个工作日**	**2018/3/12**	**2018/3/20**		**越早越好**	**¥4,000.00**	
	发展长期市场预测	3 个工作日	2018/3/12	2018/3/14		越早越好	¥2,000.00	B4,资金[2,000]
	编制厂址条件及方案清单	4 个工作日	2018/3/15	2018/3/20	2	越早越好	¥2,000.00	C4,资金[2,000]
	选址	**8 个工作日**	**2018/3/21**	**2018/3/30**		**越早越好**	**¥16,000.00**	
	派考察组亲赴现场收集资料	5 个工作日	2018/3/21	2018/3/27	3	越早越好	¥8,000.00	C4,资金[8,000]
	评价厂址条件并汇总方案	1 个工作日	2018/3/28	2018/3/28	5	越早越好	¥1,000.00	B3,资金[1,000]
	与地方政府商谈	1 个工作日	2018/3/29	2018/3/29	6	越早越好	¥3,000.00	A1,资金[3,000]
	最终选定厂址	1 个工作日	2018/3/30	2018/3/30	7	越早越好	¥4,000.00	C3,资金[4,000]
	建厂承建商招标	**9 个工作日**	**2018/3/29**	**2018/4/10**		**越早越好**	**¥266,000.00**	
	制定工厂建设任务书	2 个工作日	2018/3/29	2018/3/30	6	越早越好	¥2,000.00	B4,资金[2,000]
	决定承包者的合同条件并确定可能的承建商	2 个工作日	2018/4/2	2018/4/3	10	越早越好	¥2,000.00	C3,资金[2,000]
	评价所有的标书	3 个工作日	2018/4/4	2018/4/6	11	越早越好	¥2,000.00	B3,资金[6,000]
	与承包者进行谈判并付预付款	2 个工作日	2018/4/9	2018/4/10	12	越早越好	¥260,000.00	C3,资金[260,000]
	设备招标	**7 个工作日**	**2018/4/11**	**2018/4/19**		**越早越好**	**¥1,604,000.00**	
	根据所测生产能力确定所需设备的条件	2 个工作日	2018/4/11	2018/4/12	13	越早越好	¥3,000.00	B2,资金[3,000]
	确定设备供应商	2 个工作日	2018/4/13	2018/4/16	15	越早越好	¥1,000.00	B2,资金[1,000]
	采购设备	3 个工作日	2018/4/17	2018/4/19	16	越早越好	¥1,600,000.00	A3,资金[160,000]
	建厂施工过程	**18 个工作日**	**2018/4/11**	**2018/5/4**		**越早越好**	**¥2,609,000.00**	
	成立施工监管小组	1 个工作日	2018/4/11	2018/4/11	8,13	越早越好	¥3,000.00	临时工3,资金[3,000]
	对施工过程加以监督	15 个工作日	2018/4/12	2018/5/2	19	越早越好	¥6,000.00	C3,资金[6,000]
	对竣工工厂加以验收并交付承建费	2 个工作日	2018/5/3	2018/5/4	20	越早越好	¥2,600,000.00	A3,资金[260,000]
	招工及培训	**8 个工作日**	**2018/4/11**	**2018/4/20**		**越早越好**	**¥6,000.00**	
	录用新职工	4 个工作日	2018/4/11	2018/4/16	13	越早越好	¥3,000.00	C3,资金[3,000]
	对录用职工进行培训	7 个工作日	2018/4/12	2018/4/20	19	越早越好	¥3,000.00	B3,资金[3,000]
	转入正式生产	**7 个工作日**	**2018/4/20**	**2018/4/30**		**越早越好**	**¥68,000.00**	
	采购原材料	3 个工作日	2018/4/20	2018/4/24	12,17	越早越好	¥60,000.00	B3,资金[6,000]
	组织试生产	2 个工作日	2018/4/25	2018/4/26	24,26	越早越好	¥4,000.00	临时工8,资金[4,000]
	转入正式生产	2 个工作日	2018/4/27	2018/4/30	27	越早越好	¥4,000.00	临时工9,4000

图 11-76　实验生成的甘特图

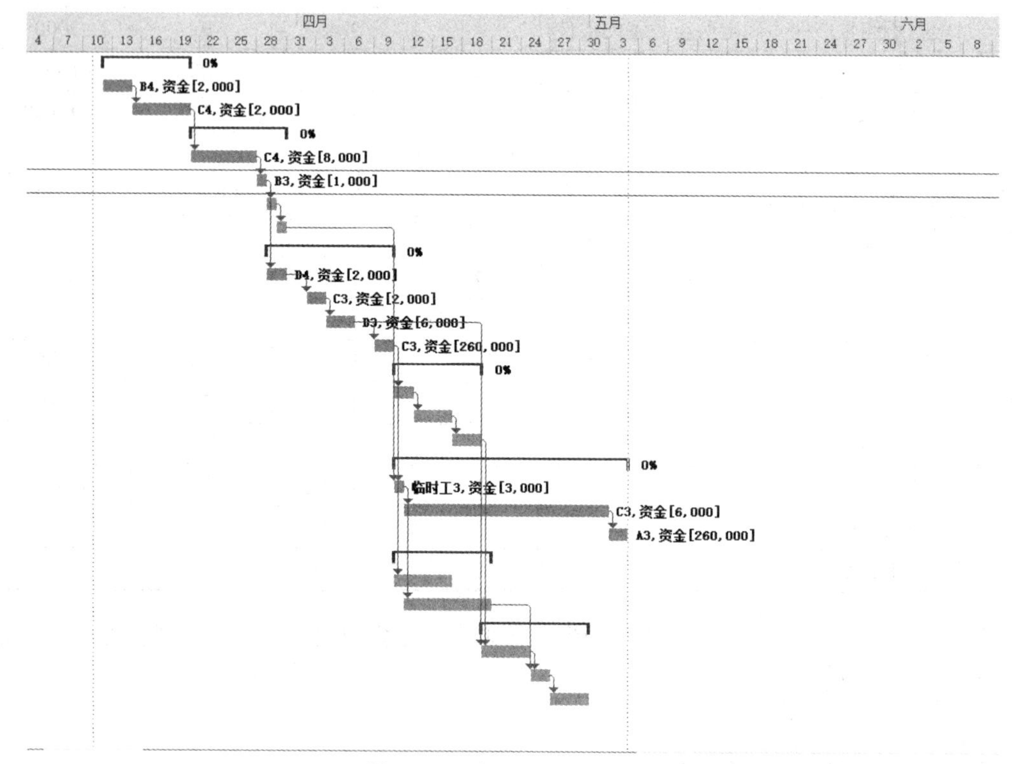

图 11-77　实验生成的横道图

2. 日历视图，如图 11-78、图 11-79 所示。

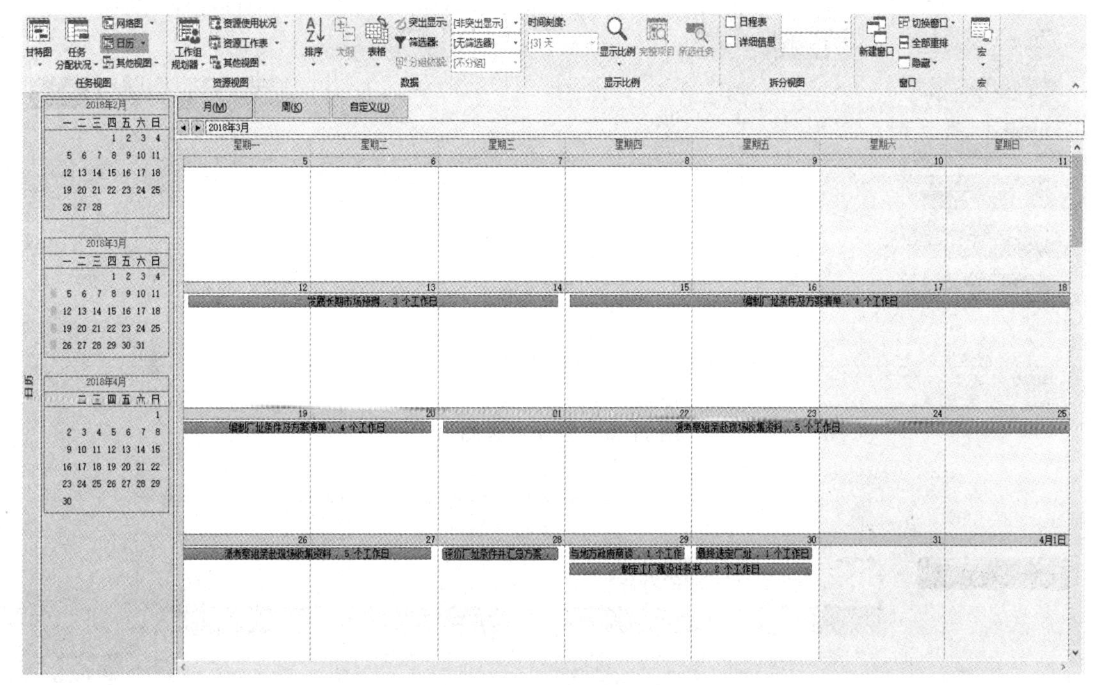

图 11-78 日历视图 -1

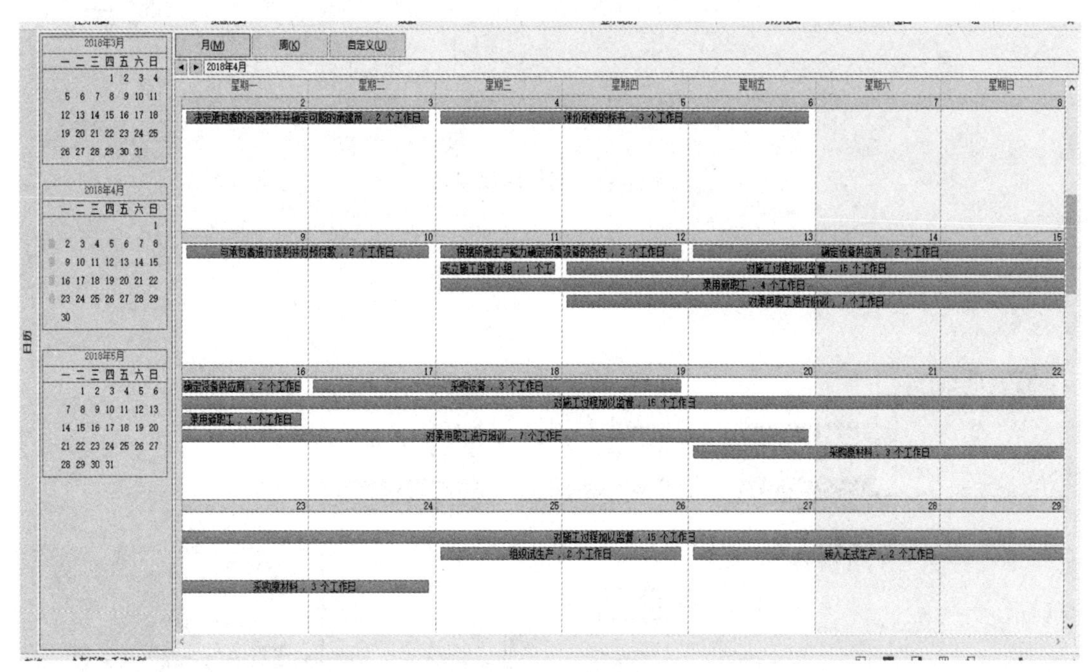

图 11-79 日历视图 -2

3. 网络图视图，如图 11-80 ～图 11-84 所示。

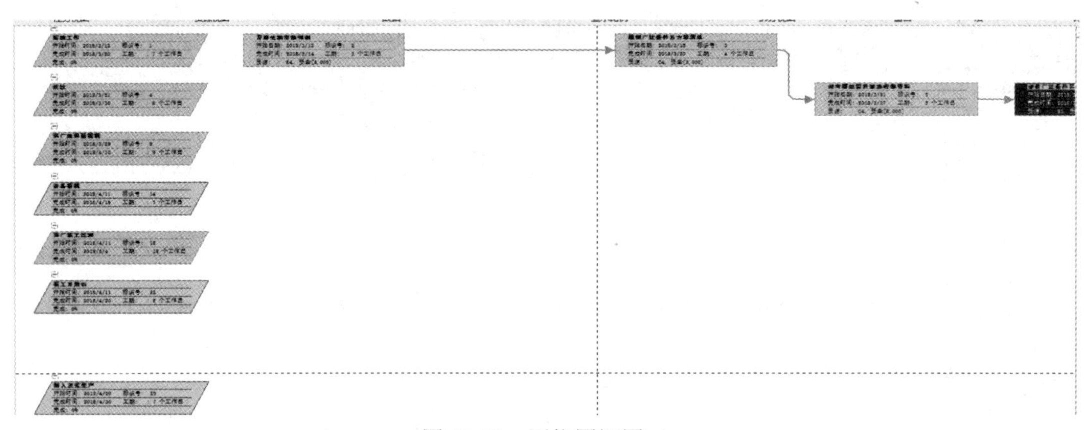

图 11-80　网络图视图 -1

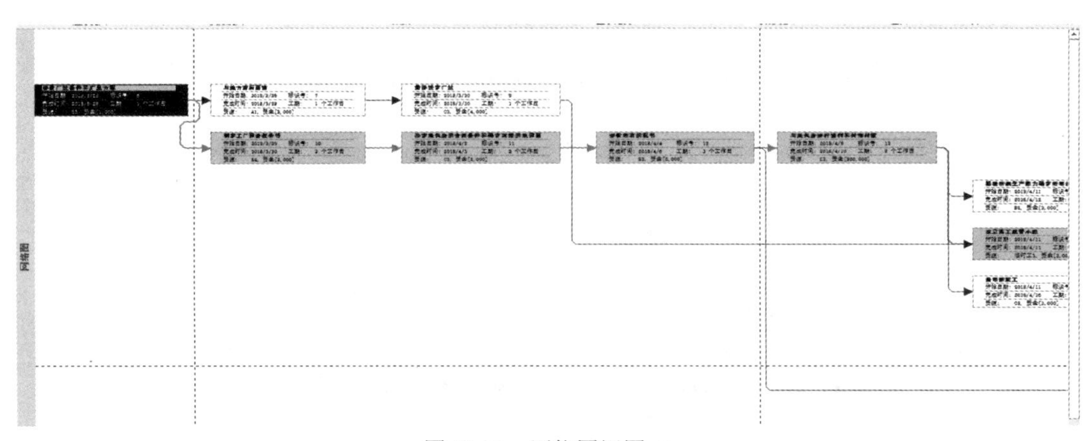

图 11-81　网络图视图 -2

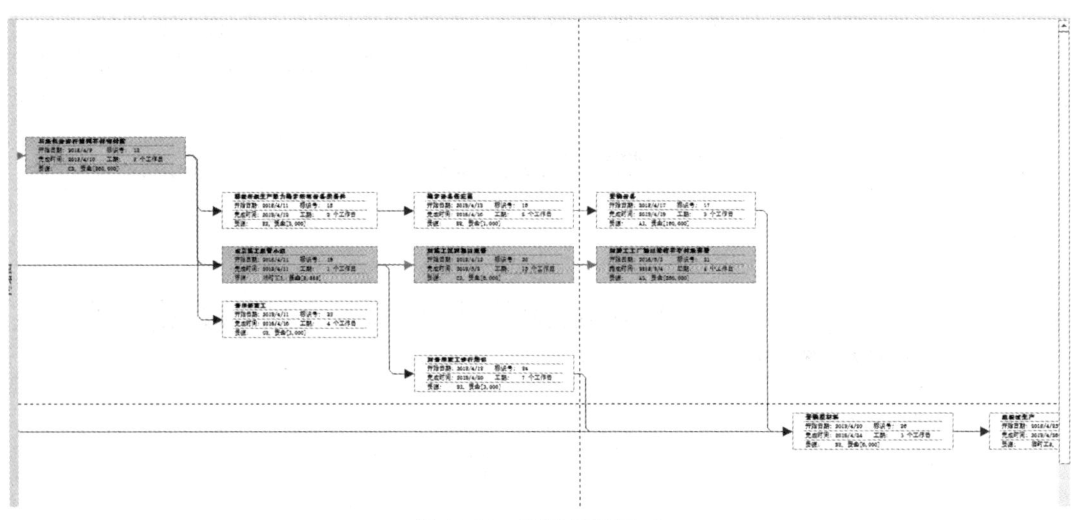

图 11-82　网络图视图 -3

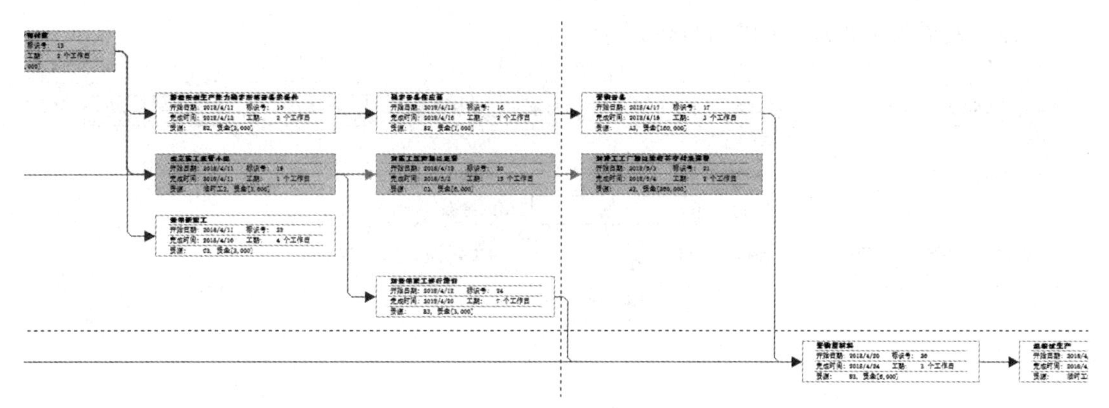

图 11-83　网络图视图 -4

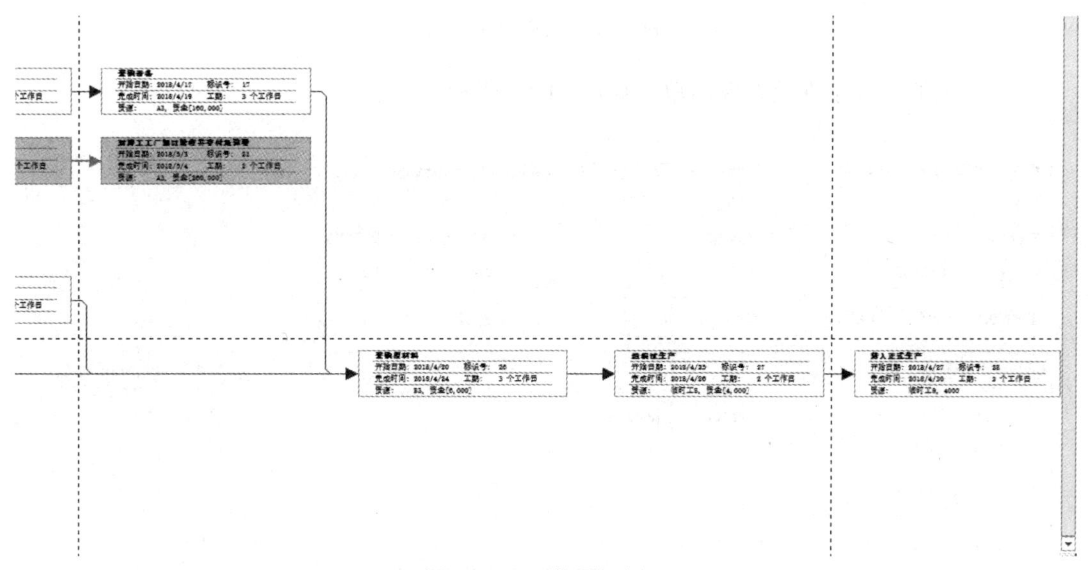

图 11-84　网络图视图 -5

4. 任务详细信息窗体

（1）前期工作，如图 11-85 所示。

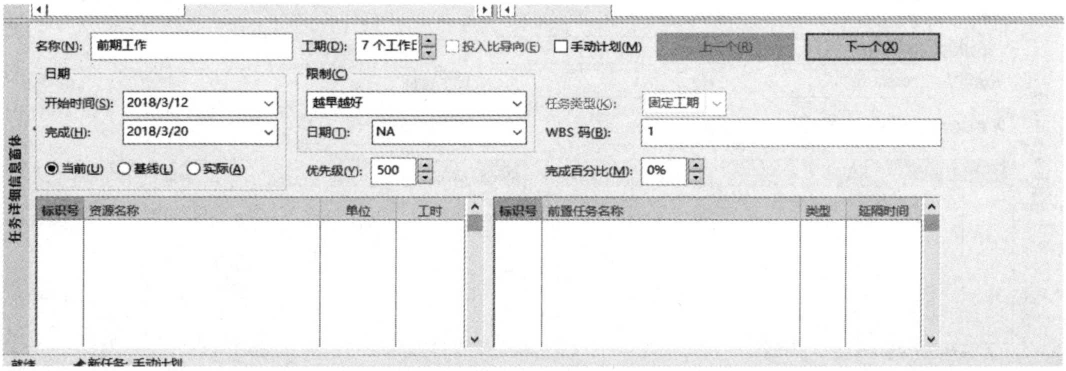

名称(N): 前期工作　工期(D): 7 个工作日　□投入比导向(E)　□手动计划(M)　上一个(R)　下一个(X)

日期　开始时间(S): 2018/3/12　完成(H): 2018/3/20　◉当前(U)　○基线(L)　○实际(A)

限制(C)　越早越好　日期(T): NA　优先级(Y): 500

任务类型(K): 固定工期　WBS 码(B): 1　完成百分比(M): 0%

标识号	资源名称	单位	工时

标识号	前置任务名称	类型	延隔时间

任务详细信息窗体

图 11-85　前期工作详细信息

（2）发展长期市场，如图 11-86 所示。

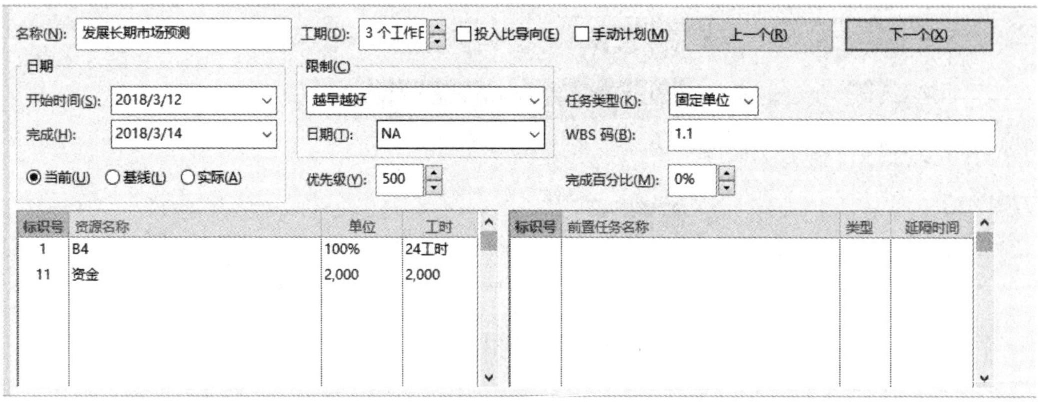

名称(N): 发展长期市场预测
工期(D): 3 个工作日
投入比导向(E)
手动计划(M)
上一个(R)
下一个(X)
日期
开始时间(S): 2018/3/12
完成(H): 2018/3/14
当前(U) 基线(L) 实际(A)
限制(C)
越早越好
日期(T): NA
优先级(Y): 500
任务类型(K): 固定单位
WBS 码(B): 1.1
完成百分比(M): 0%
标识号 资源名称 单位 工时
1 B4 100% 24工时
11 资金 2,000 2,000
标识号 前置任务名称 类型 延隔时间

图 11-86　发展长期市场详细信息

（3）编制厂址条件及方案清单，如图 11-87 所示。

名称(N): 编制厂址条件及方案清单
工期(D): 4 个工作日
投入比导向(E)
手动计划(M)
上一个(R)
下一个(X)
日期
开始时间(S): 2018/3/15
完成(H): 2018/3/20
当前(U) 基线(L) 实际(A)
限制(C)
越早越好
日期(T): NA
优先级(Y): 500
任务类型(K): 固定单位
WBS 码(B): 1.2
完成百分比(M): 0%
标识号 资源名称 单位 工时
2 C4 100% 32工时
11 资金 2,000 2,000
标识号 前置任务名称 类型 延隔时间
2 发展长期市场预测 FS 0个工作日

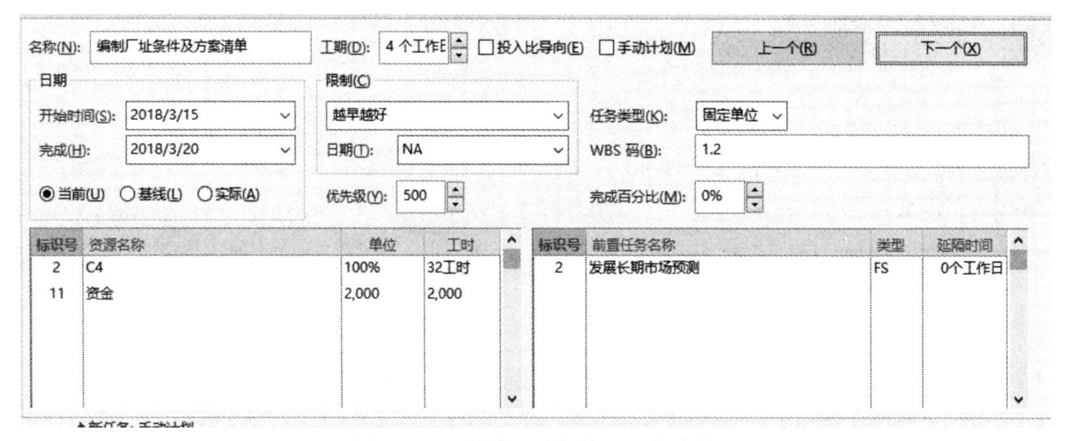

图 11-87　编制厂址条件及方案清单

（4）选址详细信息，如图 11-88 所示。

任务详细信息窗体
名称(N): 选址
工期(D): 8 个工作日
投入比导向(E)
手动计划(M)
上一个(R)
下一个(X)
日期
开始时间(S): 2018/3/21
完成(H): 2018/3/30
当前(U) 基线(L) 实际(A)
限制(C)
越早越好
日期(T): NA
优先级(Y): 500
任务类型(K): 固定工期
WBS 码(B): 2
完成百分比(M): 0%
标识号 资源名称 单位 工时
标识号 前置任务名称 类型 延隔时间

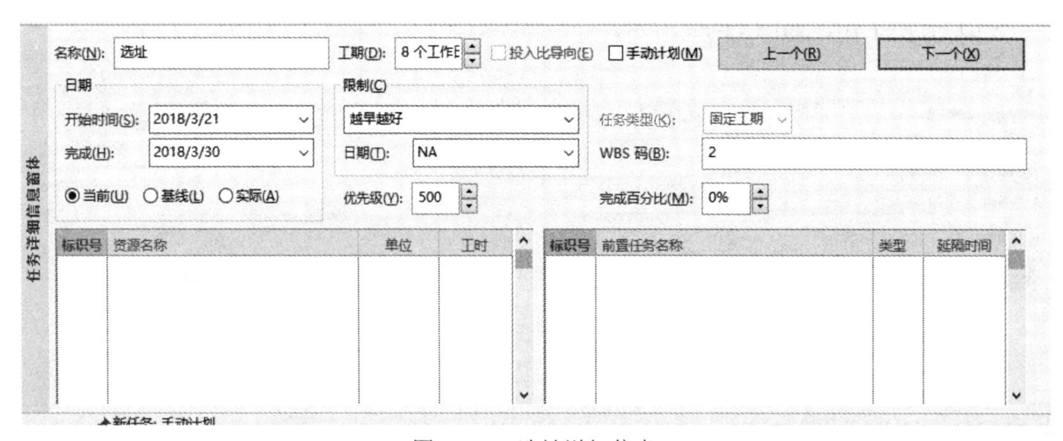

图 11-88　选址详细信息

（5）考察组亲赴现场收集资料信息，如图 11-89 所示。

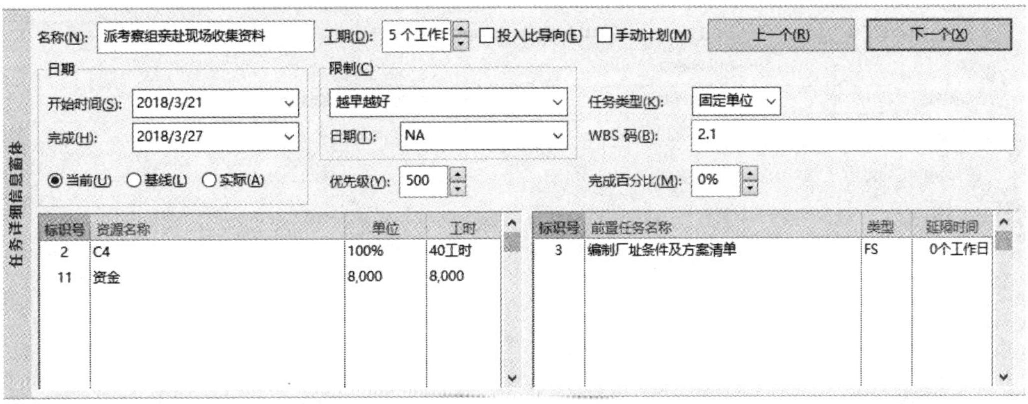

名称(N): 派考察组亲赴现场收集资料
工期(D): 5 个工作日
投入比导向(E)
手动计划(M)
上一个(R)
下一个(X)
日期
开始时间(S): 2018/3/21
完成(H): 2018/3/27
当前(U) 基线(L) 实际(A)
限制(C)
越早越好
日期(T): NA
优先级(Y): 500
任务类型(K): 固定单位
WBS 码(B): 2.1
完成百分比(M): 0%
标识号 资源名称 单位 工时
2 C4 100% 40工时
11 资金 8,000 8,000
标识号 前置任务名称 类型 延隔时间
3 编制厂址条件及方案清单 FS 0个工作日
任务详细信息窗体
图 11-89　考察组亲赴现场收集资料信息

（6）评选厂址条件并汇总方案，如图 11-90 所示。

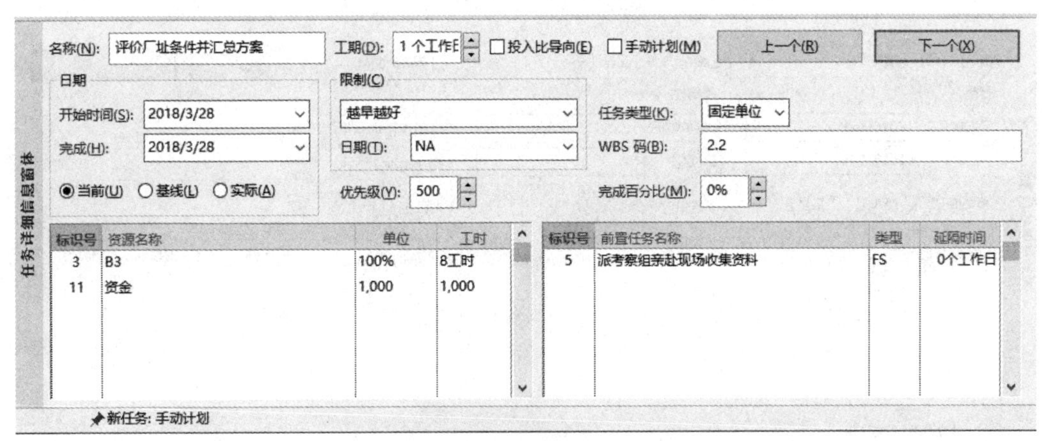

名称(N): 评价厂址条件并汇总方案
工期(D): 1 个工作日
投入比导向(E)
手动计划(M)
上一个(R)
下一个(X)
日期
开始时间(S): 2018/3/28
完成(H): 2018/3/28
当前(U) 基线(L) 实际(A)
限制(C)
越早越好
日期(T): NA
优先级(Y): 500
任务类型(K): 固定单位
WBS 码(B): 2.2
完成百分比(M): 0%
标识号 资源名称 单位 工时
3 B3 100% 8工时
11 资金 1,000 1,000
标识号 前置任务名称 类型 延隔时间
5 派考察组亲赴现场收集资料 FS 0个工作日
任务详细信息窗体
新任务: 手动计划
图 11-90　评选厂址条件并汇总方案

（7）与地方政府商谈信息，如图 11-91 所示。

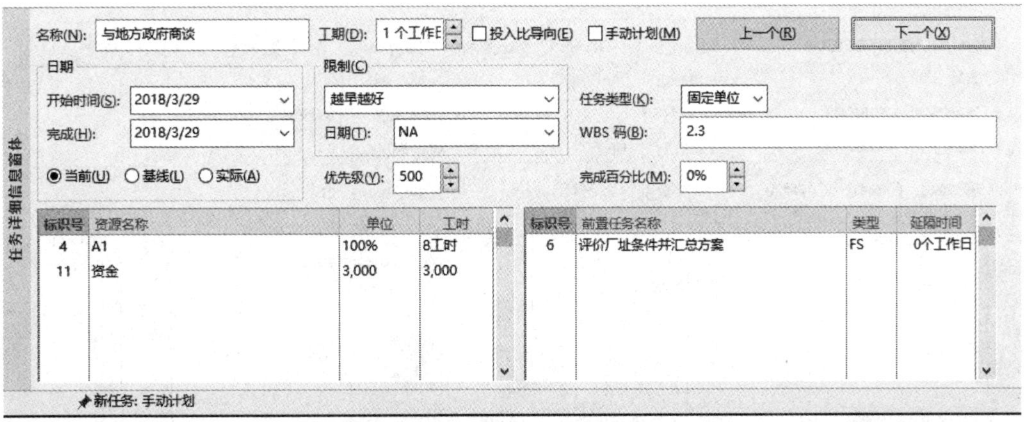

名称(N): 与地方政府商谈
工期(D): 1 个工作日
投入比导向(E)
手动计划(M)
上一个(R)
下一个(X)
日期
开始时间(S): 2018/3/29
完成(H): 2018/3/29
当前(U) 基线(L) 实际(A)
限制(C)
越早越好
日期(T): NA
优先级(Y): 500
任务类型(K): 固定单位
WBS 码(B): 2.3
完成百分比(M): 0%
标识号 资源名称 单位 工时
4 A1 100% 8工时
11 资金 3,000 3,000
标识号 前置任务名称 类型 延隔时间
6 评价厂址条件并汇总方案 FS 0个工作日
任务详细信息窗体
新任务: 手动计划
图 11-91　与地方政府商谈信息

（8）最终选定厂址信息，如图 11-92 所示。

名称(N): 最终选定厂址　工期(D): 1 个工作日　□投入比导向(E)　□手动计划(M)　上一个(R)　下一个(X)

日期　开始时间(S): 2018/3/30　完成(H): 2018/3/30　◉当前(U)　○基线(L)　○实际(A)

限制(C): 越早越好　日期(T): NA　优先级(Y): 500

任务类型(K): 固定单位　WBS 码(B): 2.4　完成百分比(M): 0%

标识号	资源名称	单位	工时
5	C3	100%	8工时
11	资金	4,000	4,000

标识号	前置任务名称	类型	延隔时间
7	与地方政府商谈	FS	0个工作日

任务详细信息窗体　新任务: 手动计划

图 11-92　选定厂址信息

（9）建厂承建商招标信息，如图 11-93 所示。

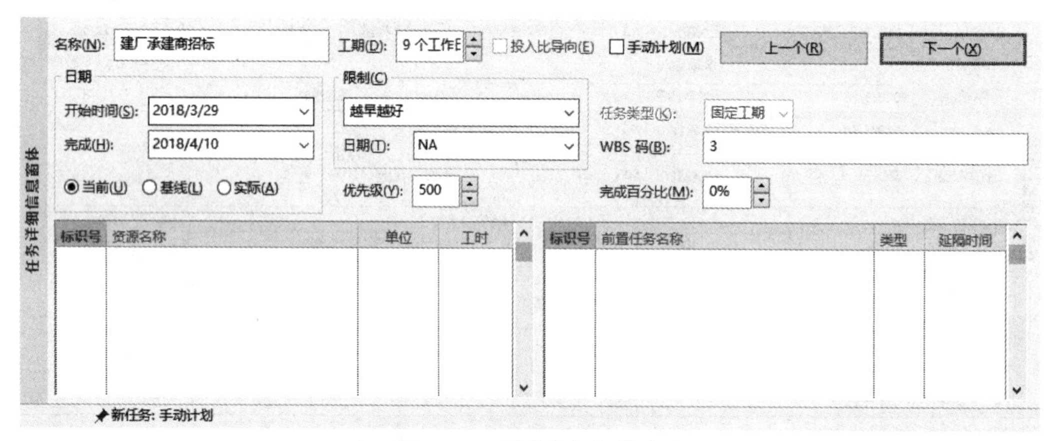

图 11-93　承建商招标信息

（10）工厂建设任务书信息，如图 11-94 所示。

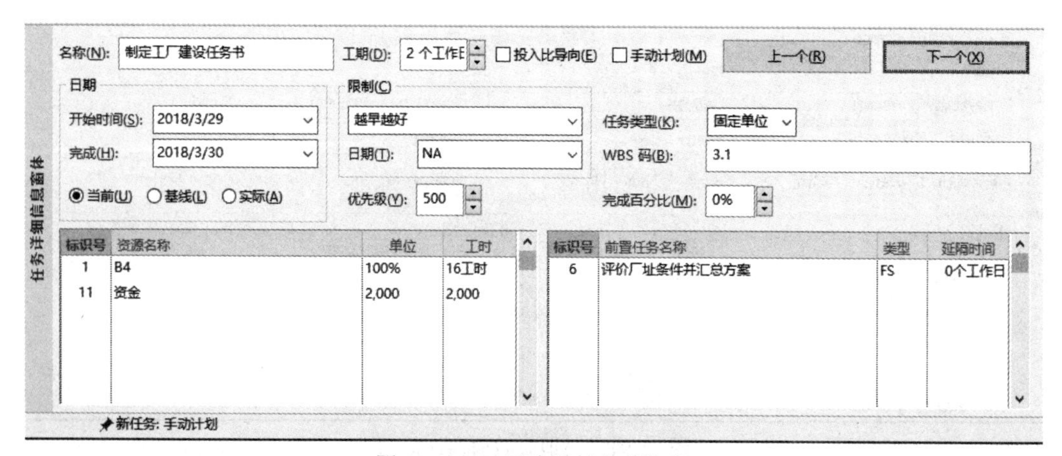

图 11-94　工厂建设任务书信息

（11）决定承包者的合同条件并确定可能的承建商，如图 11-95 所示。

名称(N): 决定承包者的合同条件并确定可能 工期(D): 2 个工作日 □投入比导向(E) □手动计划(M) 上一个(R) 下一个(X)
日期 开始时间(S): 2018/4/2 完成(H): 2018/4/3 ◉当前(U) ○基线(L) ○实际(A)
限制(C) 越早越好 日期(T): NA 优先级(Y): 500
任务类型(K): 固定单位 WBS 码(B): 3.2 完成百分比(M): 0%

标识号	资源名称	单位	工时
5	C3	100%	16工时
11	资金	2,000	2,000

标识号	前置任务名称	类型	延隔时间
10	制定工厂建设任务书	FS	0个工作日

任务详细信息窗体 新任务: 手动计划

图 11-95 承包者的合同条件并确定可能的承建商信息

（12）评价所有的标书，如图 11-96 所示。

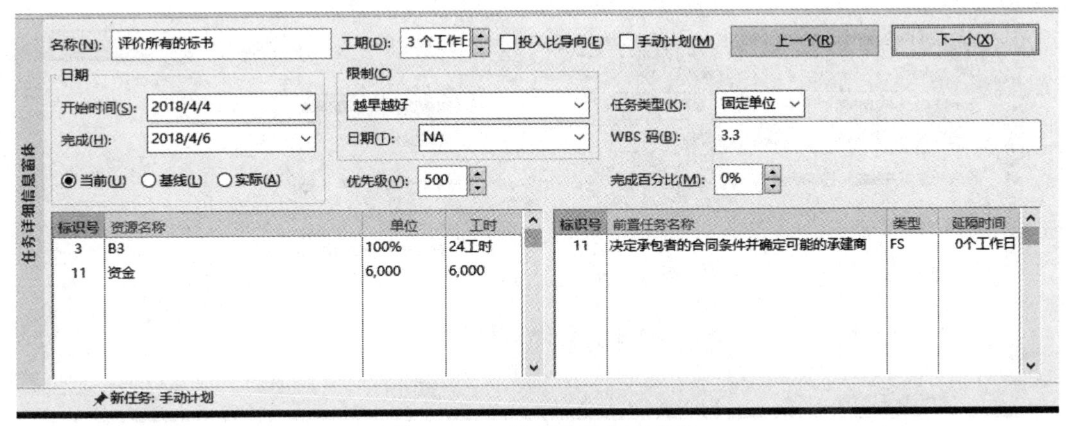

图 11-96 评价所有的标书信息

（13）与承包者进行谈判并付预付款，如图 11-97 所示。

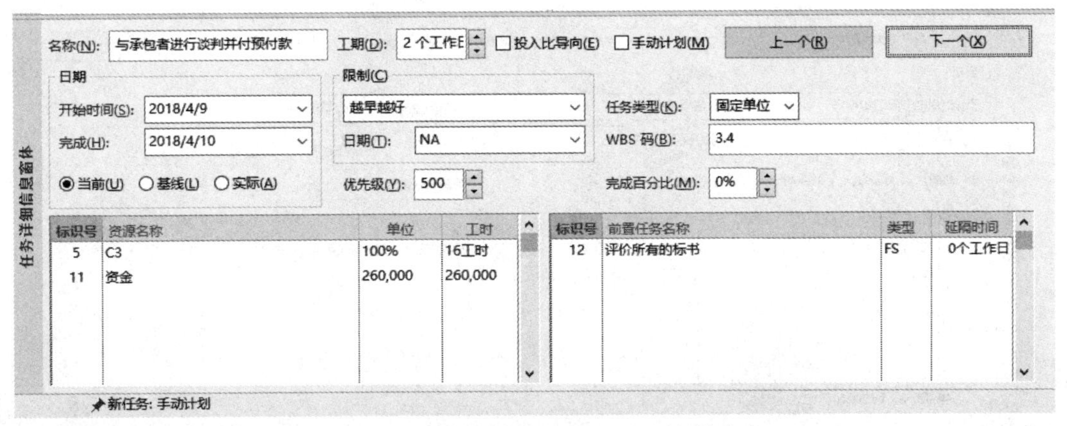

图 11-97 与承包者进行谈判并付预付款信息

（14）设备招标信息，如图 11-98 所示。

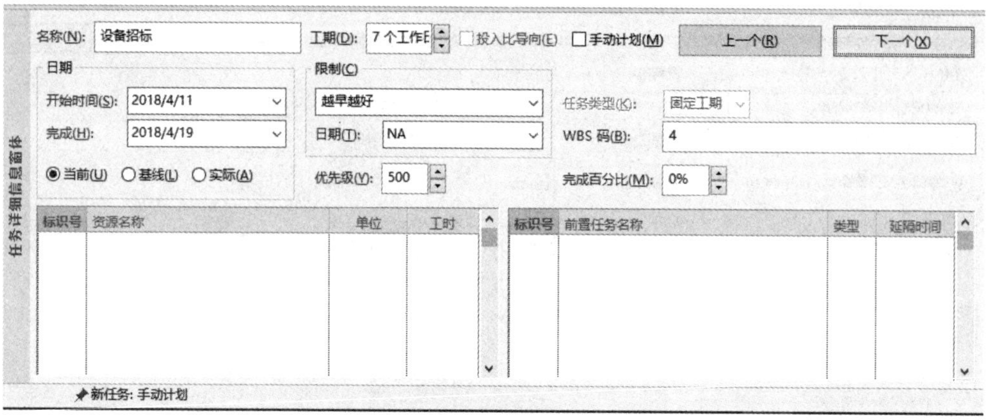

图 11-98　设备招标

（15）确定所需设备信息，如图 11-99 所示。

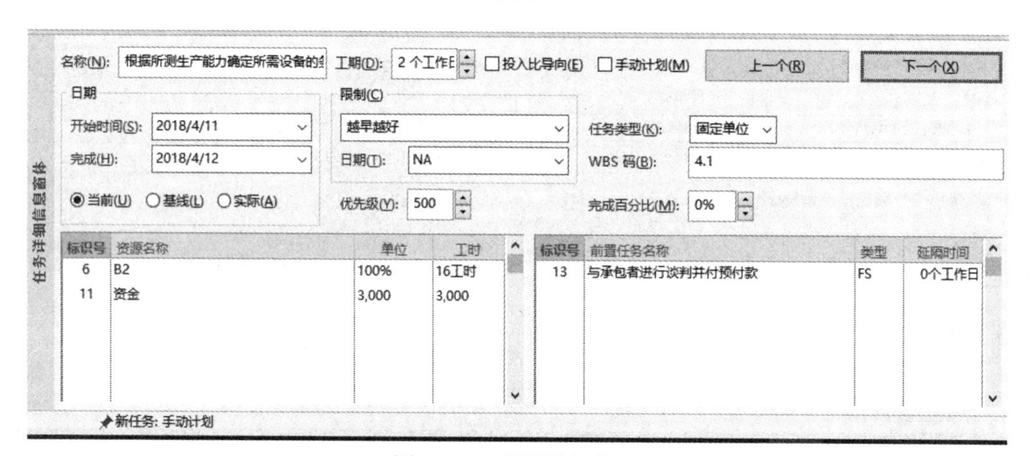

图 11-99　所需设备信息

（16）确定设备供应商，如图 11-100 所示。

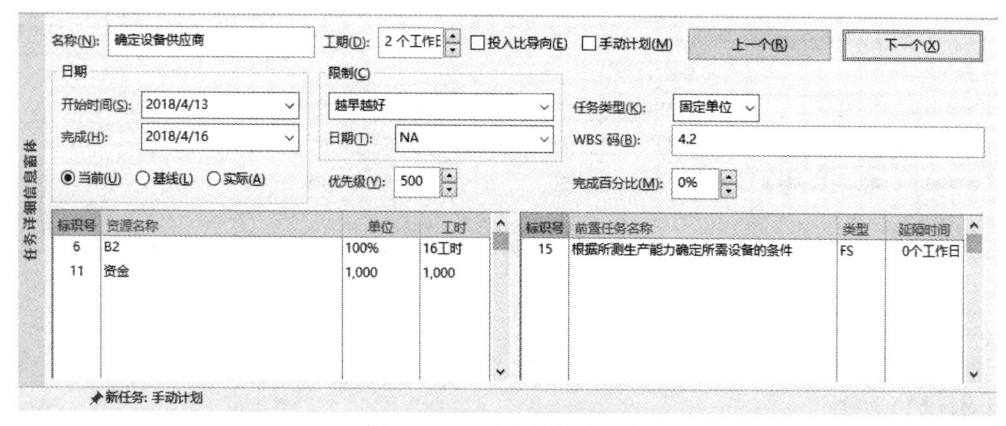

图 11-100　确定设备供应商

（17）采购设备信息，如图 11-101 所示。

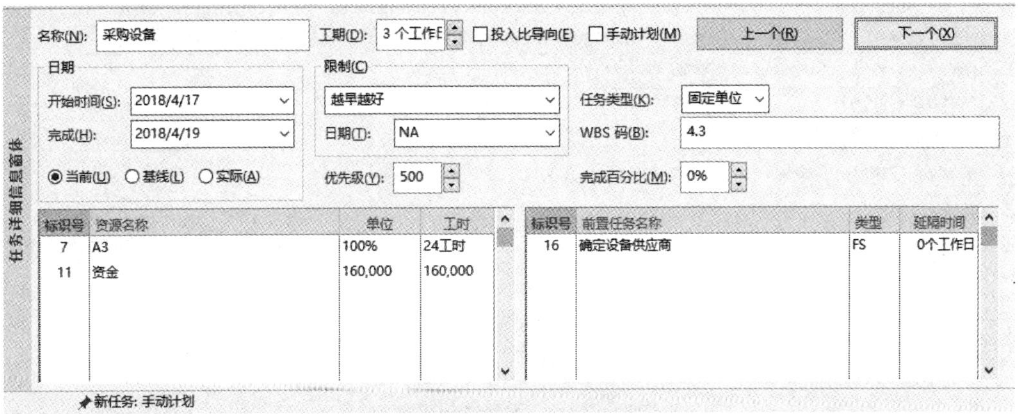

名称(N): 采购设备
工期(D): 3 个工作日
投入比导向(E)
手动计划(M)
上一个(R)
下一个(X)
日期
开始时间(S): 2018/4/17
完成(H): 2018/4/19
当前(U) 基线(L) 实际(A)
限制(C)
越早越好
日期(T): NA
优先级(Y): 500
任务类型(K): 固定单位
WBS 码(B): 4.3
完成百分比(M): 0%
任务详细信息窗体
标识号 资源名称 单位 工时
7 A3 100% 24工时
11 资金 160,000 160,000
标识号 前置任务名称 类型 延隔时间
16 确定设备供应商 FS 0个工作日
新任务: 手动计划

图 11-101　采购设备信息

（18）对施工过程加以监督，如图 11-102 所示。

名称(N): 对施工过程加以监督
工期(D): 15 个工作日
投入比导向(E)
手动计划(M)
上一个(R)
下一个(X)
日期
开始时间(S): 2018/4/12
完成(H): 2018/5/2
当前(U) 基线(L) 实际(A)
限制(C)
越早越好
日期(T): NA
优先级(Y): 500
任务类型(K): 固定单位
WBS 码(B): 5.2
完成百分比(M): 0%
任务详细信息窗体
标识号 资源名称 单位 工时
5 C3 100% 120工时
11 资金 6,000 6,000
标识号 前置任务名称 类型 延隔时间
19 成立施工监管小组 FS 0个工作日
新任务: 手动计划

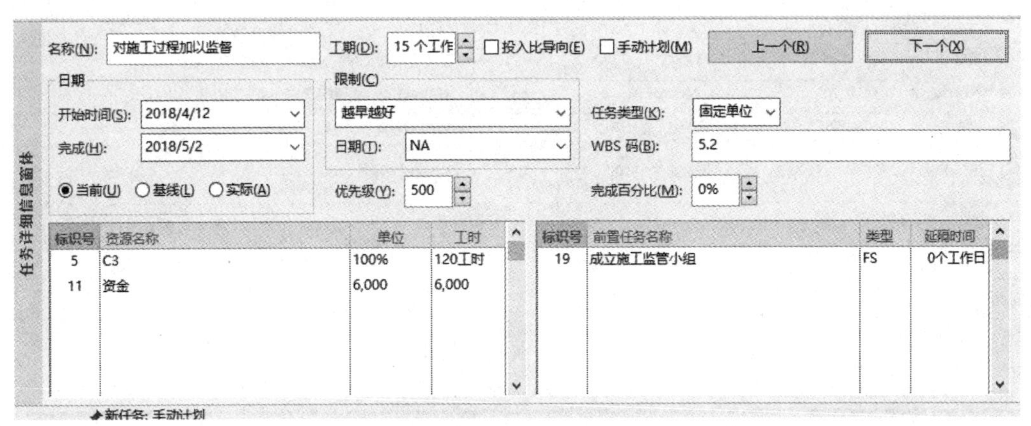

图 11-102　监督施工过程

（19）招工及培训信息，如图 11-103 所示。

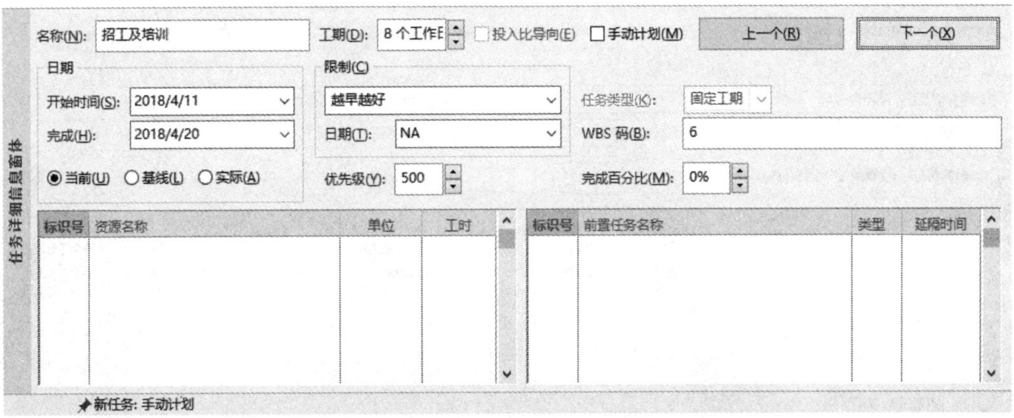

名称(N): 招工及培训
工期(D): 8 个工作日
投入比导向(E)
手动计划(M)
上一个(R)
下一个(X)
日期
开始时间(S): 2018/4/11
完成(H): 2018/4/20
当前(U) 基线(L) 实际(A)
限制(C)
越早越好
日期(T): NA
优先级(Y): 500
任务类型(K): 固定工期
WBS 码(B): 6
完成百分比(M): 0%
任务详细信息窗体
标识号 资源名称 单位 工时
标识号 前置任务名称 类型 延隔时间
新任务: 手动计划

图 11-103　招工及培训信息

（20）录取新职工信息，如图 11-104 所示。

任务详细信息窗体

名称(N): 录用新职工　工期(D): 4 个工作日　☐投入比导向(E)　☐手动计划(M)　上一个(R)　下一个(X)

日期　开始时间(S): 2018/4/11　完成(H): 2018/4/16　◉当前(U)　○基线(L)　○实际(A)

限制(C)　越早越好　日期(T): NA　优先级(Y): 500

任务类型(K): 固定单位　WBS 码(B): 6.1　完成百分比(M): 0%

标识号	资源名称	单位	工时
5	C3	100%	32工时
11	资金	3,000	3,000

标识号	前置任务名称	类型	延隔时间
13	与承包者进行谈判并付预付款	FS	0个工作日

图 11-104　录取新职工信息

（21）对录用职工进行培训，如图 11-105 所示。

任务详细信息窗体

名称(N): 对录用职工进行培训　工期(D): 7 个工作日　☐投入比导向(E)　☐手动计划(M)　上一个(R)　下一个(X)

日期　开始时间(S): 2018/4/12　完成(H): 2018/4/20　◉当前(U)　○基线(L)　○实际(A)

限制(C)　越早越好　日期(T): NA　优先级(Y): 500

任务类型(K): 固定单位　WBS 码(B): 6.2　完成百分比(M): 0%

标识号	资源名称	单位	工时
3	B3	100%	56工时
11	资金	3,000	3,000

标识号	前置任务名称	类型	延隔时间
19	成立施工监管小组	FS	0个工作日

就绪　新任务: 手动计划

图 11-105　对录用职工进行培训

（22）采购原材料信息，如图 11-106 所示。

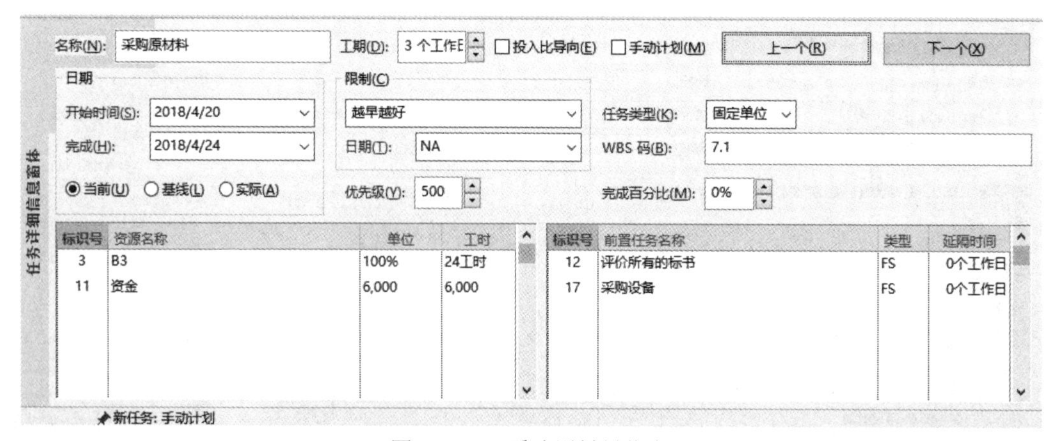

任务详细信息窗体

名称(N): 采购原材料　工期(D): 3 个工作日　☐投入比导向(E)　☐手动计划(M)　上一个(R)　下一个(X)

日期　开始时间(S): 2018/4/20　完成(H): 2018/4/24　◉当前(U)　○基线(L)　○实际(A)

限制(C)　越早越好　日期(T): NA　优先级(Y): 500

任务类型(K): 固定单位　WBS 码(B): 7.1　完成百分比(M): 0%

标识号	资源名称	单位	工时
3	B3	100%	24工时
11	资金	6,000	6,000

标识号	前置任务名称	类型	延隔时间
12	评价所有的标书	FS	0个工作日
17	采购设备	FS	0个工作日

新任务: 手动计划

图 11-106　采购原材料信息

（23）组织试生产，如图 11-107 所示。

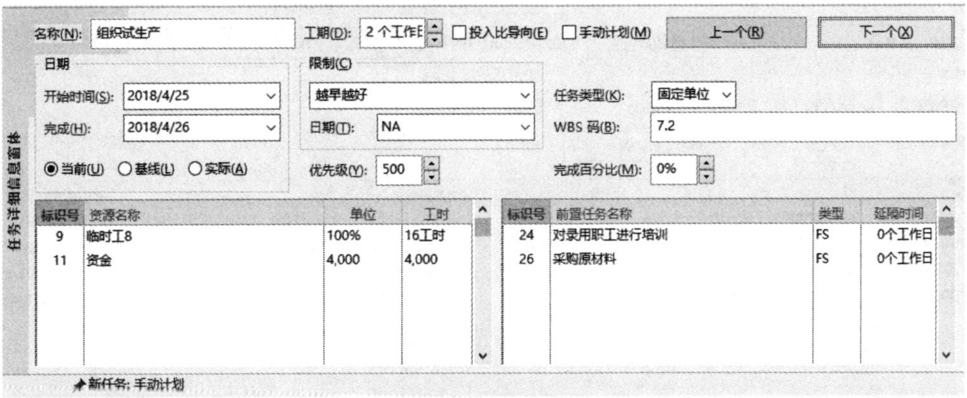

图 11-107　组织试生产

（24）转入正式生产，如图 11-108 所示。

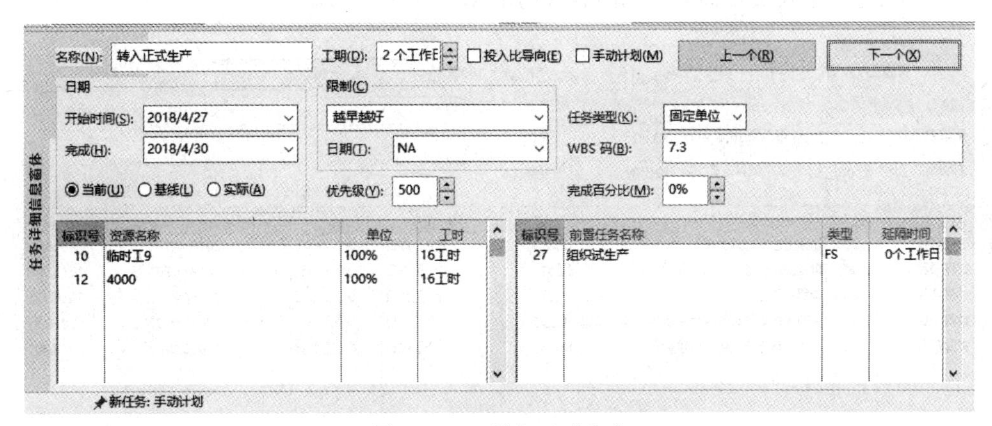

图 11-108　转入正式生产

5. 资源窗体视图

（1）高级工程师信息，如图 11-109 所示。

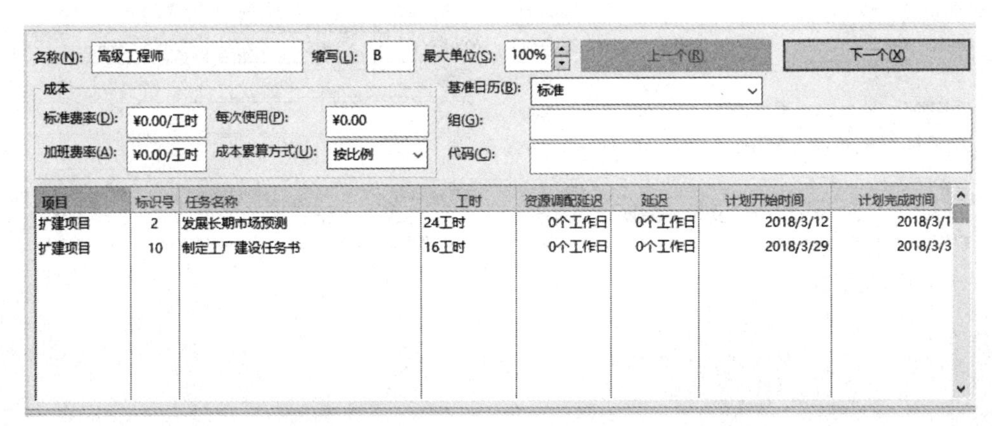

图 11-109　高级工程师信息

（2）工程师信息，如图 11-110 所示。

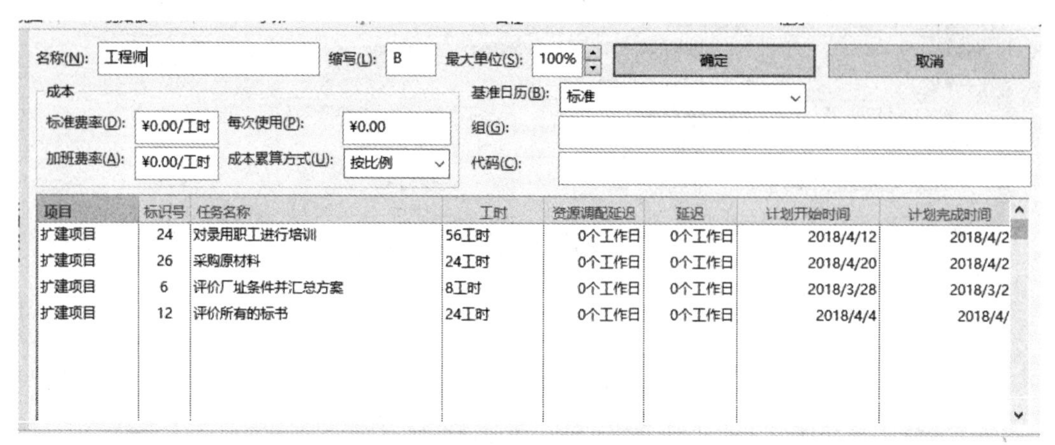

图 11-110　工程师信息

（3）普通工作人员信息，如图 11-111 所示。

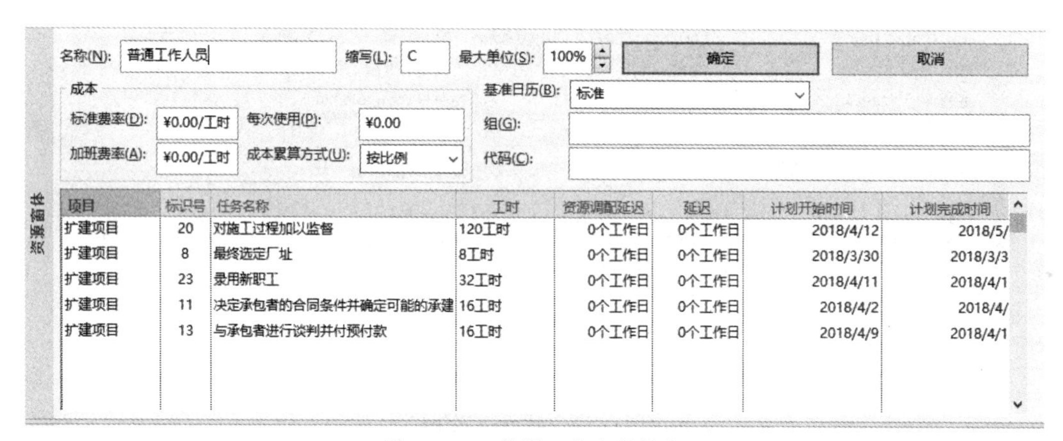

图 11-111　普通工作人员信息

（4）临时工信息，如图 11-112 所示。

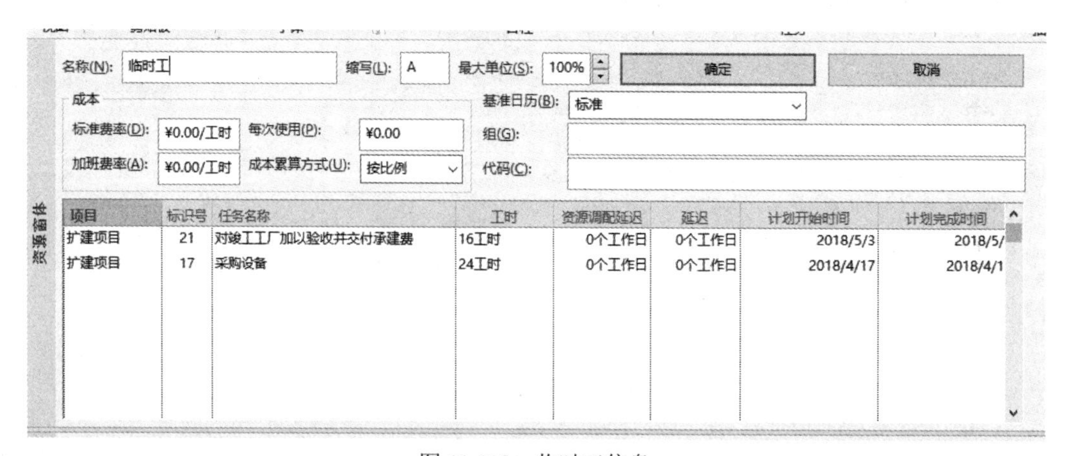

图 11-112　临时工信息

（5）资金信息，如图 11-113 所示。

名称(N): 资金　缩写(L): 资　最大单位(S):　上一个(R)　下一个(X)

成本　基准日历(B):

标准费率(D): ¥0.00　每次使用(P): ¥0.00　组(G):

加班费率(A):　成本累算方式(U): 按比例　代码(C):

项目	标识号	任务名称	工时	资源调配延迟	延迟	计划开始时间	计划完成时间
扩建项目	2	发展长期市场预测	2,000	0个工作日	0个工作日	2018/3/12	2018/3/1
扩建项目	3	编制厂址条件及方案清单	2,000	0个工作日	0个工作日	2018/3/15	2018/3/2
扩建项目	5	派考察组亲赴现场收集资料	8,000	0个工作日	0个工作日	2018/3/21	2018/3/2
扩建项目	6	评价厂址条件并汇总方案	1,000	0个工作日	0个工作日	2018/3/28	2018/3/2
扩建项目	7	与地方政府商谈	3,000	0个工作日	0个工作日	2018/3/29	2018/3/2
扩建项目	8	最终选定厂址	4,000	0个工作日	0个工作日	2018/3/30	2018/3/3
扩建项目	10	制定工厂建设任务书	2,000	0个工作日	0个工作日	2018/3/29	2018/3/3
扩建项目	11	决定承包者的合同条件并确定可能的承建	2,000	0个工作日	0个工作日	2018/4/2	2018/4/
扩建项目	12	评价所有的标书	6,000	0个工作日	0个工作日	2018/4/4	2018/4/
扩建项目	13	与承包者进行谈判并付预付款	260,000	0个工作日	0个工作日	2018/4/9	2018/4/1
扩建项目	15	根据所测生产能力确定所需设备的条件	3,000	0个工作日	0个工作日	2018/4/11	2018/4/1
扩建项目	16	确定设备供应商	1,000	0个工作日	0个工作日	2018/4/13	2018/4/1
扩建项目	17	采购设备	160,000	0个工作日	0个工作日	2018/4/17	2018/4/1
扩建项目	19	成立施工监管小组	3,000	0个工作日	0个工作日	2018/4/11	2018/4/1
扩建项目	20	对施工过程加以监督	6,000	0个工作日	0个工作日	2018/4/12	2018/5/
扩建项目	21	对竣工工厂加以验收并交付承建费	260,000	0个工作日	0个工作日	2018/5/3	2018/5/
扩建项目	23	录用新职工	3,000	0个工作日	0个工作日	2018/4/11	2018/4/1
扩建项目	24	对录用职工进行培训	3,000	0个工作日	0个工作日	2018/4/12	2018/4/2
扩建项目	26	采购原材料	6,000	0个工作日	0个工作日	2018/4/20	2018/4/2
扩建项目	27	组织试生产	4,000	0个工作日	0个工作日	2018/4/25	2018/4/2

图 11-113　资金信息

本章小结

软件开发和项目管理是软件企业最主要的工作，两者相辅相成、缺一不可。项目管理应当覆盖整个软件开发过程。软件项目管理的主要工作有：立项与结项、项目规划与监控、风险管理和变更管理、需求管理、质量管理、软件配置管理等。软件开发的主要过程域有：需求开发、软件设计、软件实现、软件测试、软件发布、客户验收、软件维护等。由于软件开发和项目管理都是智力型工作，人们很难靠常识和直觉形成和谐的团队工作。如果企业没有统一的项目管理方法和工具，每个人都采用自己的做事方法，则人越多就越乱，形成“游击队”式的工作方式。阻碍国内互联网企业发展的瓶颈通常不是技术，而是杂乱无章的管理。项目管理方法和工具对企业的主要贡献包括：让所有项目成员有条不紊地开展工作，在预定的时间和成本之内，开发完成质量合格的产品，从而使企业和个人获得预定的利益。项目管理是指人们通过努力，运用新的技术和方法，将人力的、物质的、财务的资源组织起来，在给定的费用和时间约束规范内，完成一项独立的、一次性的工作任务，以期达到由数量和质量指标所界定的目标，它包括采购管理、时间管理、费用管理、质量管理、人力资源管理、沟通管理、范围管理、风险管理和综合管理。

课后练习

一、简答题

1. 常用的软件项目管理工具有哪些？
2. 项目管理九大知识域是什么？
3. 软件工程的目标及其三要素是什么？

参考文献

[1] 张东阳 . 企业信息化项目特点及启动准备探讨 [J]. 数字通信世界，2019（2）.116.
[2] 吴跃飞 . 中小企业信息化项目建设启动前需预研究的问题探究 [J]. 决策与信息旬刊，2013（2）.53-54.
[3] 李尧，王欣 . 完善计算机软件项目管理的细节探讨 [J]. 信息与电脑（理论版），2018.1.
[4]（美）Harold Kerzner. 项目管理：计划、进度和控制的系统方法（第 12 版）[M]. 北京：电子工业出版社，2018.5.
[5] 韩万江，姜立新 . 软件项目管理案例教程（第 4 版）[M]. 北京：机械工业出版社，2019.7.
[6] （英）Bob Hughes·Mike Cotterell. 软件项目管理（第 5 版）[M] . 北京：机械工业出版社，2010.9.
[7] 聂南 . 软件项目管理配置技术 [M]. 北京，清华大学出版社，2014.6.
[8] 王家乐，厉小军 . 软件项目管理实验指导 [M]. 杭州：浙江工商大学出版社，2013.8.
[9] 王敏庆 . 银行软件项目管理系统的设计与实现 [D]. 天津大学，2017.
[10] 马莉 . 项目管理理论在 X 公司 A 项目市场调研活动中的应用研究 [D]. 电子科技大学，2012.
[11] SOMMERVILE L. 软件工程 [M]. 北京：机械工业出版社，2015.
[12] 张作艳 . 某生产制造公司软件项目风险管理研究 [D]. 中国科学院大学（工程管理与信息技术学院），2015.
[13] 黄金和 . F 公司软件项目风险管理研究 [D]. 华南理工大学，2013.
[14] 郑岩 . 软件项目中的风险管理研究与应用 [D]. 北京邮电大学，2012.
[15] 宋伟帅 . 软件项目风险管理研究与应用 [D]. 北京邮电大学，2012.
[16] 张友生 . 信息系统项目管理师辅导教材（下册）[M]. 北京：电子工业出版社，2011.
[17] 康一梅 . 软件项目管理 [M]. 北京：清华大学出版社，2010.
[18] 杨莉 . 软件项目风险管理方法与模型研究 [D]. 南京航空航天大学，2010.
[19] 刘志健 . 浅议项目管理中的成本控制 [J]. 当代经济，2008.
[20] 石海成 . 金融视角下的西宁经济技术开发区 [J]. 青海金融，2008.
[21] 邱苑华 . 现代项目管理导论 [M]. 北京：机械工业出版社，2007.
[22] （美）项目管理协会著 . 项目管理知识体系指南（第三版）[M]. 北京：电子工业出版社，2007.
[23] 夏立明 . 项目管理概述 [M]. 天津：天津大学出版社，2008.4.
[24] 吉多 . 成功的项目管理（第三版）[M]. 北京：电子工业出版社，2007.
[25] 王祖和 . 项目质量管理 [M]. 北京：机械工业出版社，2007.
[26] 关老健 . 项目管理教材新编 [M]. 广州：中山大学出版社，2006.
[27] 白思俊等编著 . 现代项目管理概论 [M]. 北京：电子工业出版社，2006.
[28] 宁云才 . 项目管理 [M]. 徐州：中国矿业大学出版社，2006.
[29] 乌云娜 . 项目管理策划 [M]. 北京：电子工业出版社，2006.
[30] 焦媛媛 . 项目采购管理 [M]. 天津：南开大学出版社，2006.

教学支持说明

▶▶课件申请

尊敬的老师：

您好！感谢您选用清华大学出版社的教材！为更好地服务教学，我们为采用本书作为教材的老师提供教学辅助资源。该部分资源仅提供给授课教师使用，请您直接用手机扫描下方二维码完成认证及申请。

任课教师扫描二维码
可获取教学辅助资源

▶▶样书申请

为方便教师选用教材，我们为您提供免费赠送样书服务。授课教师扫描下方二维码即可获取清华大学出版社教材电子书目。在线填写个人信息，经审核认证后即可获取所选教材。我们会第一时间为您寄送样书。

任课教师扫描二维码
可获取教材电子书目

清华大学出版社

E-mail: tupfuwu@163.com　　网址：http://www.tup.com.cn/
电话：010-83470158/83470142　　传真：8610-83470107
地址：北京市海淀区双清路学研大厦B座509室　　邮编：100084